Rock Mechanics

Felsmechanik
Mécanique des Roches

Supplementum 1

Stability of Rock Slopes and Underground Excavations

Contributions to the Josef-Stini-Colloquium
(18th Geomechanical Colloquium)
of the Austrian Society for Geomechanics

Standfestigkeit von Felsböschungen und Untertagebauten

Vorträge des Josef-Stini-Kolloquiums
(18. Geomechanik-Kolloquium)
der Österreichischen Gesellschaft für Geomechanik

Edited by / Herausgegeben von
Leopold Müller-Salzburg

With 115 Figures / Mit 115 Abbildungen

1970 Springer-Verlag Wien New York

International Society for Rock Mechanics

The Society was constituted in 1962 in Salzburg.
Its first President was Leopold Müller.

Board of the Society

ISBN-13:978-3-211-80958-7 e-ISBN-13:978-3-7091-8243-7
DOI: 10.1007/978-3-7091-8243-7

Library of Congress Catalog Card Number 77-117914

Softcover reprint of the hardcover 1st edition 1970

Titel Nr. 9267

Index — Inhaltsverzeichnis — Table des matières

Alle Aufsätze in deutscher Sprache, mit Titeln und Zusammenfassungen in Englisch und Französisch

All papers are written in German, with headings and summaries in English and French

Les articles sont écrits en allemand, avec les titres et résumés en français et en anglais

Rock Mechanics, Suppl. 1, 1—2 (1970)

Eröffnungsworte zum Josef-Stini-Kolloquium

Von

L. Müller-Salzburg

Seit dem Tode Josef Stinis, der vor 18 Jahren die Österreichische Gesellschaft für Geomechanik mitbegründen half und in ihr bis zu seinem Tode wirkte, sind 10 Jahre ins Land gegangen. Es war den Veranstaltern ein Anliegen, das diesjährige Kolloquium mit seinem Namen zu verbinden; nicht um seine Leistungen zu würdigen — das hieße Eulen nach Athen tragen —, nicht um das Bild dieser eigenständigen und eigenartigen Individualität in Erinnerung zu bringen, welcher noch lebendig vor uns allen steht, sondern um seiner in Dankbarkeit zu gedenken.

Die Österreichische Gesellschaft für Geomechanik ist stolz darauf, diesen Mann ihren Vorkämpfer zu nennen. Wenn unser Salzburger Kreis bereits in den fünfziger Jahren Grundsätze erarbeiten konnte, welche heute noch, ja heute erst recht gelten, und noch vor etlichen Jahren einen Vorsprung aufzuweisen hatte, so ist das nicht zuletzt dem glücklichen Umstande zu danken, daß nahezu dreißig Jahrgänge von Bauingenieuren durch seine Schule der Ingenieurgeologie und zwanzig weitere durch die Schule seiner Nachfolger gegangen sind, eine Schule, in welcher der Blick der Ingenieure auf die geologischen Gegebenheiten, auf ihre quantitative Erfassung und ihre mechanische Bedeutung gerichtet wurde. Wenn die Klüfte zu einem unserer zentralen Themen gehören und wir gelernt haben, die Eigenschaften des Gebirges von jenen des Gesteins zu unterscheiden, so ist das Geist von seinem Geiste. Wenn wir erst vor kurzem aus dem internationalen Schrifttum als größte Neuigkeit erfahren haben, daß ein Felsmechaniker die Klüfte beachten müsse, weil die Eigenschaften des Gebirges im wesentlichen durch deren Anordnung bestimmt werden, so erinnern wir uns mit Befriedigung daran, daß Stini und niemand anderer es war, der uns als Hörern in den zwanziger Jahren wie ein Trommler die Bedeutung der Klüfte eingehämmert und geklüfteten Fels mit einem wohl gefügten Trockenmauerwerk verglichen hat; ein Bild übrigens, aus dem sich viele Eigenschaften des Diskontinuums haben ableiten lassen.

Seine grundlegenden Darstellungen des Talzuschubes, so sehr sie eigentlich zur geologischen Weltliteratur gehören sollten, sind in der Welt leider nicht bekannt geworden, sondern die Tatsache dieser häufigen Erscheinungen ist erst vor wenigen Jahren in Amerika neu entdeckt worden. Vielleicht lag es an seiner allzu österreichischen Zurückgezogenheit, daß Stini nicht in dem Maße in die Welt wirkte, wie es seiner Berufung und Begabung entsprochen hätte. Vielleicht lagen hier die Grenzen, die jedem in seinem Innern gesetzt sind. Vielleicht aber liegt es daran, daß es oft lange dauert, bis sich Wahrheiten endlich durchsetzen. Denn es ist die Größe, aber auch das harte Geschick der Genialen, unter die wir Josef Stini rechnen dürfen, daß sie ihrer Zeit voraus sind und daß die Zeitgenossen oft nicht mit ihnen gehen. Entscheidend war in dieser Hinsicht ohne Zweifel, daß Stini nur in deutscher Sprache publiziert hat und diese in den angelsächsischen Ländern nicht gelesen wird. So berührt es uns schmerzlich, wenn es Bücher der Ingenieurgeologie gibt, die den Namen ihres eigentlichen Begründers nicht einmal kennen.

In seinem eigenen Lande aber ist man mitgegangen; gerade dieser Salzburger Kreis und seine Arbeiten beweisen es. Hier hat Stini in die Ferne, zumal in die zeitliche Ferne gewirkt, in einem Ausmaß, von welchem er in seiner übergroßen einmaligen Bescheidenheit gar keine Vorstellung hatte.

So hat sein Beitrag zur Klärung der Begriffsbildung in der Gebirgsdrucklehre beim III. Kolloquium außerordentlich förderlich gewirkt auf die Auffassungen von der Beherrschung des Gebirgsdruckes durch neue Methoden und Erkenntnisse, welche in diesem Kreise besonders gepflegt und auch im gegenwärtigen Kolloquium aus neuer Sicht dargestellt werden.

Wenn Stini und Petzny auf unserem VI. Kolloquium über Wassersprengung und Felsgrundbrüche gesprochen haben, dann können wir erst am heutigen Stand der Wissenschaft so recht ermessen, wie sehr seine Gedanken in die Weite gewirkt haben. Damals fragte mich Professor Stini, ehe er es wagte, den neuen Begriff der Öffentlichkeit vorzulegen: Gibt es im Fels überhaupt so etwas wie einen hydraulischen Grundbruch; kann es ihn geben? So neu war diese Art, den Fels als ein Zweiphasen-Diskontinuum zu denken; und so neu ist sie heute noch, daß bisher nur wenige die Rolle erkannt haben, welche „Sprengwasser" bei der größten technischen Katastrophe des Jahrhunderts, der Felsgleitung vom Monte Toc, spielte.

Auch sein letzter Vortrag — er hielt ihn auf dem VIII. Kolloquium 1957 — behandelte das Kluftwasser. Wie bedeutend er war, erkennen wir an den Auswirkungen auf den Talsperrenbau; wenn wir heute den Dichtungsschleiern eine ganz andere Richtung geben als vor 10 Jahren und die Felswiderlager kräftig dränieren, so haben Gedanken Früchte getragen, die er gleich Samenkörnern in die Felsritzen gelegt hat.

Wenn er aber den damaligen Vortrag mit den Worten einleitete „... alles in den Wind gesprochen, alles in den Kamin geschrieben", so irrte er in diesem einen Punkt ganz bestimmt: Nichts war in den Wind gesprochen, es sei denn, der Wind hätte es weitergetragen, wie Samen, damit sie Wurzeln schlagen; nichts war in den Kamin geschrieben. Mögen auch heute Tausende von Ingenieurgeologen in der Welt, wenn sie Klüfte messen, dies tun, ohne zu wissen, daß es Josef Stini war, der damit angefangen hat, diese elementaren Messungen für die Baugeologie und Felsmechanik nutzbar zu machen, — das zählt nicht: Sie werden gemessen; nur darauf kommt es an! Wenn wir zum heurigen Kolloquium, das eigentlich nur als eine bescheidene nationale Veranstaltung im alten kleineren Kreis gedacht war, doch wieder nahezu 300 Teilnehmer und Gäste aus 9 Staaten begrüßen dürfen, dann zeugt dieses Interesse nicht nur für die stürmische Entwicklung, welche die Geomechanik heute — beinahe hätte ich gesagt: erleidet — für die Bedeutung, welche sie gewonnen hat, sondern es bestätigt uns auch, daß der methodische Weg, den wir seit 18 Jahren verfolgen und auf welchen Stini uns vor allem gewiesen hat, der richtige war.

So können wir unserem Lehrer und dem Mitbegründer unserer Gesellschaft, dem unentwegten Impulsgeber und Anreger so vieler Gedanken, die zur Sicherung des Lebens auf der Erde beitragen, die Ehrfurcht, die wir ihm gegenüber hegen, nicht besser bekunden, als wenn wir uns zu seinen Grundsätzen bekennen: in inniger Verbindung mit der Natur und niemals gegen sie unsere Ingenieurbauwerke zu planen und zu errichten und das wichtige Grenzgebiet zwischen Geologie und Bauwesen, die Wechselbeziehungen zwischen diesen, dem Bergbau und den Geowissenschaften, niemals aus dem Auge zu lassen. In diesem Sinne ist das Kolloquium gemeint, in diesem Geiste sei es eröffnet.

Glückauf!

Rock Mechanics, Suppl. 1, 3—19 (1970)

Reibungswiderstände auf Scherklüften — Ergebnisse von Laboratoriumsuntersuchungen

Von

R. Wolters

Mit 12 Abbildungen

(Eingegangen am 9. März 1969)

Zusammenfassung — Summary — Résumé

Reibungswiderstände auf Scherklüften — Ergebnisse von Laboratoriumsuntersuchungen. Der Reibungswiderstand auf Trennflächen im Gebirge bestimmt maßgeblich dessen Scherfestigkeit. In-situ-Versuche sind häufig nicht möglich und stets kostspielig. Es wird der Versuch unternommen, in Laboratoriumsuntersuchungen an kleinen Proben Gesetzmäßigkeiten über den Reibungswiderstand zu finden. Es wurden Sedimentgesteine verschiedener Korngrößenbereiche, verschiedener Mineralzusammensetzung und unterschiedlicher Kornbindung untersucht: Sandstein (ankeritisches Bindemittel), Silt- und Tonstein des Ruhrkarbons, Buntsandstein (tonig-kalkiges Bindemittel) und Quarzit des Rheinischen Schiefergebirges (kieseliges Bindemittel). Proben dieser Gesteine, bei denen sich in Dreiaxialdruckversuchen nur eine einzige Bruchfuge eingestellt hatte, wurden in Dreiaxialzellen bei verschiedenen allseitigen Drücken nochmals belastet. Dabei wurde der Reibungswiderstand auf den Flächen bestimmt. Es zeigt sich bei den hier untersuchten Fällen, daß die Reibung auf Fugen von Sedimentgesteinen sich sehr der von Lockersedimenten nähert. Im einzelnen wird der Reibungswiderstand beeinflußt von der Höhe des allseitigen Drucks, von der Bruchfestigkeit des Gesteins bzw. vom Bindemittel, von der Petrographie und vom Winkel der Scherfläche zur angreifenden Kraft. Geschwindigkeitsänderungen bei der Verformung dagegen ändern nicht den erreichten Höchstwert.

Frictional Resistances on Shearing Joints — Results of Laboratory Investigations. The shear strength in rocks is determined by the frictional resistance in joints. In situ tests are often not feasible and always expensive. It is tried in laboratory tests with small samples to ascertain regularities of frictional resistance. Sedimentary rocks of various grain size distributions, mineral compositions and with different cementing materials were investigated: Sandstones (ankeritic binder), siltstones and clay shales from the Ruhrkarbon, Buntsandstein (clayey-limey binder) and quartzite from the Rheinische Schiefergebirge (silicic binder). Rock samples which had shown only one plane of failure in triaxial tests, were loaded once more in triaxial cells under various confining pressures in order to measure the frictional resistance between the two parts. The test showed frictional resistances in the joints of the sedimentary rocks similar to the internal friction of corresponding soils. The frictional resistance is an effect of confining pressure, failure strength of the rock or rather its cementing material, of the petrography and the inclination of the failure plane already existing. Measured values did not depend on the rate of loading.

Résistance au frottement sur les fissures de cisaillement. — Résultats des essais de laboratoire. La résistance au cisaillement des roches le long des surfaces de séparation est influencée principalement par la résistance au frottement de celles-ci. Des essais grandeur nature ne sont pas possibles dans tous les cas et sont toujours d'un prix élevé. On a essayé de trouver les lois de la résistance au frottement par l'examen de petits échantillons au laboratoire. On a étudié des roches sédimentaires de différentes granulométries, de différentes compositions minéralogiques et avec différents liants: des grès (liant ankéritique), des roches silteuses et argileuses du Carbonifère de la Ruhr, des roches du Buntsandstein (liant argilo-calcareux) et des quarzites du massif schisteux rhénan (liant siliceux). Des échantillons qui n'ont montré qu'un plan de rupture à l'essai triaxial ont été soumis à nouveau à diverses pressions latérales afin de mesurer la résistance au frottement sur ce plan. Les cas étudiés ont montré que le frottement de glissement sur les plans de rupture des roches sédimentaires ressemble fortement à celui des sols. En résumé la résistance au frottement est influencée par la valeur de la pression latérale, par la résistance à la rupture de la roche ou du liant, par la pétrographie et par l'angle entre le plan de cisaillement et la force agissante. Un changement de la vitesse de déformation n'influence pas le maximum de la valeur atteinte pour la résistance au frottement.

1. Einleitung

Zum Versuch, Festigkeits- und Verformungsverhalten eines Gesteinsverbandes durch Synthese von Einzelfaktoren zu ermitteln, gehört die Aufnahme der Schichtenfolge und -ausbildung, der Lagerungsverhältnisse und des Kluftgefüges mit Lage, Erstreckung, Ausbildung, Durchtrennungsgrad usw. Besonders wichtig ist auch die Kenntnis des Reibungswiderstandes auf den Trennflächen, denn die Scherfestigkeit eines Gebirges setzt sich zusammen aus echtem Scherwiderstand von intakten Gesteinspartien und aus dem Widerstand gegen und bei Bewegung auf den Trennflächen. Je nach Richtung und Durchtrennungsgrad der Klüfte ist der Anteil dieser beiden Faktoren größer oder kleiner. Allgemein aber ist im zerklüfteten Gebirge der Reibungswiderstand auf den Trennflächen bestimmend für die Scherfestigkeit. Führt die Beanspruchung eines Gesteinsverbandes zu einer durchgehenden Bewegungsbahn oder Gleitfläche, die den vorhandenen Trennflächen entspricht, dann ist hier die Scherfestigkeit eine Restscherfestigkeit und entspricht dem Reibungswiderstand auf diesen Trennflächen.

Die Bestimmung dieses Wertes in situ ist vielfach nicht möglich oder erschwert, immer aber sehr aufwendig. Es ist deshalb wohl selbstverständlich, daß nach einfacheren Methoden und sogar nach Möglichkeiten einer Bestimmung im Laboratorium Umschau gehalten wird.

Setzt man bei einer Gesteinsprobe im Dreiaxialdruckgerät den Versuch über den Bruchpunkt hinaus fort, so fällt die Zusatzspannung nicht ganz ab, sondern es bleibt eine Restspannung, die aus der Reibung auf den eingetretenen Bruchflächen resultiert. Wenn der gemessene Restwiderstand einer bestimmten Größe der Verschiebungs- bzw. Reibungsfläche zugeordnet werden könnte und wenn bei Reihenuntersuchungen solcher Art sich bereits Gesetzmäßigkeiten auch für so verhältnismäßig kleine Bereiche abzeichnen würden, müßte eine Übertragung auf größere Verhältnisse möglich und eine Laboratoriumsmethode damit auch für die Bestimmung dieser Größe anwendbar sein.

2. Versuchsdurchführung und Auswertung

Für systematische Untersuchungen über das Festigkeitsverhalten von Gesteinen waren im Laboratorium des Geologischen Landesamtes Nordrhein-Westfalen in den vergangenen Jahren eine große Zahl von Zylinderproben (Durchmesser 3,6 cm und Länge etwa 9 cm) in Dreiaxialdruckgeräten bis zum Bruch beansprucht worden. Ein kleiner Teil dieser Proben weist nur eine einzige, durchgehende Scherfuge auf. Solche Proben boten sich an für eine Ermittlung des Reibungswiderstandes bei Bewegung auf diesen Flächen. Von Vorteil war hierbei auch noch, daß bereits eine Reihe anderer Kennziffern dieser Proben wie Bruchfestigkeit, Raumgewicht, Porenvolumen usw. bestimmt war. Ferner waren diese Trennflächen gleicher Entstehungsart und etwa gleichen Alters, was in bezug auf sekundäre Veränderungen (wie z. B. Verwitterung) von Einfluß auf die Ergebnisse sein mußte.

Für die neuen Versuche* wurden Proben mit möglichst ebenen Scherfugen und ohne Ausbrüche oder sonstige Störungen an den Rändern ausgewählt (Abb. 1 zeigt zwei Buntsandsteinproben).

Auch Proben mit leicht schaufelförmigen Bruchfugen konnten noch verwendet werden, wenn die Rundung auf der ganzen Fläche gleich blieb. Die lufttrockenen Probenteile — wieder zu einem Zylinder zusammengefügt — wurden mit einer durch-

Abb. 1. Buntsandsteinproben mit Bruchfugen

Triaxial test samples from the Buntsandstein with planes of failure

Échantillons des roches du Buntsandstein avec plans de rupture de l'essai triaxial

scheinenden Gummihülle versehen, so daß der einwandfreie Sitz zu beobachten war. In Dreiaxialdruckzellen erfolgte dann bei verschiedenen allseitigen Drücken eine zusätzliche axiale Belastung (Abb. 2). Als Seitendrücke wurden zunächst 10, 50 und 100 kp/cm^2 gewählt, später für die Feststellung des Einflusses einzelner Faktoren nur noch 10 kp/cm^2. Dieser allseitige Druck wurde bei jedem Versuch konstant gehalten. Die Verformung der Probe erfolgte mit gleichbleibender Geschwindigkeit. Dabei stieg die Zusatzlast immer nur bis zu einer gewissen Höhe an. Von diesem Punkt ab wurde dann im allgemeinen auch bei weiterer Verformung, also bei weiterem Aneinandervorbeigleiten der beiden Probenstücke, keine Erhöhung der zusätzlichen axialen Last mehr gemessen. Sowohl die in eine Ebene projizierte bzw. auf ihr abgerollte Fugenfläche als auch die nach Fortschritt des Versuches verbleibende Berührungsfläche wurden ausplanimetriert. Der höchste, gleichbleibende Wert der Zusatzlast, bezogen auf die jeweilige Berührungsfläche, wird im folgenden als Reibungswiderstand bezeichnet, wobei Klarheit besteht, daß dies nur der Dimension nach eine Spannung ist. Wenn die Bruchwinkel alle gleich groß wären, wäre der so definierte Reibungswiderstand proportional der in dieser Fläche wirkenden Schubspannung. (Mit dieser Darstellungsweise und in Verbindung mit den in anderen Abbildungen gemachten Angaben [z. B. Bruchwinkel] können die Ergebnisse der Untersuchungen vom Leser auch für spezielle Probleme weiterverwendet werden.)

* Für die wertvolle Hilfe bei der Durchführung der Versuche möchte ich auch hier Herrn H. Eichhorn herzlich danken.

Die Verkürzung des Abstandes der Probenenden (Wegmessung) und die axiale Zusatzlast (Kraftmessung) wurden mit Gebern auf Dehnungsmeßstreifenbasis, wie sie von Neuber u. Wolters (1963) und Strasser (1968) beschrieben wurden, direkt an der Probe gemessen und laufend registriert. Abb. 3 zeigt die Aufzeichnungen von mehreren Versuchen an Karbonsandsteinproben, die mit unterschiedlichen Verformungsgeschwindigkeiten durchgeführt wurden, wie aus dem steileren oder flacheren Anstieg der am Anfang jeweils rechts liegenden Wegmessung ersichtlich ist. Die jeweils linke Linie gibt die axiale Last an, die hier zunächst schnell ansteigt, dann aber bald einen gleichbleibend hohen Wert behält, während die Verformung (rechte Linie) gleichmäßig weiterverläuft. (Durch notwendiges Umschalten

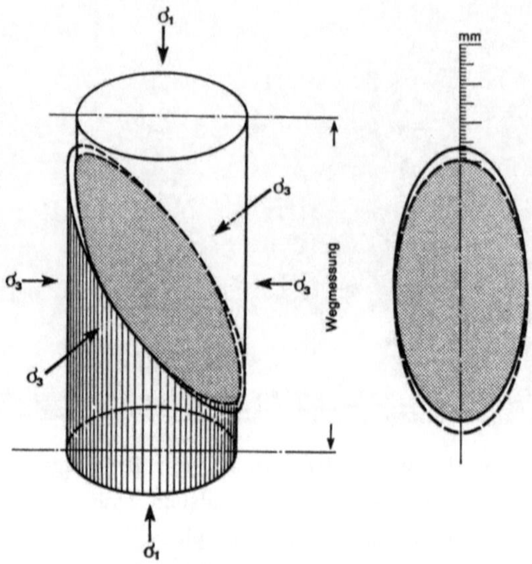

Abb. 2. Prinzipskizze der Versuchsdurchführung
(Reibungswiderstand = $\sigma_1 - \sigma_3$ = zusätzliche axiale Belastung, bezogen auf die je nach Verschiebungsbetrag verbleibende Scherfugenfläche)

Schematic diagram showing the sample during friction test
(frictional resistance = $\sigma_1 - \sigma_3$ = additional axial load relative to the contact area in the failure plane varying with translation)

Diagramme schématique de la méthode d'essai
(résistance au frottement = $\sigma_1 - \sigma_3$ = charge axiale additionelle appliquée à la surface de contact dans le plan de rupture, variable avec le déplacement)

am Rand des Papierstreifens entsteht eine zweite parallele Linie.) Da der Papiervorschub konstant bleibt, ist aus dem zurückgelegten Weg auch die Verschiebungsgeschwindigkeit an den Scherflächen bekannt. Durch Steuerung der hydraulischen Krafterzeuger kann die Vorschubsgeschwindigkeit der Probenteile in einfacher Weise variiert werden.

3. Versuchsergebnisse

Für die ersten Untersuchungen erschien es zweckmäßig, einmal Gesteine verschiedener Mineralzusammensetzung bzw. Korngrößenbereiche und zum anderen solche unterschiedlicher Kornbindung auszuwählen. Für die erste Gruppe standen Sandsteine, Silt- und Tonsteine des Ruhrkarbons zur Verfügung. Die Bedeutung des Bindemittels konnte durch Vergleiche zwischen Buntsandstein, Karbonsandstein und Quarzit untersucht werden, da das etwa gleich zusammengesetzte Quarzsand-

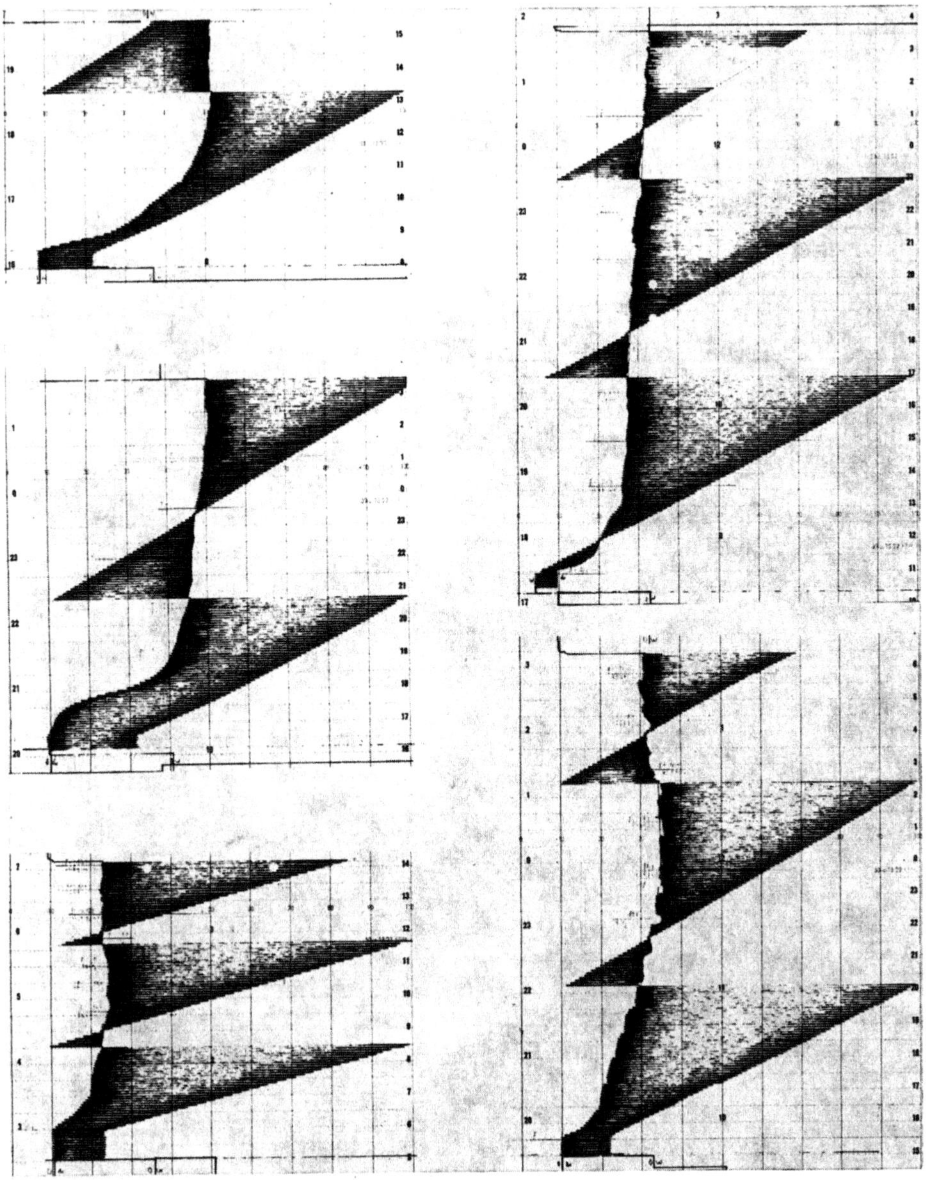

Abb. 3. Meßstreifen von Versuchen mit Karbonsandsteinen bei verschiedenen Geschwindigkeiten

Chart from friction tests with various rates of loading: samples from carboniferous rocks

Diagrammes des essais de frottement avec des vitesses variées: échantillons de grès du carbonifère de la Ruhr

gestein einmal ein tonig-kalkiges, einmal ein vorwiegend ankeritisches und als letztes ein nur kieseliges Bindemittel aufweist.

3.1 Der Reibungswiderstand in Abhängigkeit vom allseitigen Druck, von der Korngröße und -bindung der Gesteine

Abb. 4 zeigt eine Zusammenstellung der bei den unterschiedlichen Gesteinsarten festgestellten Reibungswiderstände. In den einzelnen Diagrammen gibt jeweils die Ordinate den Reibungswiderstand und die Abszisse den allseitigen Druck

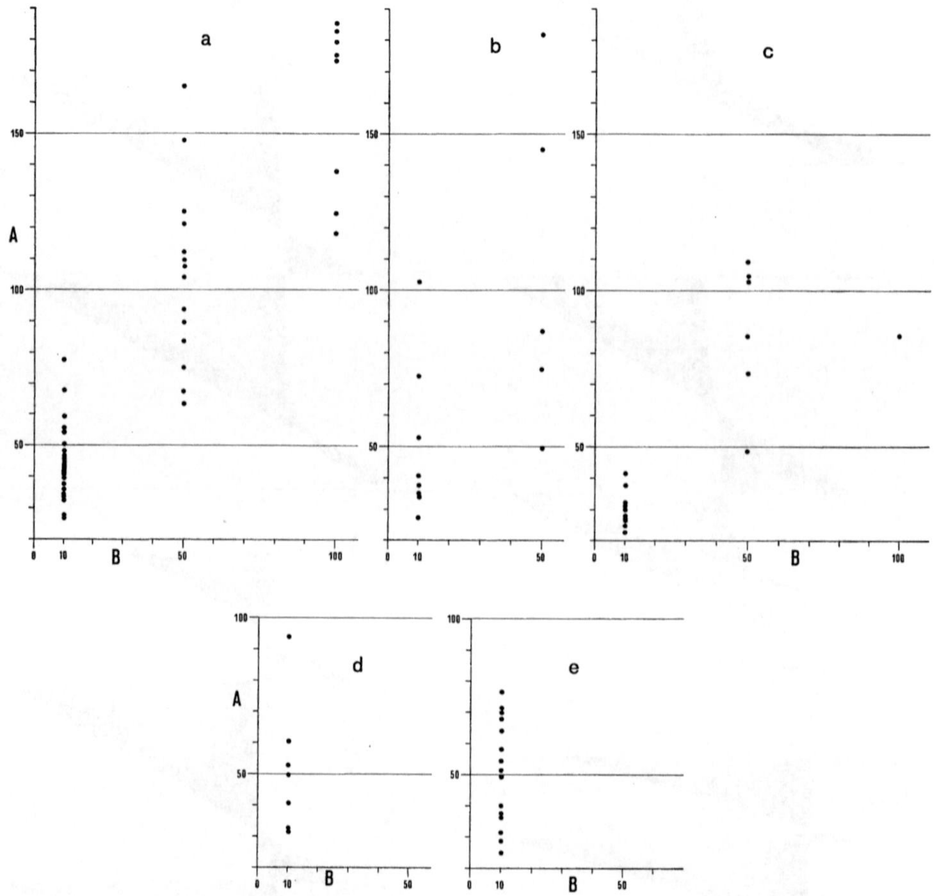

Abb. 4. Reibungswiderstände verschiedener Gesteine in Abhängigkeit vom allseitigen Druck *A* Reibungswiderstand in kp/cm²; *B* allseitiger Druck σ_3 in kp/cm²; *a* Sandstein; *b* Siltstein; *c* Tonstein; *d* Quarzit; *e* Buntsandstein

Frictional resistances for various rocks and confining pressures
A frictional resistance in kg_f/cm^2; *B* confining pressure in kg_f/cm^2 σ_3; *a* sandstone; *b* siltstone; *c* clay rock; *d* quartzite; *e* Buntsandstein ,

Résistances au frottement de diverses roches en fonction de la pression latérale
A résistance au frottement en kp/cm²; *B* pression latérale σ_3 en kp/cm²; *a* grès; *b* roche silteuse; *c* roche argileuse; *d* quarzite; *e* Buntsandstein

an. Jeder Punkt entspricht einem Versuch. Während in der oberen Reihe (Karbongesteine) die Versuche bei verschiedenen Seitendrücken durchgeführt wurden, erfolgte die Bestimmung beim Quarzit und Buntsandstein nur noch unter 10 kp/cm² Seitendruck.

Wie zu erwarten, ist eine deutliche Abhängigkeit vom allseitigen Druck feststellbar. Darüber hinaus ist noch ein deutlicher Unterschied nach der Korngröße, vielleicht auch Kornfestigkeit erkennbar. Beim Seitendruck von 10 kp/cm² liegen die Reibungswiderstände beim Sandstein zwischen 25 und fast 80 kp/cm², während sie beim feinkörnigen Tonstein 40 kp/cm² kaum übersteigen. Die in der Korngröße dazwischenliegenden Siltsteine sind in ihren Werten unterschiedlich und müssen wohl noch nach anderen Gesichtspunkten als dem der Korngröße betrachtet werden. Während hier die meisten Werte zwar unter 50 kp/cm² liegen, streuen jedoch einige weit nach oben. Bei diesen muß das Material, wahrscheinlich feines Quarzmaterial, den Ausschlag geben, wobei dann aber nicht die Korngröße, sondern eher die Kornzahl je Fläche maßgebend ist. Ganz ähnlich liegen die Ergebnisse bei höheren Seitendrücken.

Der Quarzit mit der festen Bindung der Körner zeigt die im Mittel höchsten Werte, während die des Buntsandsteins denen des Karbonsandsteins trotz des Unterschiedes im Bindemittel in etwa entsprechen.

Insgesamt gesehen kann festgehalten werden, daß gegenüber den großen Unterschieden in der Bruchfestigkeit der einzelnen Gesteinsarten der Reibungswiderstand

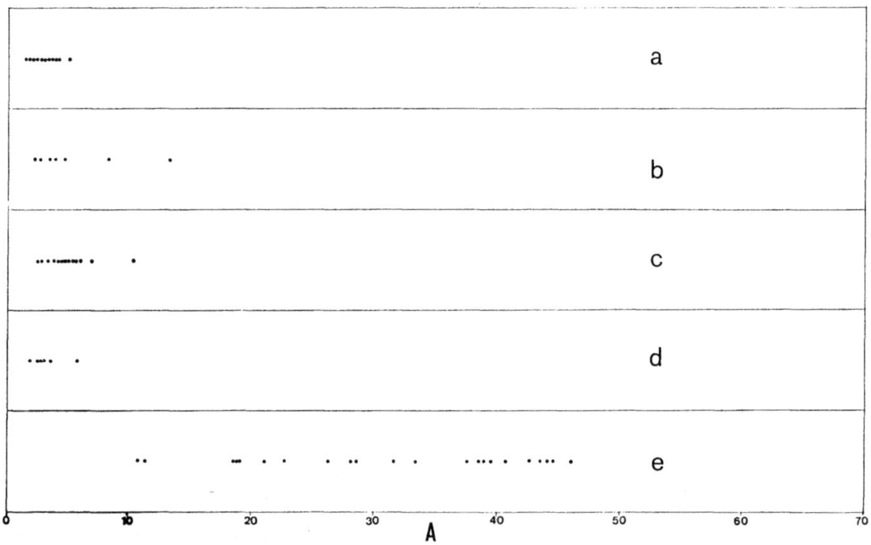

Abb. 5. Reibungswiderstände verschiedener Gesteine in bezug zur Bruchfestigkeit
A Reibungswiderstand in °/o der optimalen Bruchfestigkeit σ_{Br}; *a—e* wie Abb. 4.

Frictional resistances of various rocks in relation to breaking strength
A frictional resistance in °/o of the optimal breaking strength σ_{Br}; *a—e* as for figure 4

Résistance au frottement de diverses roches par rapport à la résistance à la rupture
A résistance au frottement en °/o de la résistance à la rupture (optimum) σ_{Br}; *a—e* comme dans la figure 4

innerhalb des Streubereiches eher gleich hoch bei allen untersuchten Gesteinen ist, zumindest bei denen, die größere Anteile Quarz enthalten.

Allerdings ist die Schwankungsbreite der Widerstandswerte bei den einzelnen Gesteinsarten beträchtlich, wobei die des Tonsteins am geringsten ist, was einmal auf das weniger feste Kornmaterial (kaum Quarz), vor allem aber wohl auf die Gleichmäßigkeit der auf die Fläche verteilten Körner und damit auf eine gleichmäßigere Zahl der Reibungspunkte zurückzuführen ist.

3.2 Der Reibungswiderstand in bezug zur Bruchfestigkeit

Bei der starken Angleichung der Reibungswerte zwischen den Gesteinsarten unterschiedlicher Bruchfestigkeit interessierte nun, welche Gründe hierfür und für die Streuung verantwortlich waren. Sicher ist ein Teil der Streuungen dadurch bedingt, daß Unebenheiten in der Scherfugenfläche beim Verschieben zum teilweise Hohlliegen und damit zu einer falschen Flächenerfassung führen. Außer solchen in der Auswertung liegenden Fehlern mußten aber auch echte Einflußfaktoren gesucht werden.

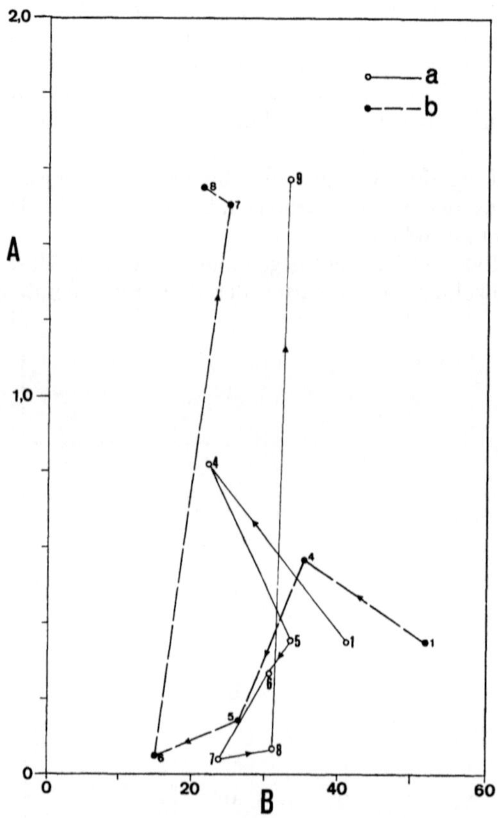

Abb. 6. Reibungswiderstände bei Wiederholungsversuchen

A Vorschubgeschwindigkeit in mm/min; *B* Reibungswiderstand in kp/cm²; *a* Sandstein Nr. 1, *b* Sandstein Nr. 2; *1–9* Reihenfolge der Versuche

Frictional resistances in repeated tests

A rate of axial displacement in mm/min; *B* frictional resistance in kg_f/cm²; *a* number 1 sandstone; *b* number 2 sandstone; *1–9* sequence of the tests

Résistances au frottement dans des essais répétés

A vitesse de déplacement en mm/min; *B* résistance au frottement en kp/cm²; *a* grès No. 1; *b* grès No. 2; *1–9* succession des essais

Einen Vergleich der Reibungswiderstände mit den Bruchfestigkeiten derselben Gesteinsproben zeigt Abb. 5. Und zwar sind die gemessenen Reibungswerte für die einzelnen Gesteinsarten prozentual zu ihrer Bruchfestigkeit aufgetragen, wobei die optimalen Bruchwerte (entsprechend der optimalen Linie nach Strasser [1968]) gewählt wurden, um Zufälligkeiten wie z. B. latente Klüfte bei der Bestimmung der Bruchfestigkeit auszuschalten. Am stärksten fällt der große Unterschied zwischen Buntsandstein und den anderen 4 Gesteinen auf. Während die Reibungswiderstände bei den ersten 4 Gesteinen, die gegenüber dem Buntsandstein hohe Bruchfestigkeiten aufweisen, durchweg weniger als 10 % von diesen ausmachen, beginnen die des Buntsandsteins erst oberhalb von 10 % und reichen mit einem Wert bis nahe 70 % an dessen Bruchfestigkeit heran. Die Quarzite zeigen die geringsten Prozentwerte, weichen aber von den Karbonsandsteinen wiederum nur wenig ab. Auftragungen der Reibungswiderstände gegen die absoluten Werte der Bruchfestigkeit ergeben innerhalb der Breite des Bandes eine Abhängigkeit von der Bruchfestigkeit: Häufig erreichen Proben mit höheren Bruchfestigkeiten auch höhere Reibungswerte.

Insgesamt kann festgehalten werden: Gesteine unterschiedlichster Festigkeit (und zwar zwischen 100 und mehr als 2000 kp/cm²) erreichen auf Trennflächen wesentlich geringere, aber im großen gesehen etwa gleiche Reibungswiderstände. Dabei zeigen sich innerhalb der Streubereiche Abhängigkeiten von der Bruchfestigkeit.

3.3 Beobachtungen über einen Abfall des Reibungswiderstandes bei den Versuchen

Zu Anfang der Untersuchungen wurden an derselben Probe mehrmals hintereinander Reibungswerte bestimmt, und zwar bei unterschiedlicher Vorschubgeschwindigkeit und verschiedenen Seitendrücken.

Abb. 6 zeigt die Ergebnisse von solchen Versuchsserien an zwei Karbonsandsteinproben. Nach rechts ist der Reibungswiderstand, nach oben die Vorschubgeschwindigkeit aufgetragen. Alle hier aufgeführten Werte sind bei $\sigma_3 = 10$ kp/cm² ermittelt worden. Die Zahlen geben die Versuchsfolge an. Die Werte der gleichen Probe sind miteinander verbunden. Die Versuche 2 und 3 wurden bei 50 bzw. 100 kp/cm² Seitendruck durchgeführt; ihre Werte fehlen deshalb. Bei diesen Ge-

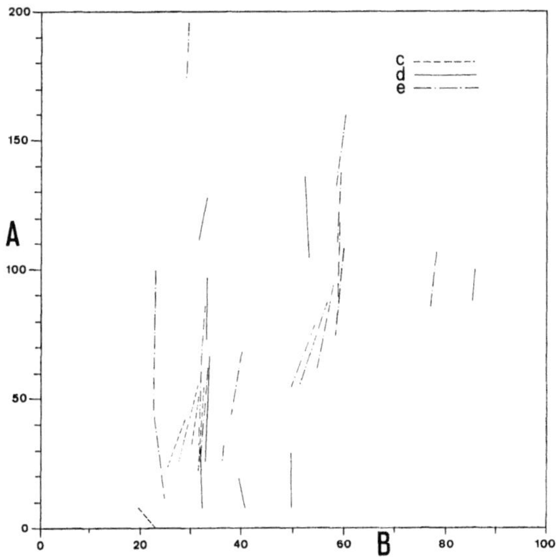

Abb. 7. Änderung der Reibungswiderstände im Versuchsablauf
A Versuchszeit in min; *B* Reibungswiderstand in kp/cm²; *c—e* wie Abb. 4

Variation of frictional resistances in the course of the tests
A time in minutes; *B* frictional resistance in kg_f/cm^2; *c—e* as for Fig. 4

Variation des résistances de frottement pendant les essais
A durée d'essai en min; *B* résistance de frottement en kp/cm²; *c—e* comme en Fig. 4

steinsproben ergaben sich für die ersten Versuche die höchsten Reibungswerte. Alle anderen Versuche liegen mit ihren Werten darunter, wobei keine Abhängigkeit von der Vorschubgeschwindigkeit erkennbar ist. Danach dürfte bei der frischen Bruchfuge und dem ersten Zusammenfügen eine höhere Kontaktzahl als nach einem Reibungsversuch vorhanden sein; auch dürfte das Gesteinsmehl, das bei der Bewegung besonders des Erstversuches entsteht, dann für die weiteren Versuche eine Verminderung des Reibungswiderstandes bedingen, weil die noch fest eingebetteten Mineralkörner und -spitzen der beiden Flächen nicht direkt mehr ineinander greifen können. Da jedenfalls eine Abnutzung und Glättung der Scherfuge mit Nachlassen des Reibungswiderstandes bei Wiederholungsversuchen nicht auszuschließen war, wurden von da ab die Proben nur noch jeweils zu einem Versuch benutzt. Für die Beurteilung der Standfestigkeit dürfte zunächst auch dieser Wert von größerer Bedeutung sein. Bei den in den verschiedenen Abbildungen dargestellten Versuchsergebnissen handelt es sich jedenfalls — abgesehen von den Werten bei 50 und 100 kp/cm² Seitendruck der Abb. 4 — immer um Reibungswiderstandswerte von Erstversuchen bei 10 kp/cm² allseitigem Druck.

Um aber die Frage einer Abnutzung der Scherfläche schon während des Erstversuches zu klären, sind von Versuchen an den von Bindung und Material her unterschiedlichsten Proben in der Abb. 7 die Änderungen der Reibungswerte im Ablauf des Erstversuches dargestellt. Auf der y-Achse ist die Versuchszeit in Minuten und auf der x-Achse die Größe des Reibungswiderstandes abzulesen. Für die einzel-

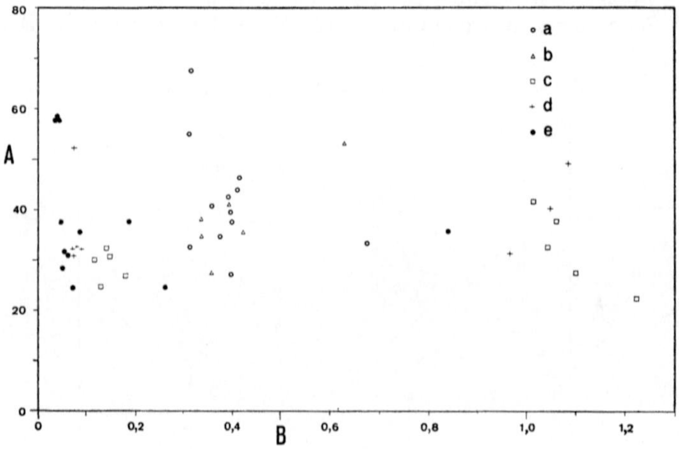

Abb. 8. Reibungswiderstände im Vergleich zur Vorschubgeschwindigkeit
A Reibungswiderstand in kp/cm²; *B* Vorschubgeschwindigkeit in mm/min; *a—e* wie Abb. 4

Frictional resistances in comparison to rates of loading
A frictional resistance in kg_f/cm^2; *B* rate of displacement in mm/min; *a—e* as for figure 4

Résistance au frottement comparée à la vitesse de déformation
A résistance de frottement en kp/cm²; *B* vitesse de déplacement en mm/min; *a—e* comme dans la figure 4

nen Gesteinsarten sind unterschiedliche Signaturen gewählt worden. Der Anfang jeder Linie entspricht dem Punkt, zu dem im Versuch die Lastkurve ihren Höchststand erreichte. Die Länge der Linie gibt die Versuchsdauer und die Richtung, also die Veränderung der Reibung, an. Bei fast allen Proben ist innerhalb des Versuches kein Abfall im Reibungswiderstand zu erkennen, sondern meist noch ein kleiner Anstieg. Das gilt vor allem für Buntsandsteinproben, und zwar besonders für solche mit höheren Reibungswerten. Hier scheint durch Lösen der nur schwach verkitteten Körner und Einfügen zwischen die beiden Probenteile eine leichte Erhöhung der Reibung einzutreten. Beim Quarzit zeichnet sich eine leichte Abnahme nur bei 3 etwas schneller gefahrenen Versuchen ab, während alle anderen praktisch konstant bleiben. Auch von den 5 Tonsteinproben ist bei vieren ein leichter Anstieg zu beobachten. Ein Nachlassen des Reibungswiderstandes durch Verschleiß bei Bewegung auf der Scherfuge während eines Versuches ist danach nicht zu erkennen.

3.4 Der Einfluß der Versuchsgeschwindigkeit auf den Reibungswiderstand

Wichtig schien danach noch der Einfluß der Verformungsgeschwindigkeit. Deshalb wurden Erstversuche an Proben der verschiedenen Gesteine mit unterschiedlich schnellem Vorschub durchgeführt. In der Abb. 8 sind nach oben die

Reibungswiderstände und nach rechts die Vorschubgeschwindigkeit in mm je Minute aufgetragen, mit der die Reibungswerte erreicht wurden. Die Werte für die verschiedenen Geschwindigkeiten liegen bei den einzelnen Gesteinsarten im Streubereich der gesamten ermittelten Werte. Eine Tendenz ist nicht zu erkennen.

Um jedoch noch einen weiteren Vergleich und eindeutigen Beweis zu bekommen, wurde bei einigen Proben während des Versuchs die Vorschubgeschwindigkeit nach Erreichen der Höchstlast geändert.

Die Aufzeichnungen von fünf Versuchen sind in Abb. 9 zusammengestellt. Die drei oberen sind die Versuchsprotokolle von Buntsandsteinproben. Bei dem Versuch,

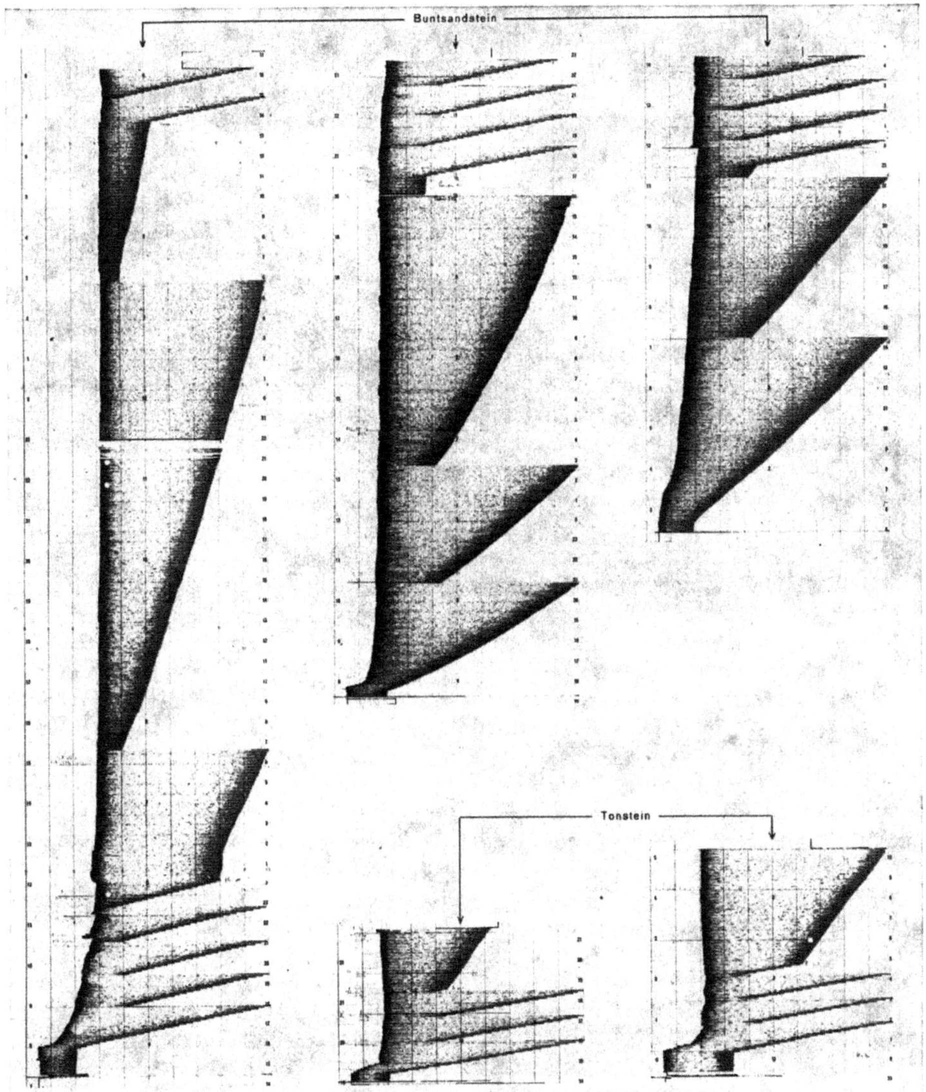

Abb. 9. Protokolle von Versuchen mit wechselnder Geschwindigkeit

Charts from tests with varying rate of displacement

Diagrammes des essais de frottement avec des vitesses de déformation changées

der mit dem linken Streifen festgehalten ist, wurde zunächst mit schneller Geschwindigkeit gefahren, wie der steile Anstieg nach rechts der Wegmessung wiedergibt. (Durch notwendiges Umschalten am Rand des Papierstreifens sind fünf parallele Linien entstanden.) Die linke, zunächst ebenfalls steil ansteigende und allmählich flach werdende Kurve ist die Kraftanzeige, die den Reibungswiderstand darstellt. Nach Erreichen des Reibungshöchstwertes — die Kraftkurve steigt nicht mehr weiter an, sondern verläuft geradeaus — wird dann die Vorschubgeschwindigkeit stark herabgesetzt. Dabei ist keine Änderung des erreichten Höchstwertes im Reibungswiderstand zu beobachten. Bei den beiden anderen Buntsandsteinproben (die zwei Protokolle oben rechts) ist zunächst mit langsamer Verschiebungsgeschwindigkeit bis zum Erreichen des Reibungshöchstwertes gefahren worden. Bei der dann starken Erhöhung der Verformungsgeschwindigkeit tritt ebenfalls keine Änderung des Reibungswiderstandes ein. Auch bei den zwei Tonsteinversuchen, die durch die Protokolle unten rechts wiedergegeben werden, sind keine Änderungen im Reibungswert zu beobachten, obwohl hier die Geschwindigkeit von schnell nach langsam geändert wurde.

Danach ist wohl die Feststellung eindeutig, daß die Geschwindigkeit ohne Einfluß auf die Höhe des Reibungswiderstandes in den hier untersuchten Bereichen ist.

3.5 Die Verformungsdiagramme der Reibungsversuche

In der Abb. 10 sind Reibungs-Verformungsdiagramme von Erstversuchen bei Proben verschiedener Gesteine zusammengestellt. Mit unterschiedlichen Signaturen sind die bei den Versuchen angewendeten verschiedenen Vorschubgeschwindigkeiten — eingeteilt in 4 Bereiche — gekennzeichnet. Auch hieraus läßt sich auf die Bedeutungslosigkeit der Geschwindigkeit schließen, decken sich doch praktisch beim Tonstein, Buntsandstein und Quarzit Diagramme von Versuchen mit unterschiedlichster Geschwindigkeit.

Auch einige Besonderheiten der einzelnen Gesteinsarten lassen die Last-Verformungslinien erkennen. Zunächst spiegeln die Kurven der drei Karbongesteine (obere Reihe) nochmal den Abfall der Absolutwerte bei den Reibungswiderständen vom Sandstein bis zum Tonstein, also vom Grob- zum Feinkorn, wieder.

Allgemein zeichnet sich die Höhe des Reibungswertes schon in der Anfangssteigung der Kurve in etwa ab: steiler Anstieg führt zu hohem Reibungswiderstand. Deutlich ist das beim Sandstein, Siltstein und Buntsandstein zu erkennen. Abweichend hiervon verhalten sich Tonstein und Quarzit, also solche Gesteine, bei denen die Festigkeit der Bindung im Vergleich zur Kornfestigkeit hoch ist. Beim Tonstein ist insgesamt der Anstieg steil, d. h. dieses Gestein erreicht bereits nach kurzem Verschiebungsweg den Höchstwert des Reibungswiderstandes. Dies dürfte mit der wesentlich größeren und gleichmäßig verteilten Kontaktzahl je Fläche zusammenhängen, die sofort in der Gesamtheit wirksam wird und auf die oben (Punkt 3.1) bereits die geringere Streubreite der Werte beim Tonstein zurückgeführt wurde.

Ein Einfluß von der Kontaktzahl und von der Festigkeit der Kornbindung ergibt sich auch aus dem Gesamtverlauf der für die einzelnen Gesteine charakteristischen Kurven. So zeigen die Sandsteine nach gleichmäßigem und gleichbleibendem Anstieg und Erreichen des Höchstwertes häufig einen deutlichen Abfall des Reibungswiderstandes. Hier scheint die Zahl der Kontakte (feste Quarzkörner) den Reibungswiderstand gleichmäßig ansteigen zu lassen, bis daß die Festigkeit der Kornbindung überschritten wird, die Körner ausbrechen, damit die Kontaktzahl verändern und also das Maximum der Reibung bestimmen. Zwar heben die Widerstände nach einem gewissen Verschiebungsweg wieder an, dann aber ist das ein anderer Vorgang: die gelösten Körner werden zwischen den beiden Flächen ge- und zerrieben, wodurch dann ebenfalls wieder eine Erhöhung der Kontaktzahl eintritt.

Dieser Vorgang spielt eine ungleich größere Rolle beim Buntsandstein, also dem Quarzgestein mit der weniger festen Bindung, und zwar bereits von Beginn der Bewegung an. Die meisten Kurven sind nicht gleichmäßig ansteigend, sondern gekrümmt. Die Höchstwerte werden erst nach einem meist längeren Verschiebungsweg erreicht und erhöhen sich allgemein weiterhin noch ganz gering. Infolge der geringen Kornbindung brechen die markantesten Körner bereits bei Beginn der Beanspruchung heraus. Dieser Vorgang wiederholt und verstärkt sich immer mehr,

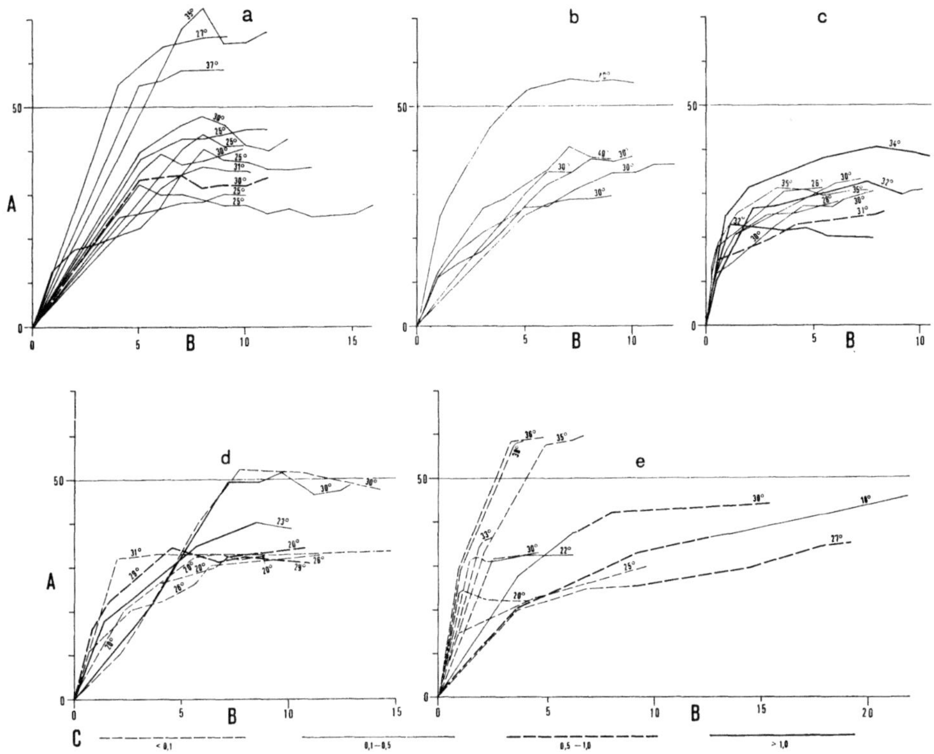

Abb. 10. Reibungs-Verformungs-Diagramme

A Reibungswiderstand in kp/cm²; *B* Verformung in mm; *C* Vorschubgeschwindigkeit in mm/min; *a—e* wie Abb. 4

Correlation between frictional resistance and displacement

A frictional resistance in kgf/cm²; *B* displacement in mm; *C* rate of displacement in mm/min; *a—e* as for figure 4

Courbes de résistance au frottement en fonction de la déformation

A résistance de frottement en kp/cm²; *B* déplacement en mm; *C* vitesse de déformation en mm/min; *a—e* comme dans la figure 4

bis daß zwischen den beiden Flächen dicht gedrängt sich viele lose Quarzkörner aneinander reiben. Beim Quarzit (also der stärksten Bindung) tritt nach einem mehr oder weniger gleichmäßigen Anstieg mit Erreichen des Höchstwertes keine Änderung mehr ein: Die Kornbindung und die Kornfestigkeit ist gleich groß, also kein Grund vorhanden, entweder wie beim Sandstein im Reibungswert abzufallen (durch Überschreiten der Bindemittelfestigkeit) oder wie beim Buntsandstein noch anzusteigen (durch Erhöhung der Kontaktzahl herausbrechender festerer Quarzkörner). Diese Vorgänge finden ihren Niederschlag auch in der Menge des beim Versuch anfallenden Zerreibmaterials.

Diese Deutung der Vorgänge dürfte eine weitere Bestätigung darin finden, daß beim Sandstein und Siltstein häufig die oberen Kurven, also die höheren Reibungswerte zu solchen Proben gehören, die eine größere Festigkeit als die unteren besitzen, wogegen beim Buntsandstein das Gegenteil der Fall ist. Hier erreichen die Proben mit geringerer Bruchfestigkeit, also solche, bei denen die Quarzkörner bald frei werden und in möglichst großer Zahl an der Reibung mitwirken, am ehesten maximale Reibungswiderstände und ferner auch noch relativ hohe Werte. Beim Quarzit und Tonstein kann diese Beobachtung nicht verfolgt werden, da hier die Festigkeitsunterschiede des untersuchten Materials zu gering sind.

Einen weiteren deutlichen Einfluß auf den Verlauf der Reibungswiderstand-Verformungs-Diagramme hat der Winkel der Bruchfläche. An den einzelnen Linien ist in Altgrad der Öffnungswinkel der Scherfuge angegeben, also der spitze Winkel,

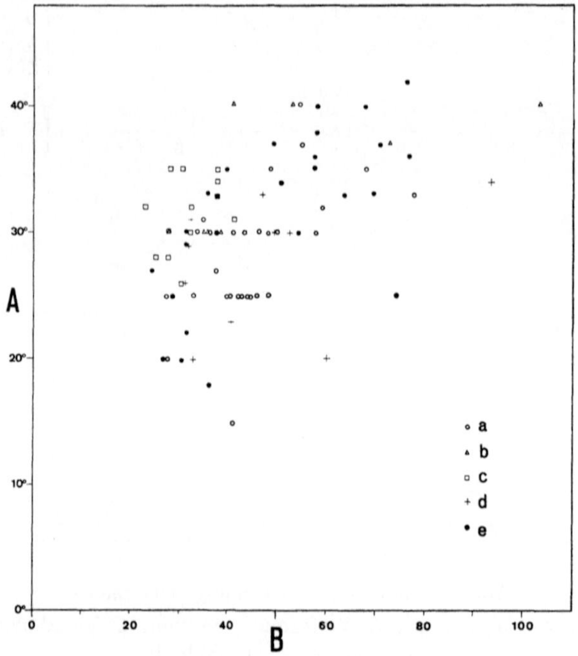

Abb. 11. Der Reibungswiderstand in Abhängigkeit vom Bruchwinkel
A Winkel der Bruchfläche; *B* Reibungswiderstand in kp/cm²; *a—e* wie Abb. 4

Correlation between frictional resistance and inclination of failure plain
A inclination of failure plain; *B* frictional resistance in kg_f/cm^2; *a—e* as for figure 4

La résistance au frottement en fonctions de l'angle du plan de rupture
A angle de rupture; *B* résistance au frottement; *a—e* comme dans la figure 4

den die Bruchfuge mit der Normalen bildet. Dabei zeigt sich deutlich die Tendenz, daß höhere Reibungswerte, also die oberen Last-Verformungskurven, zu Proben mit großem Bruchwinkel gehören. Ausnahmen, wie sie z. B. beim Sandstein die obere Kurve mit nur 27° Neigung der Bruchfläche bildet, sind dadurch begründet, daß hier dann der vorhin erläuterte Festigkeitsunterschied wirksam wird. So gehört z. B. diese letztgenannte Kurve mit 27° Scherfugenneigung zur Sandsteinprobe mit der weitaus höchsten Bruchfestigkeit.

Aber nicht nur die höheren Reibungswerte erreichen die Proben mit den größeren Bruchwinkeln, sondern entsprechend den oben gegebenen Deutungen zeigen diese auch meist den steilsten Anstieg der Widerstands-Verformungs-Diagramme, was besonders deutlich bei der Buntsandsteinserie in Erscheinung tritt.

3.6 Der Einfluß des Bruchwinkels auf den Reibungswiderstand

Daß die Größe des Bruchwinkels — also die Neigung der Fläche zur Richtung der Zusatzlast — von größerem Einfluß auf die Höhe der in diesen Versuchen ermittelten Reibungswiderstände sein würde, war zu erwarten. Über den wirklichen

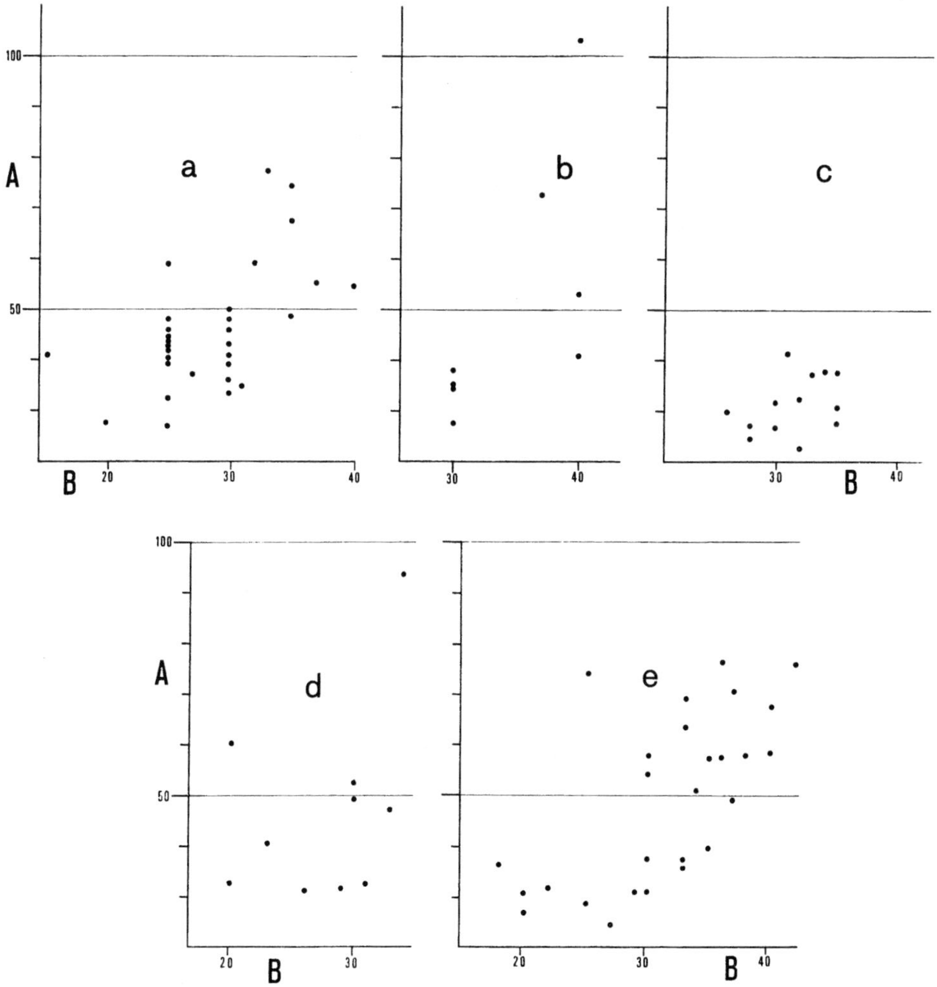

Abb. 12. Reibungswiderstand und Bruchwinkel bei den einzelnen Gesteinsarten
A Reibungswiderstand in kp/cm^2; *B* Winkel der Bruchfläche in Altgrad; *a—e* wie Abb. 4

Correlation between frictional resistance and inclination of failure plain for the different types of rock
A frictional resistance in kg$_f$/cm^2; *B* inclination of failure plain; *a—e* as for figure 4

Corrélation entre la résistance au frottement et l'angle entre le plan de frottement et la force agissante pour différentes roches
A résistance de frottement en kp/cm^2; *B* angle de rupture; *a—e* comme dans la figure 4

Einfluß gibt eine Übersicht (Abb. 11) Auskunft. Hier sind die Bruchwinkel auf der y-Achse und die Reibungswiderstände auf der x-Achse für die Erstversuche der verschiedenen Gesteinsarten bei 10 kp/cm² Seitendruck abgetragen. Die zwischen 20 und gut 100 kp/cm² liegenden Reibungswiderstände verteilen sich auf Bruchwinkel zwischen kaum 20° und fast 45°. Dabei zeigt sich eine generelle Abhängigkeit zwischen beiden, allerdings in einem solchen Streubereich, daß sich auch hieraus der Einfluß anderer wichtiger Faktoren ergibt. In der Abb. 12 sind die Werte nach einzelnen Gesteinsarten getrennt dargestellt, wobei ein Zusammenhang bei den Sandstein- und Buntsandsteinproben einigermaßen deutlich ist, der über Siltstein, Quarzit zum Tonstein hin fast ganz verschwindet. Bei den letzteren muß also in stärkerem Maße ein anderer Faktor von Bedeutung sein. Es ist anzunehmen, daß es die in einer festen Bindung gehaltenen Körner bzw. Mineralspitzen sind, die hier entscheidend die Größe des Reibungswiderstandes bestimmen.

3.7 Der Reibungswiderstand und der Winkel der inneren Reibung

Wenn man den in der Scherfläche wirkenden Winkel der inneren Reibung aus dem gesamten Spannungszustand nach den Gleichgewichtsbedingungen — wie sie z. B. durch den Mohrschen Spannungskreis dargestellt sind — ausrechnet, so ergeben sich für ϱ folgende Werte:

Karbon-Sandstein:	32°–47°
Karbon-Siltstein:	35°–48°
Karbon-Tonstein:	32°–41°
Quarzit:	37°–48°
Buntsandstein:	31°–46°.

Bei den Sandsteinen entsprechen damit die unteren Werte denen des Lockermaterials bzw. liegen vielleicht schon darunter. Dies kann dadurch möglich und erklärt werden, daß einzelne größere und besonders feste Quarzkörner sich aus dem Verband lösen und zwischen den beiden Gesteinsflächen rollend diese voneinander stärker abheben und dadurch die Kontaktstellen verringern. Die oberen Werte und die von Siltstein, Tonstein und Quarzit zeigen, daß Einbettung, Bindung und Mineralhärte der Körner ebenfalls von Bedeutung sind.

4. Schlußfolgerungen

Auf Grund der Ergebnisse der hier beschriebenen Versuche kann für den untersuchten Bereich gesagt werden:

Die Höhe der Reibung auf Fugen im Fels (Sedimentgestein) nähert sich stark der von Bodenarten, wobei innerhalb der Streubreite der Reibungswerte eine Abhängigkeit von der Bruchfestigkeit des Gesteins besteht. Im einzelnen wird der in den beschriebenen Versuchen ermittelte Reibungswiderstand auch beeinflußt vom allseitigen Druck, von der Petrographie und vom Winkel der Scherfläche zur angreifenden Kraft. Dagegen ändert die Geschwindigkeit bei der Verformung nicht mehr den erreichten Höchstwert.

Die gefundenen Gesetzmäßigkeiten zeigen, daß auch mittels Laboratoriumsuntersuchungen Reibungswerte für Trennflächen im Gebirge ermittelt werden können.

Die bisherigen Ergebnisse dürften wohl eine Fortsetzung zur Ergänzung und auch eine Ausdehnung auf andere Bedingungen rechtfertigen. Als von besonderem Interesse sollte dabei der Einfluß des Wassers und der Verwitterung sowie die Frage des Widerstandes vor der Verformung untersucht werden.

Literatur

[1] Byerlee, J. D.: Frictional Characteristics of Granite under High Confining Pressure. Journal of Geophysical Research, Vol. 72, No. 14, 1967, p. 3639—3648.

[2] Hoskins, E. R., J. C. Jaeger and K. J. Rosengren: A Medium-Scale Direct Friction Experiment. Int. Journal Rock Mech. Min. Sci., Vol. 5, 1968, p. 143—154.

[3] Jaeger, J. D.: The Frictional Properties of Joints in Rock. Geofisica Pura e Applicata, Vol. 43, 1959, p. 148—158.

[4] Lane, K. S. and W. J. Heck: Triaxial Testing for Strengths of Rock Joints. Proceedings of the Sixth Symposium on Rock Mechanics, Rolla, Mo., 1964, p. 98—107.

[5] Maurer, W. C.: Shear Failure of Rock under Compression. Journal Soc. Petrol. Engr., Vol. 5, 1965, p. 167—176.

[6] Rosengren, K. J. and J. C. Jaeger: The Mechanical Properties of an Interlocked Low-Porosity Aggregate. Geotechnique, Vol. 18, 1968, p. 317—326.

[7] Strasser, B. und R. Wolters: Gesteinsmechanische Untersuchungen an Proben aus der Bohrung Münsterland 1. Fortschr. Geol. Rheinl. u. Westf., Bd. 11, S. 419—446, Krefeld 1963.

[8] Strasser, B.: Mechanisches Verhalten von Sedimentgesteinen aus dem Karbon Nordrhein-Westfalens unter Einfluß allseitigen Drucks. Fortschr. Geol. Rheinl. u. Westf., Bd. 15, S. 1—130, Krefeld 1968.

Anschrift des Verfassers: Abt.-Dir. Dr. rer. nat. R. Wolters, Geologisches Landesamt N.-W., Westwall 124, D-415 Krefeld.

Rock Mechanics, Suppl. 1, 20—31 (1970)

Kinematische Versuche an geomechanischen Modellen

Von

Niek Rengers und **Leopold Müller**-Salzburg

Mit 10 Abbildungen

(Eingegangen am 20. Januar 1969)

Zusammenfassung — Summary — Résumé

Kinematische Versuche an geomechanischen Modellen. Von dem Grundsatz ausgehend, daß einer jeden rechnerischen Behandlung eines geomechanischen Geschehens die Erkenntnis dessen, was und wie es geschieht, vorausgehen müsse, wurden einfache Versuche an schematisierten Modellen vorgenommen, welche über bisher unbeantwortete Fragen Antwort zu geben versprachen. Sie bezogen sich auf das Gleiten geklüfteter Massen über eine abgewinkelte Gleitbahn sowie darauf, was beim Gleiten über ein Hindernis auf sonst ebener Bahn im Gefügeverband vorgeht. Welchen Einfluß haben Parameter wie Kluftkörpergröße, Kluftdurchtrennungsgrad, Reibungswiderstand der Gleitfläche und die Höhe von Unebenheiten der Gleitfläche auf die Kinematik einer Gleitmasse und auf das Entstehen von Brüchen in dieser Masse während eines solchen Gleitvorganges und wie wirken sich diese sowie die Formänderungen in einem gleitwegverkürzenden „Energieverzehr" aus?

Die Auswertung der mit Hilfe einer Hochgeschwindigkeitskamera aufgenommenen Filme von einer ersten Reihe von Gleitversuchen an geklüfteten Massen hat bereits etliche, wenn auch nur qualitative, Ergebnisse geliefert und einen Einblick in die interne Kinematik solcher Gleitvorgänge sowie in die Wechselwirkungen zwischen Gefüge und Kinematik ermöglicht. Bei der Auswertung wurden beachtet: Relativverschiebung der Schichten gegeneinander — Auflockerung der Gleitmasse — Geschwindigkeitsverteilung in der Gleitmasse — Entstehung von Sekundärbrüchen — Öffnung von Schichtfugen — Gleitweglänge.

Kinematical Studies on Geomechanical Models. Before calculating geomechanical processes one has to clear up, in which way the processes develop. For this reason some elementary experiments have been executed which promised to give answers to many unsolved questions. These experiments were related to the sliding of jointed masses over bended planes and to the question, what is happening during the sliding over a sill protruding from the slip surface. What influence have parameters like unit block size, degree of joint separation, friction resistance on the sliding planes, and height of sills on the sliding plane on the kinematics of a sliding mass and on the development of fractures in this mass during sliding? What will be the amount of energy loss resulting from these fractures and deformations?

The evaluation of high-speed films of a first series of sliding experiments with jointed model masses has given qualitative but very informative results and insights into the internal kinematics of such slides as well as into the correlations between kinematics and structures. The following phenomena have been observed and evaluated: Relative movements between stratification layers — loosening of the slide mass — velocity distribution in the slide mass — development of secondary fractures — opening up of stratification planes — sliding distance.

Essais cinématiques avec des modèles géomécaniques. Chaque traitement mathématique d'un évènement géomécanique doit être basé sur la connaissance des faits, qu'est-ce que se passe et de quelle façon il se passe. Partant de ce principe, des essais simples avec des modèles schématisés ont été exécutés, qui promettaient de répondre à des questions restantes sans réponse jusqu'à présent. Ces modèles ont rapport au glissement des masses fissurées sur une surface avec un angle et à ce qui se passe dans la texture de la masse pendant le glissement par-dessus une surélévation sur une surface au surplus plane. Quelles sont les influences de paramètres, tels que la grosseur des blocs monolithiques, le degré de séparation des fissures, la résistance au frottement le long de la surface de glissement, et l'hauteur des surélévations sur la surface de glissement, sur la cinématique d'une masse glissante, et quel est l'effet de ces paramètres et des déformations sur la perte d'énergie raccourcissant la longueur de glissement.

L'interprétation de films à vitesse rapide d'une première série d'essais de glissement de masses fissurées a déjà donné de nombreux résultats, ne serait-ce que sur le plan qualitatif. Ces essais ont permis d'obtenir un aperçu de la cinématique interne de tels glissements et dans les correlations entre la structure et la cinématique. Au cours de cette analyse les observations portent sur les points suivants: déplacement relatif des couches les unes sur les autres — relâchement de la masse glissante — répartition de la vitesse de glissement — formation de ruptures secondaires — ouverture de joints de stratification — longueur des glissements.

Trotz zahlreicher und bedeutender Untersuchungen zum Thema Felsgleitungen hat dieser Fragenkomplex keineswegs an Aktualität verloren, vielmehr ist die Zahl der offenen Fragen durch eben diese Untersuchungen nur noch angewachsen. Einige dieser Fragen beziehen sich auf die Kinematik und die Bruchvorgänge in einer Felsmasse bei deren Gleiten auf unebener sowie auf geknickter Gleitbahn. Zur

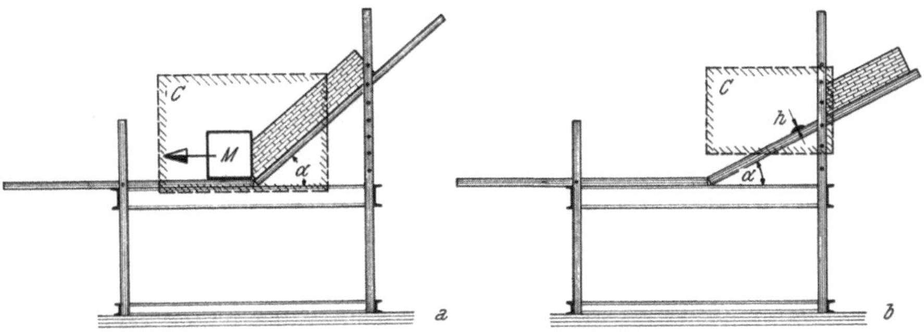

Abb. 1. Versuchsanordnung für Gleitversuche

a auf sesselförmig geknickter Gleitbahn; *b* auf geneigter, durch eine Unebenheit unterbrochener Gleitbahn; *C* Filmbildausschnitt; *M* Anfangsstützung

Setup for sliding experiments

a on a bended sliding plane; *b* over a sill; *C* film exposure; *M* initial support

Disposition pour des essais de glissement

a sur une base anguleuse en forme de fauteuil; *b* sur une base plane avec une surélévation; *C* Partie filmé; *M* Appui initial

Vorklärung dieses Fragenkomplexes wurden im Institut für Bodenmechanik und Felsmechanik der Universität Karlsruhe Gleitversuche mit geschichteten und geklüfteten Modellkörpern unternommen, deren erste Reihe bereits etliche, wenn auch nur qualitative Ergebnisse lieferte. Für später darf eine quantitative Fassung dieser Ergebnisse erhofft werden. Um eine Sache rechnerisch zu behandeln, muß man aber erst einmal genau wissen und beschreiben können, was in Wirklichkeit vorgeht. Deshalb war es das erste Ziel dieser Experimente, zunächst einige kinematische Zusammenhänge darzustellen.

Dazu genügt eine einfache Versuchsanordnung: ein verstellbarer Tisch, für Gleitversuche auf sesselförmig geknickter Gleitbahn (Abb. 1 a) und für Versuche auf geneigter, durch eine Unebenheit unterbrochener, aber sonst ebener Gleitbahn (Abb. 1b) eingerichtet. Variabel sind der Neigungswinkel α, der Reibungswiderstand ϱ auf der Gleitfläche sowie Form und Höhe h der Unebenheit. Auf der Gleitbahn werden Modellkörper in verschiedenen Kluftkörperverbänden aufgeschlichtet, welche nach raschem Entfernen der Anfangsstützung M unter Eigengewicht abgleiten. Der Gleitvorgang wird mit einer Hochgeschwindigkeitskamera (Zeitlupe) aufgenommen, welche 800 bis 1000 Bilder pro Sekunde liefert. Jede hundertstel Sekunde wird auf dem Film eine Zeitmarke mit abgebildet, so daß die Geschwindigkeiten einer jeden Punktmarke absolut gemessen werden können.

Die Gleitmasse (Abb. 2) wurde aus Blöckchen von $12 \times 3 \times 3$ cm (Gefügemuster *A, B* und *C*) bzw. aus Platten von $12 \times 12 \times 3$ cm (Muster *D*) in verschiedenartigen Verbänden aufgebaut. Diese Kluftkörperverbände sind nicht getreue Nachbildungen von Verbänden natürlicher Gesteinsmassen, sondern sind mit Absicht beträchtlich schematisiert. Dies geschah nicht nur aus dem Grunde, um gleich

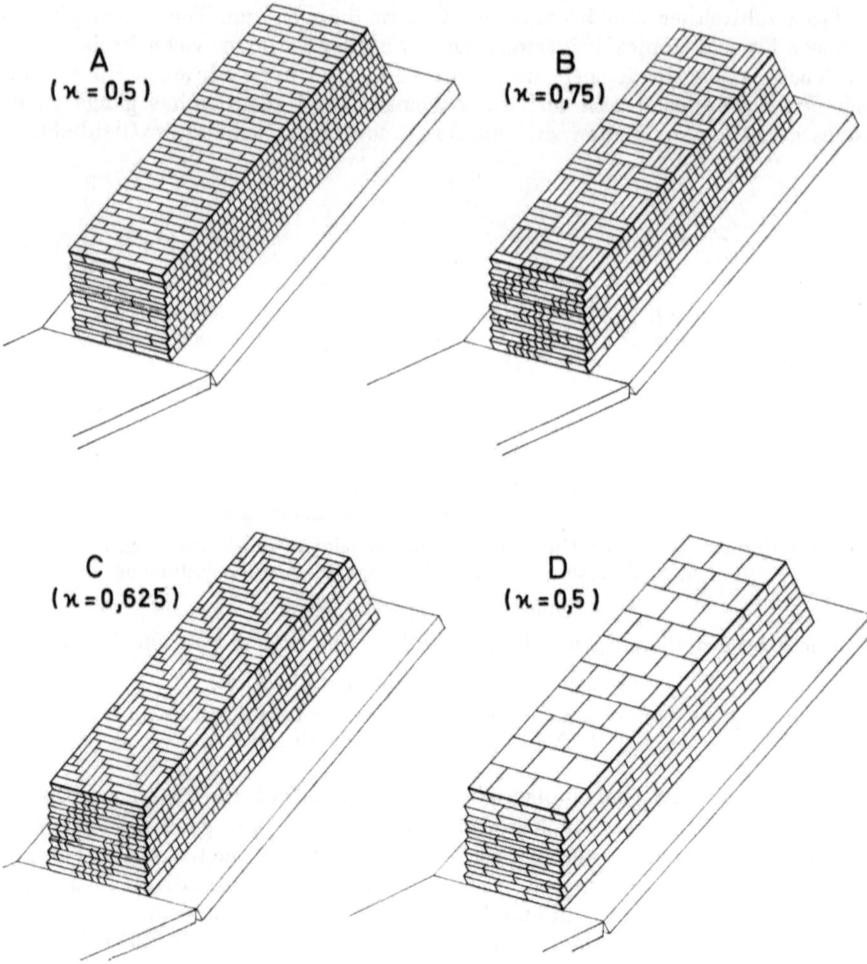

Abb. 2. Verschiedene Verbandmuster der Gleitmasse. $\varkappa$ Durchtrennungsgrad
Different structures of the sliding mass. $\varkappa$ degree of separation
Différentes structures de la masse glissante. $\varkappa$ degrée de séparation

geformte „Kluftkörper" verwenden zu können, sondern auch deshalb, um den in der Natur oft sehr unterschiedlichen Durchtrennungsgrad durch Kluftversetzungen zu ersetzen, wie dies bei statischen Modellversuchen mit geklüfteten Medien z. B. auch Krsmanović, Tufo und Langof (1966) getan haben. Bei allen Kluftkörperverbänden lagen die Schichtfugen parallel zur Gleitfläche, und durch gegenseitiges Versetzen der ansonsten kongruent gefügten Schichten wurden durchgehende Vertikalklüfte parallel zur Gleitrichtung vermieden. Auch quer zur Gleitrichtung wurden durchgehende Großklüfte vermieden, weil sonst die Teilbeweglichkeit in den Kluftkörperverbänden so groß geworden wäre, wie sie in der Natur kaum jemals zu finden ist, und sich die Masse nach entsprechender Auflockerung bald ähnlich wie eine Lockermasse verhalten hätte. Der Durchtrennungsgrad $\varkappa$ von diesen beiden normal zur Schichtung gelegenen Flächen variierte auf diese Art zwischen 0,5 und 0,75; das sind Werte, wie sie auch in der Natur häufig vorkommen.

Um die Teilbewegungen in der Gleitmasse beim Auswerten der Filme besser verfolgen zu können, wurde auf der der Kamera zugewandten Seite ein Raster von Klebestreifen aufgeklebt, welche an den Blockgrenzen durchschnitten wurden. Als Modellmaterial wurde eine Mischung von gipshaltigem Moltofill mit feinkörnigem Sand im Verhältnis 1 : 15 verwendet. Die an zylindrischen Proben geprüfte einachsige Druckfestigkeit dieses Materials betrug 0,9 kp/cm^2; der Bruch war spröde. Insoferne man Materialäquivalenz mit Gesteinsmaterial mittlerer Festigkeit, z. B. mit Kalkstein, voraussetzen kann (vergl. Oberti, 1961), würde die Dicke der Modellkörper einer Mächtigkeit von Gleitmassen in der Natur zwischen 100 und 200 m entsprechen.

Bei den Gleitversuchen über einen Bahnknick wurden vor allem folgende Erscheinungen beobachtet:

- Relativverschiebungen der Schichten gegeneinander;
- unterschiedliche Geschwindigkeitsverteilungen entlang der Gleitbahn;
- Bildung von Sekundärbrüchen;
- Öffnung von Schichtklüften;
- Öffnung von Querklüften;
- unterschiedliche Gleitwege unter verschiedenen Versuchsbedingungen.

Die erste Erscheinung, die *Relativverschiebung der Schichten,* ist in Abb. 3 zu sehen. Man erkennt, wie sich die oberen Schichten beim Gleiten der Masse über den Bahnknick rascher vorwärts bewegen als die unteren; dies ist an den Teilstückchen der schwarzen Klebebänder zu sehen, welche ursprünglich auf Linien normal zur Gleitbahn lagen, während des Gleitens aber versetzt wurden.

An diesen Relativbewegungen sind alle Schichten beteiligt. Die Relativverschiebungen an den Schichtfugen waren umso größer, je größer der Reibungswiderstand auf der Gleitfläche war und je größer die Teilbeweglichkeit der Kluftkörper, die durch das Verbandmuster gegeben ist; am größten also bei Aufbaumustern mit kleineren Kluftkörpern.

Die *Auflockerung der Gleitmasse* muß ja wohl mit den unterschiedlichen Relativbewegungen eng zusammenhängen. In Abb. 3 erkennt man, wie sich der Gleitkörper beim Durchgang durch den Knick aufgelockert hat und beim Weitergleiten aufgelockert geblieben ist. Die Auflockerung am Knick war in den unteren Schichten oft größer als in den oberen. Wahrscheinlich deshalb, weil die oberen Schichten beim Durchgang durch den Knick nicht so abrupt umgebogen werden wie die untersten.

Bei kleinerem Reibungswiderstand auf der Gleitfläche wird der Auflockerungsgrad höher. Dies hängt offenbar mit der in diesem Falle höheren Gleitgeschwindigkeit zusammen.

Bei großplattiger Fazies entstehen am Knick deutlich erkennbare *Öffnungen der Schichtfugen;* man wird dabei an die Erklärung der hohen Endgeschwindigkeit

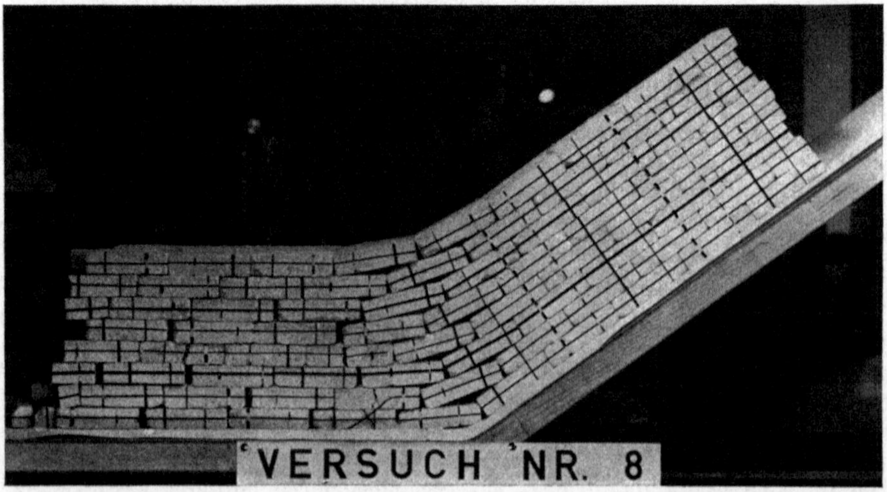

Abb. 3. Gleitversuch. Relativverschiebungen zwischen den Schichten, Öffnung der Schichtfugen und Auflockerung der Gleitmasse nach Durchgleiten eines Knickes

Sliding experiment. Relative movements between the layers, opening up of planes of stratification and loosening of the model mass after sliding over a bended plane

Expériment de glissement. Déplacements relatifs entre les couches, ouverture des joints de stratification et dislocation de la masse glissante après passage sur un point anguleux

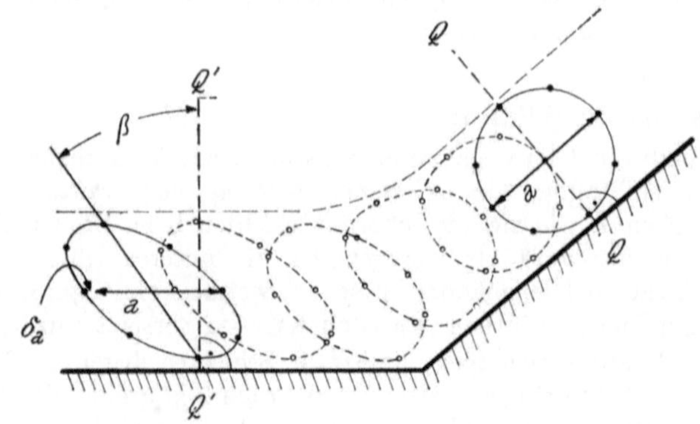

Abb. 4. Verformung der Modellmasse während des Gleitens

β Winkel der Schubverzerrung, Maß für die Relativverschiebungen der Schichten; Auflockerung L $[^0/_0] = \frac{\delta a}{a} \cdot 100$

Deformation of the model mass during sliding

β angle of shear deformation due to relative movements of the layers; Loosening L $[^0/_0] = \frac{\delta a}{a} \cdot 100$

Déformation de la masse pendant le glissement

β angle de déformation de cisaillement, déterminant la grandeur des déplacements relatifs; relâchement L $[^0/_0] = \frac{\delta a}{a} \cdot 100$

der Rutschung im Vajonttal erinnert, welche Mencl (1966) gegeben hat: Bei dem raschen Öffnen und darauffolgenden Schließen der Fugen nach dem Knickdurchgang müssen Verlagerungen und Stöße, Saug- und Druckwirkungen im Kluftwasser entstehen, welche die Reibung auf den Klüften stoßweise herabsetzen können. Wenn

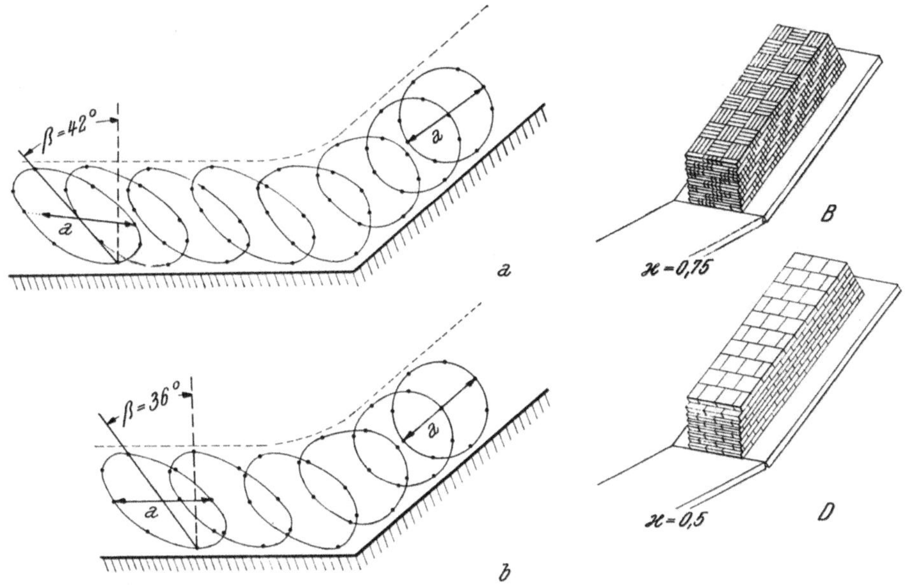

Abb. 5. Einfluß des Verbandmusters auf Relativverschiebung und Auflockerung

β Winkel der Schubverzerrung; *ϰ* Durchtrennungsgrad; *a* Versuch 2 (Verbandmuster *B* gem. Abb. 2); *b* Versuch 5 (Verbandmuster *D*)

Influence of the structure of the slide mass on relative displacements and loosening

β angle of shear displacement; *ϰ* degree of separation; *a* Test Nr. 2 (Structure *B*); *b* Test Nr. 5 (Structure *D*)

Influence de la structure sur le déplacement relatif et le relâchement

β angle de déformation de cisaillement; *ϰ* degrée de séparation; *a* Essai 2 (Structure *B*); *b* Essai 5 (Structure *D*)

man die Maßstabverkleinerung betrachtet, kann man sich vorstellen, daß diese Hohlräume ein großes Ausmaß annehmen können und daß eine Wirkung wie die einer riesigen Einspritzpumpe zustandekommt; eine Erscheinung ähnlich derjenigen, welche Haefeli (1967) an Gletscherspalten beschrieben hat.

Um die beiden Vorgänge, Auflockerung und Relativverschiebung, zu illustrieren, wurde folgende Darstellung (Abb. 4) gewählt. Von einem Kreis, gezogen durch 8 Punkte in der Gleitmasse, wurde die Verformung zu verschiedenen Zeitpunkten während des Gleitens aufgezeichnet. Ein solcher Kreis wird während der Gleitbewegung zunächst (über dem Bahnknick) unregelmäßig, dann (in der Auslaufstrecke) etwa zu einer Ellipse verzerrt. Deren große und kleine Achse geben die Richtung größter Zerrung und stärkster Einengung an. Die Relativverschiebung der Schichten kommt in dem Winkel β zum Ausdruck — das ist der Winkel, um den eine ursprünglich normal zur Gleitbahn stehende Querschnittebene $Q-Q$ vornüber gekippt wird. Die Auflockerung kann an der Vergrößerung des Durchmessers a auf $a + \delta a$ abgelesen werden.

Mit Hilfe dieser Darstellung läßt sich beim Vergleich verschiedener Versuche (siehe auch Tab. 1 und 2) anschaulich machen, wie Relativverschiebung und Auflockerung vom Gefügeverband und vom Reibungswiderstand auf der Gleitfläche abhängen. So zeigt ein Vergleich der Versuche 2 und 5 (Abb. 5), daß bei gleichem Reibungswiderstand auf der Gleitfläche sowohl der Verschiebungswinkel β (und damit die Relativverschiebungen entlang der Schichtgrenzen $v_{st} = d \operatorname{tg} \beta$; $d =$ Schichtmächtigkeit) als auch die horizontale Auflockerung L im Versuch 2 wegen der größeren Teilbeweglichkeit in der Gleitmasse größer war als im Versuch 5.

Dagegen zeigt ein Vergleich der Versuche 4 und 7 (Abb. 6), wie bei gleichem Flächengefüge die durch den Winkel β gekennzeichneten Schichtverschiebungen größer werden, wenn der Reibungswinkel ϱ auf der Gleitfläche von 14^0 auf 23^0

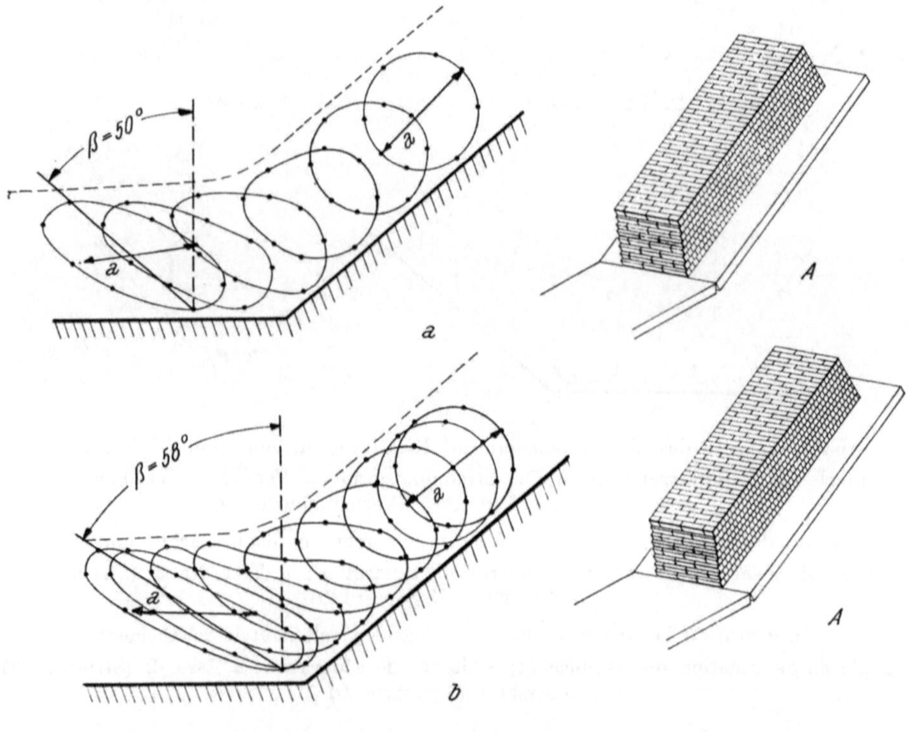

Abb. 6. Einfluß der Gleitflächenreibung (Reibungswinkel ϱ) auf Relativverschiebung und Auflockerung (Verbandmuster A)

a Versuch 4 ($\varrho = 14^0$); b Versuch 7 ($\varrho = 23^0$)

Influence of the friction angle ϱ along the sliding plane on relative movements and loosening of the slide mass (structure A)

a Test Nr. 4 ($\varrho = 14^0$); b Test Nr. 7 ($\varrho = 23^0$)

Influence de l'angle de frottement ϱ le long de la surface de glissement sur le déplacement relatif et le relâchement (Structure A)

a Essai 4 ($\varrho = 14^0$); b Essai 7 ($\varrho = 23^0$)

erhöht wird. Die Auflockerung dagegen wird gleichzeitig kleiner. Beide Effekte sind durch die im letzteren Fall größere Bremswirkung auf der Unterlage erklärlich.

Wenn man nun die *Geschwindigkeitsverteilung in der Gleitmasse* in einem gewissen Augenblick während des Gleitens über den Knick ermittelt, erhält man Bilder wie Abb. 7; die eingetragenen Geschwindigkeitszahlen sind Relativgrößen.

Legt man normal auf die Gleitfläche Schnitte durch die Gleitmasse, so wird deutlich, in welchem Bereich die meisten Relativbewegungen stattfinden; nämlich dort, wo der Querschnitt von vielen Linien gleicher Geschwindigkeit geschnitten wird. Man kann es auch anders ausdrücken: Die krassesten Relativbewegungen finden dort statt, wo die Linien gleicher Geschwindigkeit am dichtesten zusammenrücken, wo also das Geschwindigkeitsgefälle am größten ist. Das ist über dem Knick der Gleitfläche der Fall. Dort ereignet sich nicht nur die größte Auflockerung, sondern dort geschehen auch gelegentlich Brüche.

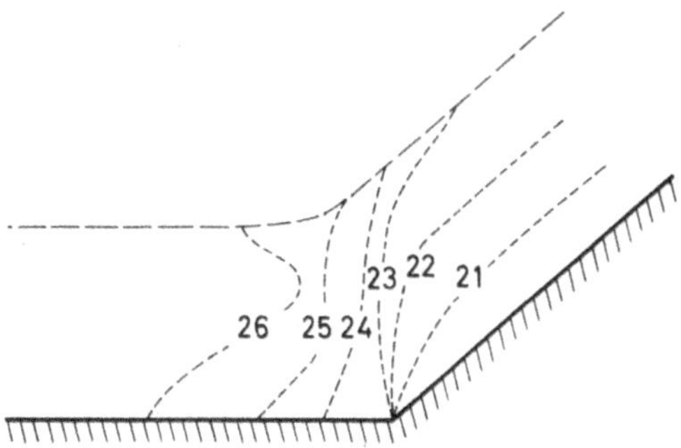

Abb. 7. Geschwindigkeitsverteilung in der Gleitmasse während des Gleitens

Distribution of velocities in the slide mass

Distribution des vitesses dans la masse glissante

Diese *Brüche in der Gleitmasse* nahmen von den untersten Schichten ihren Ausgang und pflanzten sich von dort aus steil, unter 70⁰ bis 80⁰ nach vorne aufsteigend (Abb. 8), in die oberen Schichten fort. Sie benützten im allgemeinen vorgegebene Kluftfugen, haben also den Charakter von „Kluftstaffeln". Zu Brüchen durch das Material (Bruchstaffeln) kam es nur selten, weil die Teilbeweglichkeit aller untersuchten Gefügeverbandmuster relativ groß war.

Abb. 8. Momentbild aus einem Hochgeschwindigkeitsfilm. Entstehen von Vertikalbrüchen in dem Bahnknick, die sich steil nach vorne fortpflanzen

Single frame of a high velocity film: development of subvertical fractures in the bending zone

Instantané d'un film à vitesse rapide. Développement de ruptures verticales, au point anguleux, se propagant en avant vers le haut

An diesen Brüchen fanden im abgebildeten Versuch beim Weitergleiten Relativbewegungen statt, weil das Gefüge Kluftkörper-Rotationen, also Wälzungen ermöglichte.

Die Gleitweglänge der Stirn der Gleitmasse ist infolge der Verformung der Gleitmasse für eine Betrachtung des Energieverzehrs nicht charakteristisch. Vielmehr wird das Verhältnis zwischen vertikaler und horizontaler Verlagerung des Schwerpunktes der Gleitmasse (in Abb. 9 tg γ) repräsentativ sein. Die Verlagerung des Schwerpunktes wurde rechnerisch bestimmt durch Auswertung von Bildern, die vor und nach den Versuchen aufgenommen wurden. Sie hängt selbstverständlich (siehe Tab. 1) vor allem vom Reibungswiderstand auf der Gleitfläche ab.

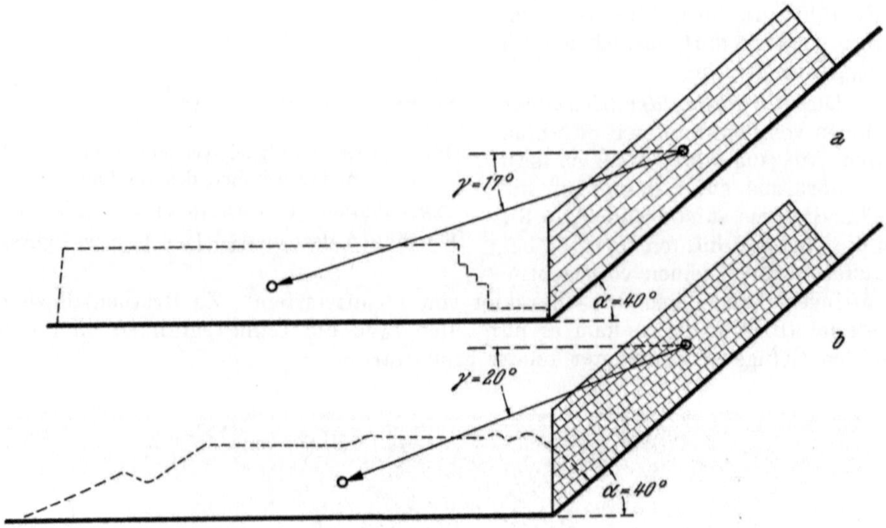

Abb. 9. Einfluß des Gefüges auf die Länge des Gleitweges

γ Richtung der Verlagerung des Gleitmassenschwerpunktes; *a* Versuch 5 (Aufbaumuster *D*); *b* Versuch 4 (Aufbaumuster *A*)

Influence of the structure of the slide mass on the sliding distance

γ direction of the shift of gravity centre; *a* Test Nr. 5 (Structure *D*); *b* Test Nr. 4 (Structure *A*)

Influence de la structure sur le transfert du centre de gravité du glissement

γ direction du transfert du centre de gravité; *a* Essai 5 (Structure *D*); *b* Essai 4 (Structure *A*)

Außerdem zeigen die Versuche, daß auch das Aufbaumuster einen gewissen, wenn auch gegenüber der Erwartung gering zu nennenden Einfluß auf den Wert von γ hat. Bei besonders großer Teilbeweglichkeit (Aufbaumuster *A* und *C*) allerdings finden beträchtliche innere Verformungen in der Masse statt, und der Schwerpunkt der Gleitmasse verlagert sich nicht so weit vorwärts wie in einer Gleitmasse mit geringerer Teilbeweglichkeit. Dies zeigt den Einfluß des Energieverzehrs infolge innerer Bewegungsvorgänge auf die Länge des Gleitweges.

In fast allen Fällen (nur nicht bei Versuchen mit dem Aufbaumuster *A*) blieb die Schichtung während des Gleitens und nach demselben erhalten.

Ein zusätzlicher Versuch ergab, daß bei einem *flacheren Bahnknick* von 35° anstatt 40° unter sonst gleichen Verhältnissen der Energieverzehr gleich bedeutend kleiner ist. Darin werden die entscheidenden Bewegungshemmungen erkennbar, welche bei der Gleitung über einen Bahnknick auftreten und welche es unzulässig erscheinen lassen, diesen Einfluß in der rechnerischen Behandlung einer Gleitung zu vernachlässigen (s. auch Müller, 1968).

Alle diese Versuchserfahrungen führen zu der Vorstellung, daß die Gleitung einer geklüfteten Masse so vor sich geht, als wären deren Teilkörper gelenkig verbunden, und zwar durch eine Unzahl reibender Gelenke. Das Bild einer Glieder-

Tabelle 1. Gleiten auf geknickter Bahn, Versuchsergebnisse
S = Verbandmuster A, B, C, D (gem. Abb. 2)

Results of tests on a bended sliding plane
V = test number; S = structure of slide mass A, B, C, D acc. to fig. 2; α = inclination of sliding plane acc. to fig. 1; ϱ = angle of friction on the sliding plane; β = angle of shear deformation acc. to fig. 4; L = degree of loosening acc. to fig. 4; γ = Shift of gravity centre fig. 9

Résultats des essais de glissement sur une base formant un angle
V = numéros des essais; S = Structure de la masse glissante A, B, C, D d'après fig. 2; α = inclinaison de la surface de glissement d'après fig. 1; ϱ = angle de frottement de la surface de glissement β = angle de déformation de cisaillement d'après fig. 4; L = degré de relâchement d'après fig. 4; γ = transfert du centre de gravité (fig. 9)

V Versuch Nr.	S Gefügeverband (Abb. 2)	α Bahnneigung (Abb. 1)	ϱ Bahnreibungswinkel	β Schubverzerrung (Abb. 4)	L Horizontale Auflockerung (Abb. 4)	γ Schwerpunktverlagerung (Abb. 9)
4	A	40°	14°	50°	18 %	20°
2	B	40°	14°	42°	10 %	19°
1	C	40°	14°	35°	8 %	20°
5	D	40°	14°	36°	3 %	17°
7	A	40°	23°	58°	5 %	31°
3	B	40°	23°	50°	6 %	30°
6	D	40°	23°	43°	2 %	30°
8	D	35°	23°	34°	3 %	27°

kette, besser eines Gliederbandes, drängt sich auf. Während des Gleitvorganges ist die Verzahnung des Kluftkörperverbandes weniger innig, die Teilbeweglichkeit daher erhöht. Es findet nicht mehr durchwegs, wie bei statischer Beanspruchung, Be-

Tabelle 2. Gleiten über ein Hindernis auf ebener Bahn, Versuchsergebnisse
Legende siehe Tabelle 1

Results of tests on an inclined sliding plane with one sill
V, S, α, ϱ, β, L see Table 1; h = height of sill

Résultats des essais de glissement sur une base plane avec une surélévation
V, S, α, ϱ, β, L voir Tableau 1; h = hauteur de la surélévation (fig. 1)

V Versuch Nr.	S Gefügeverband (Abb. 2)	h Höhe der Unebenheit (Abb. 1)	ϱ Bahnreibungswinkel	α Bahnneigung (Abb. 1)	β Schubverzerrung (Abb. 4)	L Horizontale Auflockerung (Abb. 4)
10	D	1 cm	14°	26,5°	9°	13 %
11	D	1 cm	14°	26,5°	11°	17 %
12	D	2 cm	14°	26,5°	28°	39 %
13	D	1 cm	14°	22°	9°	14 %
14	D	2 cm	14°	22°	26°	36 %

rührung zwischen Fläche und Fläche, sondern nur noch Berührung zwischen Kante und Fläche statt. Um nochmals zum Bild des Gliederbandes zurückzukehren: während der Bewegung wirkt in den Kettengelenken nicht Haftreibung, sondern nur Gleitreibung, die Kette ist weicher, weniger steif.

Soweit die Gleitung über einen Bahnknick. Nun noch eine kurze Betrachtung über das Passieren einer *Unebenheit auf geneigter, im übrigen ebener Gleitfläche.* Bei diesen Experimenten hat sich gezeigt, daß schon bei geringen Abmessungen die Höhe der Unebenheit, wie aus Abb. 10 und Tab. 2 ersichtlich ist, einen sehr großen Einfluß auf Relativverschiebung und Auflockerung hat. Das Schichtpaket gleitet über die kleine Erhöhung, als wäre es gar kein geschlossenes, unter Reibungs-

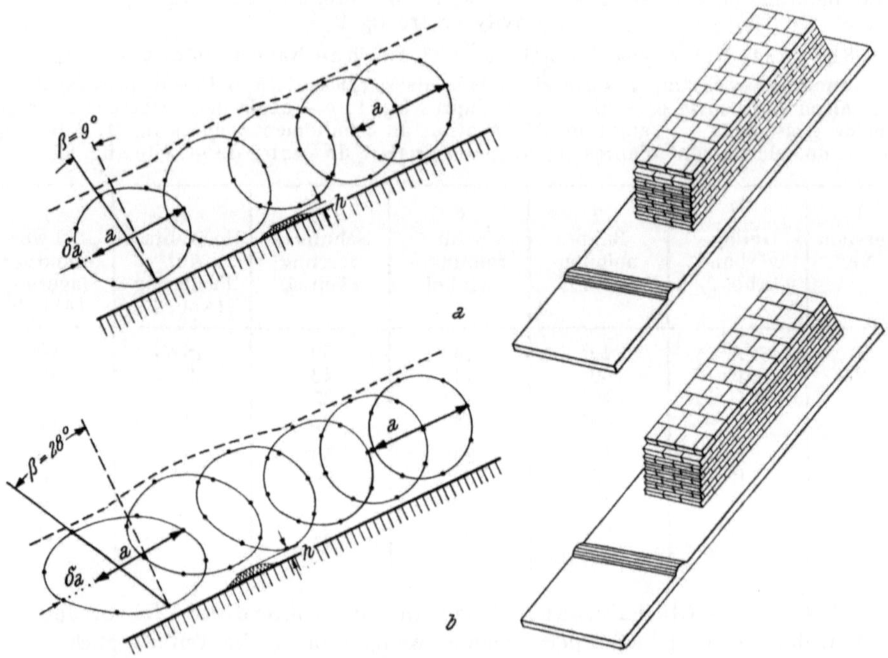

Abb. 10. Einfluß der Höhe einer Unebenheit der Gleitfläche auf Relativverschiebung und Auflockerung

β Winkel der Schubverzerrung; *a* Versuch 10 ($h = 1$ cm); *b* Versuch 12 ($h = 2$ cm)

Influence of the height *h* of a sill on the sliding surface on relative movements and loosening of the slide mass

β angle of shear deformation; *a* Test Nr. 10 ($h = 1$ cm); *b* Test Nr. 12 ($h = 2$ cm)

Influence de la hauteur *h* d'une surélévation sur la surface de glissement sur le déplacement relatif et le relâchement

β angle de déformation de cisaillement; *a* Essai 10 ($h = 1$ cm); *b* Essai 12 ($h = 2$ cm)

schluß verzahntes Schichtpaket, sondern als würden einzelne, voneinander unabhängige Gliederbänder abgleiten. Die Unebenheit wird dabei von den oberen Schichten zwar „durchgepaust", dabei aber etwa affin vergrößert. Zugleich tritt ein plötzlicher Verlust an Gefügereibung ein, welche man diesfalls als eine Art innere Reibung (jedoch nicht in dem in der Bodenmechanik definierten Sinne), ansprechen kann. Die inneren Bewegungswiderstände werden während der Bewegung — aber nur wenn diese rasch genug ist — abgebaut; aber später, im Zustand der Ruhe, sind sie wieder in fast voller Größe vorhanden.

Bei der Durchführung der Gleitversuche, welche durch die Stiftung Volkswagen-Werk finanziert wurden, haben die Institute für Mechanische Verfahrenstechnik, Strömungslehre und Strömungsmaschinen, sowie Meteorologie der Universität Karlsruhe die zur Aufnahme und Auswertung von Hochgeschwindigkeitsfilmen erforderlichen Geräte dankenswerterweise zur Verfügung gestellt. Herr Panagiotou hat bei der Durchführung wertvolle Hilfe geleistet. Eine Weiterführung der Versuche ist beabsichtigt.

Der erstgenannte Autor erhielt während der Zeit der Versuchsdurchführung ein Stipendium der Niederländischen Organisation für rein wissenschaftliche Forschung (Z. W. O.).

Literatur

Haefeli, R.: Zum progressiven Bruch in Schnee, Boden, Fels und Eis. Felsmechanik und Ingenieurgeologie, Vol. V/1, 17—37, 1967.

Krsmanović, D., M. Tufo, and Z. Langof: Shear strength of rock masses and possibilities of its reproduction on models. Proceedings of the First Congress of the Int. Soc. of Rock Mech., Vol I, 537—542, Lisboa 1966.

Mencl, V.: Mechanics of landslides with noncircular slip surfaces. Géotechnique, Vol. XVI, 329—337, 1966.

Müller-Salzburg, L.: New Considerations on the Vaiont Slide. Felsmechanik und Ingenieurgeologie VI/1-2, 1—91, 1968.

Oberti, G.: Die Theorie der Modelle unter besonderem Hinweis auf Probleme der Geomechanik. Bericht über das 3. Ländertr. des Intern. Büros für Gebirgsmech. in Leipzig, S. 101—105, Leipzig 1961.

Anschrift der Verfasser: Drs. geol. Niek Rengers, Prof. Dr. Dr. Leopold Müller-Salzburg, beide: Abteilung Felsmechanik am Institut für Bodenmechanik und Felsmechanik der Universität Karlsruhe. D-75 Karlsruhe 1, Kaiserstraße 12.

Rock Mechanics, Suppl. 1, 32 (1970)

Erhöhung der Stabilität von Tagbauböschungen durch Berücksichtigung des Gebirgsgefüges bei der Anlage von Gewinnungsstätten*

Von

H. J. Weber

Zusammenfassung — Summary

Erhöhung der Stabilität von Tagbauböschungen durch Berücksichtigung des Gebirgsgefüges bei der Anlage von Gewinnungsstätten. Da vor allem mechanisierte Massenbewegungen auf gebirgsbedingte Betriebsstörungen empfindlich reagieren, erfordern sie eine ausreichende Planung. Auf die wirtschaftliche Bedeutung einer stufenweisen, angemessenen geologischen und technologischen Gebirgserkundung *vor* der Ausrichtung einer Gewinnungsstätte wurde hingewiesen.

Als Planungsinstrument wurde eine katasterartige Dokumentation der Gebirgseigenschaften und -merkmale vorgeschlagen und erläutert. Anhand eines Beispieles wurde die Auswirkung des Gebirgsgefüges auf die Standfestigkeit einer Felsböschung besprochen und eine zweckmäßige Orientierung der Böschung gezeigt.

Increase of Stability of Opencast Slopes by Taking into Account the Rock Mass Fabric when Installing a Mine. Since chiefly mechanized excavations react to disturbances caused on account of rock mass sufficient planning is necessary. The economic importance of a gradual, adequate geological and technological investigation of rock mass before a mine is installed was pointed out.

For planning purpose a presentation of rock mass properties and characteristics was suggested and commented on. By means of an example the effects of the rock mass fabric on the stability of the rock slope were discussed and an appropriate orientation of the slope was illustrated.

---

* Da es dem Verfasser infolge Zeitmangels nicht möglich war, ein druckreifes Manuskript zu liefern, kann hier nur die Zusammenfassung gebracht werden.

As the author was not able to complete his paper for print in time, we can publish only the summary.

Rock Mechanics, Suppl. 1, 33—34 (1970)

Die Bestimmung der Schwerpunkte von Lagerstättenteilen mit bestimmten physiko-mechanischen Eigenschaften für die Projektierung von Gruben und Steinbrüchen*

Von

Jan Mošna

(Eingegangen am 6. März 1969)

Zusammenfassung — Summary — Résumé

Die Bestimmung der Schwerpunkte von Lagerstättenteilen mit bestimmten physikomechanischen Eigenschaften für die Projektierung von Gruben und Steinbrüchen. Die Bestimmung der Schichtmächtigkeit von Lagerstättenteilen, welche durch drei lotrechte Bohrungen geortet wurden, wird analytisch zweckmäßigerweise berechnet, indem eine Normale aus dem Schwerpunkt des Begrenzungsdreieckes im Liegenden zur Ebene der hangenden Schicht (oder umgekehrt) gezogen und deren wahre Länge bestimmt wird. Besonders bei Schichten großer Mächtigkeit und Neigung empfiehlt sich diese Berechnung. Der Unterschied der normalen Länge, aus dem Liegenden und aus dem Hangenden ermittelt, ist abhängig von dem Winkel, den die Ebenen beider Begrenzungsflächen einschließen, und von dem Winkel, welchen die Achsebene der beiden Ebenen mit der Projektion der Ebenennormalen normal zur Schnittlinie der Ebenen einschließt.

Der Schwerpunkt eines Lagerstättenteiles selbst kann mittels einer graphischen Methode einfach bestimmt werden (s. Mošna: Unregelmäßige Körper homogener Zusammensetzung). Der gemeinsame Schwerpunkt abbauwürdiger Teile wird der Projektierung von Grubenbauen zugrunde gelegt.

In seiner weiteren Erwägung geht der Autor auf die Grundsätze einer wirtschaftlichen Unterbringung der Schächte und Förderstrecken aufgrund einer räumlichen Abgrenzung der physikalisch-mechanischen Eigenschaften des umliegenden Gebirges (auf der Basis geotechnischer Erkundungs-Kernbohrungen) ein. In dieser Hinsicht wird auch der Einfluß der Zeit auf die rheologischen Äußerungen in der Umgebung der abgebauten Räume einschließlich Brüchen, Grubenstrecken usw. behandelt.

The Significance of Determining Centres of Gravity of Parts of Mineral Deposits with Certain Mechanical Properties for Planning of Mines and Quarries. The first part studies the dependence of the difference of the lengths of the perpendiculars from the centre of gravity of the bedrock triangle of the layer (determined by three vertical bores) to the overburden plane of the layer, and the distances from the centre of gravity of the overburden triangle to the bedrock plane of the layer. Cases of interest are those where the layer changes its thickness very considerably and is dipped. The difference depends on the angle between the overburden and bedrock planes of the layer and the angle between the axis planes of both planes and the projection of the vertical into the plane perpendicular to the line of intersection of the planes.

From the results of the geological survey, using a simple graphical method, it is possible to determine the centre of gravity of each part of the mineral deposit. This new method was described for irregular bodies of inhomogeneous composition by the author in the journal "Bergakademie", No. 8/1968. The common centre of gravity of several

* Da der Vortrag nicht eigentlich felsmechanische Fragen behandelte, wird hier nur eine Kurzfassung veröffentlicht.

exploitable parts can be used for an optimum solution of the project of principal mine workings. In the paper the author extends the principles of economical distribution of shafts and transport corridors by including the determination of mechanical properties of the ambient rocks, based on geotechnical core bores. The spacial limitation of various physical rock properties in the vicinity of the exploited deposit allows for more accurate design of permanent horizontal and vertical workings, so that the requirements for securing these by steel supports, shaped-brick lining, or other means, are minimum. In the paper the effect of time and rheological phenomena in the vicinity of the mined space is also mentioned.

La détermination des centres de gravité des parties d'un gisement ayant des propriétés physiques et mécaniques particulières, et son intérêt pour les projets de mines et de carrières. Dans la première partie on a calculé la différence de longueur entre les perpendiculaires abaissés respectivement du centre de gravité du triangle au mur sur le plan du toit et du centre de gravité du triangle au toit sur le plan du mur (triangles déterminés par trois forages verticaux). Cette différence dépend de l'angle entre les plans du mur et du toit, et de l'angle entre le plan bissecteur de ces deux plans et la projection de la verticale sur le plan normal à l'intersection du mur et du toit.

D'après les résultats des reconnaissances géologiques on peut déterminer le centre de gravité de chaque partie du gisement. Ce nouveau procédé pour les corps homogènes de forme irrégulière a été décrit par l'auteur dans la Revue "Bergakademie", No. 3/1968. Le centre de gravité commun à plusieurs parties exploitables peut être utilisé pour obtenir la meilleure solution dans le projet des ouvrages.

L'auteur développe ensuite les principes d'une détermination scientifique des puits et galeries d'extraction d'après la délimitation spatiale des propriétés physiques et mécaniques des roches (grâce aux forages de reconnaissance géotechnique carottés). On peut par exemple fixer les travaux définitifs de façon à rendre minimal le soutènement. A ce sujet on rappelle l'influence du temps et les manifestations rhéologiques au voisinage des zones exploitées.

Rock Mechanics, Suppl. 1, 35—42 (1970)

Fossile Einbruchsschlote im Mittleren Buntsandstein der Vorderrhön, entstanden durch Auslaugung von Salzgesteinen im tiefen Zechsteinuntergrund

Von

Helmut Prinz

Mit 6 Abbildungen

(Eingegangen am 4. Februar 1969)

Zusammenfassung — Summary — Résumé

Fossile Einbruchsschlote im Mittleren Buntsandstein der Vorderrhön, entstanden durch Auslaugung von Salzgesteinen im tiefen Zechsteinuntergrund. An der neuen Rhönautobahn sind südlich Fulda im Verbreitungsgebiet des Mittleren und Oberen Buntsandsteins zahlreiche eng begrenzte fossile Einbruchsschlote und Einbruchstrichter angetroffen worden, die auf Auslaugung von Salzgesteinen im tiefen Zechsteinuntergrund (rd. 400 m) zurückgeführt werden. Die Schlotfüllung besteht aus Versturzmassen der Hangendschichten. Der Durchmesser beträgt 20 m bis 50 m. Die Schlotumgrenzung steht meist fast senkrecht und folgt den Kluftsystemen. Die Möglichkeiten der Entstehung dieser engen Einbruchsschlote und Einbruchstrichter werden diskutiert und mit den Gebirgsdruckverhältnissen beim Schachtbau und Sandkastenversuchen McCormicks verglichen.

Cylindrical fossil collapse structures in the Middle Buntsandstein of the Rhön-Mountains, caused by the leaching of the deep lying saline rocks of Zechstein age. Along the recently constructed Autobahn crossing the Rhön-Mountains, south of Fulda strata of Middle and Upper Buntsandstein age occur. In this area a great deal of cylindrical- and funnel-shaped fossil collapse structures with diameters from 20 to 50 m have been found. Their origin is supposed to be caused by the leaching of deep lying saline rocks (about 400 m) of Zechstein age. The filling of the collapse structures consists of material broken down from the overlying strata. Generally the collapse structures are nearly vertical and follow the rock joint systems. The possible origin of these collapse structures is discussed; comparisons are made with the conditions of the rock pressure during the sinking of a shaft and the testing procedures according to McCormick.

Cheminées d'effondrement fossiles dans le grès bigarré des monts Rhoen, résultées du lessivage des roches salinaires du zechstein profond. Pendant les travaux à la nouvelle autoroute traversant les monts Rhoen on a trouvé und grand nombre de cheminées et d'entonnoirs d'effondrement fossiles d'un diamètre de 20 à 50 m, situés dans le territoire du grès bigarré moyen et supérieur au sud de Fulda. On suppose que ces cheminées et entonnoirs d'effondrement résultent du lessivage des roches salinaires du zechstein dans une profondeur de presque 400 m. Leur contenu se compose de matériel éboulé des couches du toit. Généralement, les cheminées et les entonnoirs d'effondrement ont une ligne presque verticale et suivant aux systèmes de fissures de la roche. L'origine possible est discutée et comparée avec la situation concernant la pression du terrain pendant le creusement de puits de mine et les essais sur modèles réduits d'après McCormick.

1. Kurzer geologischer Überblick

Die neue Rhönautobahn Bad Hersfeld—Würzburg (Abb. 1) führt im hessischen Teil durch mehr oder weniger flach gelagerte Schichten des Mittleren und Oberen Buntsandsteins, der in rund 400 m Tiefe von Gesteinen des Zechstein unterlagert wird, die sich aus Tonsteinen, Karbonatgesteinen, Anhydrit und einem 200 bis 300 m mächtigen Salzlager (dem Werra-Steinsalz) aufbauen (Abb. 2).

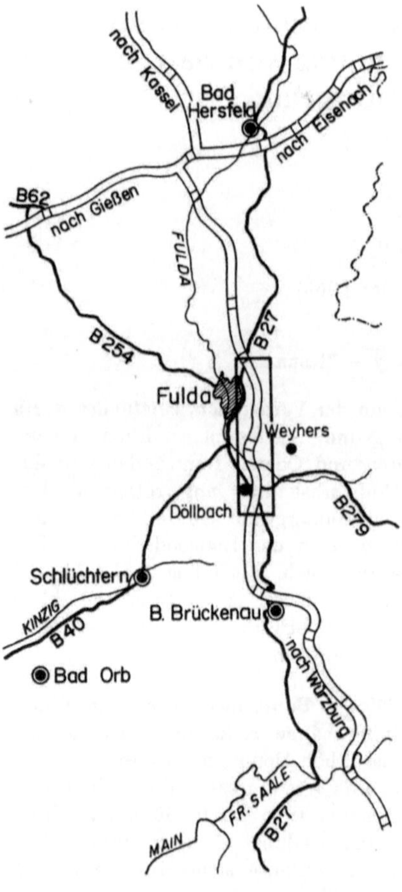

Abb. 1. Übersichtskarte mit Untersuchungsgebiet

Location plan with area of investigation

Plan d'aperçu avec territoire de recherche

Das Deckgebirge (Buntsandstein) besteht aus einer dünnbankigen Wechselfolge von festen bis mürben Standsteinen und halbfesten bis festen Tonsteinen, in die untergeordnet harte Standsteinpakete eingeschaltet sind. Im Oberen Buntsandstein tritt eine mächtige Tonsteinserie (Röt) auf. Das Deckgebirge ist insgesamt als gebräch zu bezeichnen.

Die heutige Umgrenzung der Salzlagerstätte zeigt nicht mehr ihre ursprüngliche Verbreitung, weil durch tektonische Heraushebung und Bruchbildung die Zechsteinsalze hydraulische Verbindung mit dem Grundwasser erhalten haben, das durch Lösungsvorgänge zu einer Auslaugung und damit zu einer allmählichen Zerstörung der Salzlagerstätten führt. Dieser Prozeß findet in geologischen Zeiträumen bis heute statt.

Nach Weber (1952) bezeichnete man die flächenhaft fortschreitende Auslaugung als „reguläre Salzauslaugung", wobei es zur Bildung eines „Salzspiegels" und eines „Salzhanges" kommt. Die „irreguläre Salzauslaugung" dagegen erfaßt die Lagestätte innerhalb des sonst noch unbeeinflußten Salzgebirges durch Eindringen des Wassers an Störungs- und Zerrüttungszonen und führt im allgemeinen zu steilen Senkungs- und Einbruchsformen.

Lohmann (1962, Abb. 1) hat eine Modellvorstellung über die Formenentwicklung von Salzauslaugungstrichtern entwickelt. Er unterscheidet zunächst ein Erdfall-Stadium, bei dem die benachbarten Schichten in ihrer Lagerung ungestört bleiben. Mit fortschreitender Auslaugung brechen die Deckgebirgsschichten ringförmig-konzentrisch nach und es bildet sich das Trichter-Stadium aus. Die weitere Entwicklung führt dann schließlich zum Einbruchskessel-Stadium. Die Vorstellungen Lohmanns haben sich bei den fortgeschrittenen Entwicklungsstadien, besonders den Einbruchskesseln, weitgehend bestätigt gefunden, bei den steilen und eng begrenzten Einbruchsformen müssen sie jedoch revidiert werden.

2. Die Erscheinungsform der Einbruchsschlote

Die vorliegende Arbeit beschränkt sich auf eine bisher wenig bekannte und auffallende Erscheinungsform der Auswirkung von Salzauslaugung im tiefen Untergrund*, nämlich von Einbruchsschloten und engen Einbruchstrichtern von nur

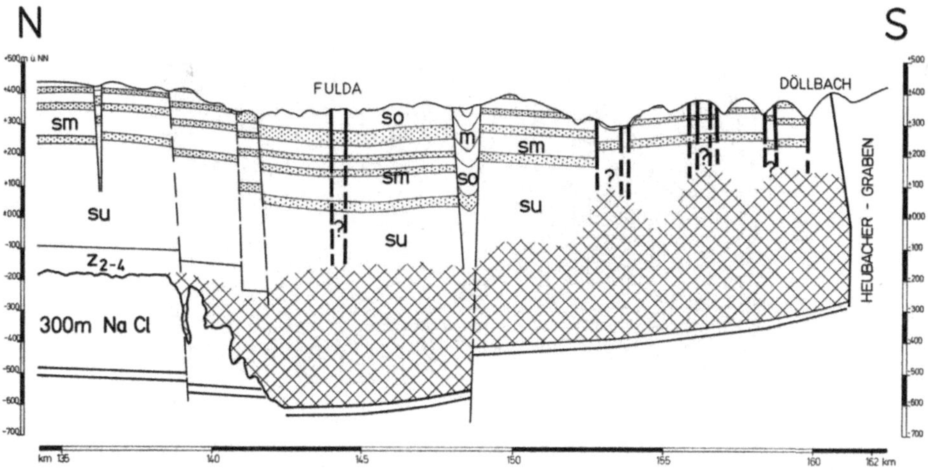

Abb. 2. Geologisches Längsprofil von N Fulda bis Döllbach mit intaktem Salzgebirge, Salzhang und heute salzfreiem Gebiet. Schematische Darstellung der Einbruchsschlote *m* = Muschelkalk; *so* = Oberer Buntsandstein (Röt); *sm* = Mittlerer Buntsandstein; *su* = Unterer Buntsandstein; z_{2-4} = Zechstein 2 bis 4; ※ = Einsturzgebirge, ehemals 150 bis 250 m Salz

Geological longitudinal section (from the north of Fulda to Döllbach), showing normal salt-sediments, "Salzhang" and area without salt-sediments (leached). Schematic graph of cylindrical-shaped collapse structures ("pipes")

※ = Collapsed rocks, formerly 150 to 250 m of salt

Coupe longitudinale géologique (du nord de Fulda jusqu'à Döllbach) montrant les roches hydatogènes primaires, le "Salzhang" et la région lessivée. Figuration schématique des cheminées d'effondrement

※ = Roches effondrées, autrefois 150 à 250 m de sels minéraux

20 bis 50 m Durchmesser, wie sie durch die Autobahnaufschlüsse in dem heute salzfreien Gebiet südlich von Fulda bis in die Gegend von Döllbach in bisher nicht bekannter Zahl und Formenentwicklung angetroffen worden sind. Die Auslaugung hat hier möglicherweise schon vortertiär, sicher aber im Tertiär und im ältern Pleistozän stattgefunden. Junge, morphologisch erkennbare Senkungsformen fehlen.

Die Einbruchsschlote haben etwa kreisrunde bis elliptische Grundrißform. Die Schlotfüllung besteht vielfach über mehrere Zehnmeter aus teilweise noch geschichtetem, meist aber völlig wirr gelagertem, verstürztem tertiärem Ton, der hier in der Tertiärzeit die Schichtenfolge aus Buntsandstein — Muschelkalk — und Keuper überlagert hat. Auch Schlotfüllungen mit Buntsandstein, Muschelkalk und z. T. Keupermaterial treten auf. Die Schlotumgrenzung steht meist fast senkrecht. Die

* Eine ausführliche Darstellung der geologischen Situation und der verschiedenen Erscheinungsformen der Salzauslaugung im tiefen Untergrund mit kartenmäßiger Darstellung erscheint in nächster Zeit in den Abhandlungen des Hessischen Ladesamtes für Bodenforschung.

Störung der benachbarten Bunsandsteinschichten ist nur gering. Die Schichten sind meist nur auf eine Entfernung von 1 m bis 2 m leicht zum Schlot hin verkippt (Abb. 3). Die Schlotumgrenzung benutzt teilweise Großklüfte (Abb. 4), meist durchsetzt sie das Gestein unregelmäßig in Anpassung an die engständige Kleinklüftung.

Abb. 3. Rand eines Einbruchsschlotes. Rechts Wechselfolge des Mittleren Buntsandsteins, links verstürzter tertiärer Ton. Schlotrand folgt der engständigen Kleinklüftung

Rim of a cylindrical-shaped collapse structure ("pipe"); right: alternating sequence of Middle Buntsandstein age; left: collapsed tertiary clays. The rim of the cylindrical-shaped collapse structure ("pipe") runs along densely shear- and joint-zones

Limite d'une cheminée d'effondrement. A droite: stratification en alternance répétée du *sm;* à gauche: argiles tertiaires effondrées. La limite de la cheminée suit le système des joints

Abb. 4. Schlotrand folgt Großkluft. Rechts verstürzter tertiärer Ton mit Sandsteinblöcken der Solling-Folge

Rim of cylindrical-shaped collapse structure ("pipe") runs along a main joint; right: collapsed tertiary clay with blocks of sandstones of the Solling-series

La limite de la cheminée suit le joint principal. A droite: argiles tertiaires effondrées et rocs de grès biggarré de la "Solling-Folge"

Die Schlote sind heute 200 m bis 300 m unter der Landoberfläche zur Zeit ihrer Entstehung angeschnitten worden. Die Fortsetzung in die Tiefe und deren Form ist nicht bekannt. Bei zahlreichen Schloten ist um eine innere Schlotfüllung ein äußerer Kranz von Sandsteinschutt mit auffallend vielen Sandsteinblöcken der

Solling-Folge (Oberer Buntsandstein) zu beobachten. Dieser randliche Rest einer älteren Schlotfüllung zeigt, daß die Schlote in mehreren Phasen nachgebrochen sind.

Außer der engen und steilen Ausbildung dieser Erscheinungsformen überrascht die Häufigkeit auf engem Raum, ohne daß größere tektonische Störungen zu erkennen sind. Auf dem Blatt Weyhers der Geologischen Spezialkarte 1 : 25000, das die Autobahn etwa in N-S-Richtung quert, sind z. B. auf einer Trassenlänge von 8 km 15 Einbruchsschlote und 4 größere Einbruchsformen aufgeschlossen worden. Aus der Art der Schlotfüllung — Tertiärton, Muschelkalk und Keuper, Röttone und den verschiedenen Gesteinsfolgen des Mittleren Buntsandsteins — lassen sich kein relatives Alter der Einbrüche und kein bestimmtes Absenkmaß ablesen, da sich verschiedene Faktoren überlagern.

Das Ergebnis einer Kernbohrung in einem Einbruchsschlot im Döllbachtal legt den Schluß nahe, daß wahrscheinlich einzelne Schlote 200 bis 300 m tief ohne Hohlraumfüllung gestanden haben. Die Bohrkerne zeigen bis 11 m völlig zerbrochenen Unteren Muschelkalk und darunter bis 23 m einen typischen Einsturzschutt, bestehend aus grauem und rötlichgrauem tonigem Schluff, gespickt mit kleinen scharfkantigen und spitzwinkeligen Tonstein-, Feinsandstein- und Kalksteinbröckchen. Ab 23 m wurde ein wirres Gemenge von Buntsandstein- mit wenig Muschelkalk- und Rötmaterial erbohrt. Bei näherer Untersuchung des schluffigen Einsturzschutts ergibt sich eine deutliche Differenzierung der verschiedenen vorherrschenden Komponenten, wobei deren Aufeinanderfolge von unten nach oben die stratigraphische Reihenfolge der Schichten wiedergibt. Ab 23 m liegt, wie schon angeführt, Mittelbuntsandsteinmaterial. Darüber treten einzelne Sollingsandsteinbrocken in Rötgrundmasse auf. Darüber folgt Rötmaterial mit ersten Muschelkalktonbröckchen, schließlich Muschelkalkmaterial und im oberen Teil des schluffigtonigen Einsturzschutts tritt hauptsächlich Muschelkalk- und Keupermaterial auf. Auffallend ist das Zurücktreten von Material aus festen und harten Schichtpaketen, wie der Solling-Folge und den mächtigen Kalksteinen des Muschelkalks.

Diese Erscheinung ist bis jetzt nur so erklärbar, daß der Feinschutt in einem vom mittleren Mittelbuntsandstein bis zum Keuper, also über rund 300 m freistehenden Schlot (die einzelnen Mächtigkeiten vgl. Laemmlen und Prinz, 1968) abgebrochen ist und sich in einem Randhohlraum angesammelt hat. Diese Deutung wird auch durch die sehr häufig auftretenden Sollingsandsteine in dem vielfach zu beobachtenden äußeren Kranz von Sandsteinschutt unterstützt.

3. Geomechanische Deutung der Einbruchsschlote und engen Einbruchstrichter

Diese schlotartigen Einbruchsformen passen nicht in die bisherigen Vorstellungen über den Prozeß der Salzauslaugung und über die Senkungserscheinungen über den verschiedenen Auslaugungsbezirken, wie sie u. a. von Hundt (1950), Lohmann (1962), Kammerer (1962) und Reuter (1962) beschrieben worden sind. Die Entwicklung der unterirdischen Hohlräume führt danach normalerweise zur Kuppelform, da das Gestein das Bestreben zeigt, ein Gewölbe auszubilden. Über dem Hohlraum lockert sich der Gebirgsverband auf und der Hohlraum wandert nach oben, in Abhängigkeit von der Breite, bis zu der sich die Grundrißform des Hohlraumes im Laufe der Zeit ausweiten konnte, und in Abhängigkeit von der Standfestigkeit des Deckgebirges.

Ein natürlicher schlot- oder schachtförmiger Hohlraum in derart gebrächen Gesteinen stellt zunächst einen Sonderfall dar. Einen Vergleich mit 5- bis 10-facher Verkleinerung geben Tagesbrüche über oberflächennahem Bergbau, die vielfach aus einer Tiefe von 50 m bis 100 m steil durchbrechen und deren Einbrüche häufig Anfangsdurchmesser von nur 3 m bis 6 m haben. Ähnliche Einbrüche sind auch durch

Gipsauslaugung im Mittleren Muschelkalk bekannt. In der Literatur werden einige salzauslaugungsbedingte Erdfälle vergleichbarer Größenordnung wie die Schlote beschrieben, bei denen der Tagesbruch schlagartig auf eine Tiefe von 30 m bis 60 m eingebrochen ist. (Hundt 1950, Weber 1955, Lohmann 1962, Reuter 1962, Herrmann 1968.)

Allgemein muß man annehmen, daß das Hochwandern der Hohlräume durch ständiges Nachbrechen der Firste und der in den Hohlraum auskragenden Schichten erfolgt ist, wobei es, nachdem das Gewölbe durch Herausbrechen des „Schlußsteines" unwirksam geworden ist, zur Ausbildung einer Gewölbewirkung in der horizontalen Querschnittsebene, ähnlich wie bei einem Schacht, gekommen ist. Ein Hauptfaktor ist dabei die Klüftung, die auch weitgehend die Richtung des hochbrechenden Schlotes bestimmt. Außerdem dürfte von Einfluß sein, daß der dünnbankige Buntsandstein stark zu Nachbrüchen neigt. Herrmann (1968), der Erdfälle vergleichbarer Größenordnung bei Bad Pyrmont beschreibt, bezeichnet das Hochwandern der Schlote als „ständigen Deckenabbruch unter leichter Verengung des Aufstiegsschlotes". Beide Konzeptionen stimmen weitgehend überein und ergänzen sich gegenseitig. Herrmann (1968, S. 280) gibt auch eine Angabe über den Zeitfaktor, wonach solche Nachbrüche in ein bis zwei Jahrzehnten erfolgen können.

Die hier dargestellte Konzeption der geomechanischen Deutung der Einbruchsschlote erhält durch einen Aufschluß an der Rhönautobahn im Vergleich mit den Modellversuchen McCormicks (1968, Figs. 1—5)* über steile Abzugstrichter in

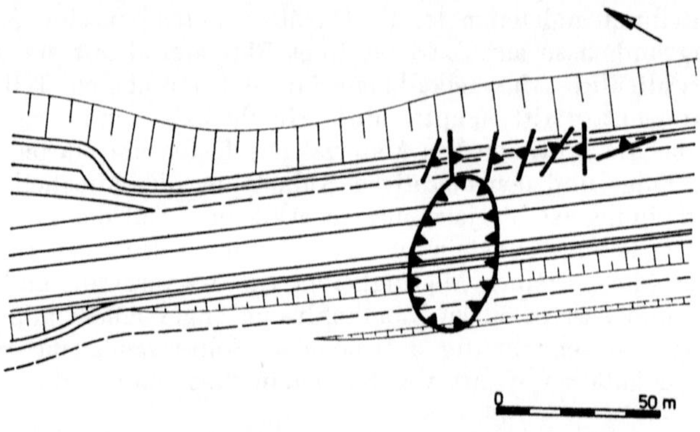

Abb. 5. Lage der steil-muldenförmigen Schichtverbiegung neben Einbruchsschlot
Syncline with steeply dipping banks near cylindrical-shaped collapse structure ("pipe")
Des couches pseudosynclinales fortement inclinées près d'une cheminée d'effondrement

feinen und groben Lockergesteinen neue Gedanken. Am Hang oberhalb Rotheman ist nur wenige Meter neben einem 40 × 20 m großen ellipsenförmigen Schlot mit Tertiärfüllung eine steil-muldenförmige Schichtverbiegung von 50 m Durchmesser aufgeschlossen gewesen (Abb. 5). Die Schichten im Südflügel fallen mit 5° bis 25° zunehmend nach Norden ein. Die Bänke sind stark zerbrochen und gezerrt, zeigen aber kaum Versatz. Der Gegenflügel ist etwas steiler (Abb. 6). Eine direkte Verbindung mit dem Einbruchsschlot war nicht zu erkennen.

Vergleicht man die steil-muldenförmige Schichtverbiegung mit den Bildern der Sandkastenversuche McCormicks, so könnte hier die Hangendpartie eines steckengebliebenen Einbruchsschlotes oder -trichters vorliegen, bei dem der ursprüngliche Auslaugungshohlraum durch die Auflockerung der Einsturzmassen aufgezehrt worden ist, so daß es zu keiner größeren Hohlraumbildung, wohl aber zu einer

* Für diesen Literaturhinweis danke ich Herrn Dipl.-Ing. W. Streck, Essen.

Lockerung und Durchbiegung der Hangendschichten gekommen ist, wie dies McCormick mit Lockergesteinen demonstriert. Auch hier bildet sich offensichtlich eine Gewölbewirkung in der horizontalen Querschnittsebene aus, die zur Bildung sehr steiler Abzugstrichter führt.

Damit läge allerdings eine völlig andere Entwicklung vor, als sie weiter oben für die Einbruchsschlote dargelegt worden ist. Meiner Ansicht nach dürfte diese steil-muldenförmige Schichtdurchbiegung der Bildung von engen Einbruchstrichtern

Abb. 6. Steil-muldenförmige Schichtverbiegung im Mittleren Buntsandstein, möglicherweise das Hangende eines steckengebliebenen Einbruchstrichters

Syncline with steeply dipping banks of Middle Bunsandstein age; possibly the hanging wall of a collapse structure

Des couches pseudosynclinales fortement inclinées du *sm;* possiblement le toit d'un entonnoir d'effondrement

im Sinne Lohmanns (1962) entsprechen, wobei, wahrscheinlich bedingt durch die Form des ursprünglichen Auslaugungshohlraumes, keine größere Hohlraumbildung im Hangendgestein aufgetreten ist. Dies würde andererseits bedeuten, daß die Einbruchstrichter keine Weiterentwicklung von Einbruchsschloten sind, sondern sich nebeneinander oder in zeitlicher Trennung aus der jeweiligen Form des Auslaugungshohlraumes entwickelt haben.

Literatur

Herrmann, R.: Auslaugung durch aufsteigende Mineralwässer als Ursache von Erdfällen bei Bad Pyrmont. Geol. Jb. *85,* S. 265—284, 8 Abb., 1 Tab., Hannover 1968.

Hundt, R.: Erdfalltektonik. W. Knapp, Halle 1950.

Kammerer, F.: Ingenieurgeologische Methoden in Erdfall- und Senkungsgebieten. Freib. Forsch.-H. C. *127,* S. 49—109, 50 Bilder, Berlin 1962.

Laemmlen, M. und H. Prinz: Der Heubacher Graben im westlichen Rhönvorland als Teilstück der Grabenzone Heubach—Thalau—Friesenhausen. Notizbl. hess. L.-Amt Bodenforsch. *96,* S. 137—156, 1 Abb., 2 Taf., Wiesbaden 1968.

Lohmann, H. H.: Zur Formentwicklung von Salzauslaugungstrichtern. Notizbl. hess. L.-Amt Bodenforsch. *90*, S. 319–326, 2 Abb., Taf. 31, Wiesbaden 1962.

McCormick, R. J.: How wide does a drawpoint draw? Engineering and Mining Journal, Vol. 169, No. 6, S. 106–116, New York 1968.

Reuter, F. u. R.: Ingenieurgeologische Beurteilung und Klassifikation von Auslaugungserscheinungen (Hinweise für das Bauen in auslaugungsgefährdeten Gebieten). Freib. Forsch.-H., C. 127, S. 1–48, 23 Abb., Berlin 1962.

Weber, H.: Pliozän und Auslaugung im Gebiet der oberen Werra. Geologica *8*, Berlin 1952.

Weber, H.: Zur Formenentwicklung der thüringschen Erdfälle. Hall, Jahrb. mitteldeutsch. Erdgesch. 2, S. 100–107, 1955.

Anschrift des Verfassers: Dr. Helmut Prinz, Oberregierungsgeologe im Hessischen Landesamt für Bodenforschung, D-62 Wiesbaden.

Rock Mechanics, Suppl. 1, 43—57 (1970)

Über das Knickverhalten von Stollenauskleidungen in Fels- und Lockerböden

Von

Georg Feder, Linz

Mit 24 Abbildungen

(Eingegangen am 3. Januar 1969)

Zusammenfassung — Summary — Résumé

Über das Knickverhalten von Stollenauskleidungen in Fels- und Lockerböden. An Hand von Lichtbildern über Versuche an Rohrelementen, welche frei liegen oder von starren bzw. von Lockermassen umgeben sind, wird auf die grundsätzliche Knickfigur von Stollenauskleidungen eingegangen. Die Versuchsergebnisse werden mit den gebräuchlichsten Bemessungstheorien verglichen und dabei die Gründe aufgezeigt, warum die Ergebnisse der verschiedenen Bemessungstheorien durch Außendruck beanspruchter Stollenauskleidungen bis zum doppelten Wert voneinander abweichen können.

Im Hinblick auf die in Lockerböden verlegten Stollenauskleidungen (in Form von in Schildvortrieb vorgetriebener Tunnelröhren — oder in Form von eingegrabenen Rohrleitungen) gehen die bisher veröffentlichten Bemessungstheorien lediglich auf sehr vereinfachte Knickuntersuchungen ein. Dabei wird die Auskleidung als ein elastischer Ring betrachtet, welcher in einer elastischen Bettung verlegt ist. Vor allem bei niedrigen Scheitelüberdeckungen tritt jedoch ein Knicken der Auskleidung bei gleichzeitigem Grundbruch im Erdkörper ein. Es zeigt sich, daß dabei die Frage, ob der Außendruck durch den Erdkörper oder als hydraulischer Außendruck zur Wirkung kommt, für das Tragverhalten der Auskleidung von wesentlicher Bedeutung ist. Die dabei auftretenden Knickfiguren werden an Versuchsstücken demonstriert.

Abschließend werden Großversuche gezeigt, welche die VÖEST auf diesem Gebiete im Zuge ihrer Forschungsarbeiten durchgeführt hat.

The Buckling Characteristics of Tunnel Linings in Rock and Loose Soil. The photographs of tests with pipe elements which are exposed or are surrounded by rigid and/or loose soil show the basic buckling figures of tunnel linings. The test results are compared with the most usual calculating theories, and thereby the reasons why the results of different calculating theories can differ from one another up to the double value for tunnel linings subject to external pressure, are indicated.

Regarding tunnel linings laid in loose soil (in case of tunnel excavation by rotary digger shield — or in case of burried pipelines), the calculating theories published so far refer only to very simple buckling tests. Thereby the lining is considered as an elastic ring erected in an elastic bed. Mainly in case of a small soil envelope the lining buckles if the soil shifts simultaneously. It is of considerable importance for the carrying characteristic of the lining whether the external pressure will act through the soil or as hydraulic pressure. The buckling figures arising thereto are demonstrated on specimen sections.

Finally large tests are shown which have been carried out by the VÖEST in the course of research work in this line.

Le processus de flambage des blindages de galeries dans les terrains rocheux et meubles. Grâce à des photographies d'essais sur des éléments tubulaires, soit libres, soit placés dans un terrain rigide ou meuble, on présente la figure fondamentale du flambage des blindages de galeries. On compare les résultats d'essais avec les diverses théories et on montre pourquoi le calcul des blindages soumis à une pression extérieure peut conduire à des résultats variant du simple au double.

En ce qui concerne les blindages de galeries en terrain meuble (qu'ils soient posés à l'avancement avec un bouclier, ou comme conduites enterrées) les théories de dimensionnement publiées jusqu'à présent ne traitent le flambage que d'une facon très simplifiée. Le blindage est considérée comme un anneau élastique dans une fondation élastique surtout dans le cas des faibles épaisseurs de couverture, le flambage du blindage se produit en même temps que la rupture du massif de sol. On montre qu'il est très important pour la stabilité du blindage de savoir si la pression extérieure est due au sol lui-même ou si c'est une pression hydraulique et on donne les figures de flambage correspondant aux tronçons essayés.

En conclusion on montre les essais à grande échelle que la VÖEST a conduit dans le cadre de ses recherches scientifiques.

Durch den Fortschritt der Technik werden fortlaufend Werkstoffe mit immer höheren Festigkeitseigenschaften auf den Markt gebracht. Durch die damit verbundene Materialeinsparung können auch bei Stollenpanzerungen die Baukosten vermindert werden. Die damit verbundene Tendenz zu geringeren Wanddicken schiebt zwangsläufig die Bedeutung des Stabilitätsproblems von Stollenauskleidungen immer weiter in den Vordergrund.

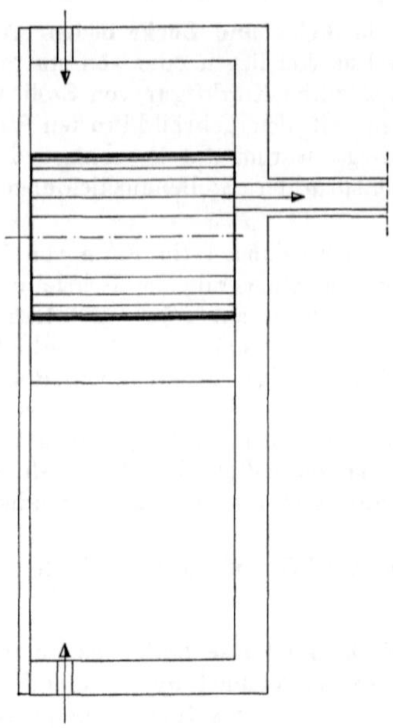

Abb. 1. Einrichtung für qualitative Versuche zur Beobachtung der Beulfigur von Rohren
Equipment for quality tests for observation of the denting values of pipes
Equipment pour des essais qualitatifs: observation des figures de flambage des tubes

Die folgenden Ausführungen beziehen sich in erster Linie auf Stollenauskleidungen aus Stahl, doch können daraus auch die Zusammenhänge für andere Auskleidungstypen abgeleitet werden, soferne diese wasserdicht, schlank und biegsam sind.

Die Lösung des Stabilitätsproblems einer Stollenauskleidung ist nicht neu. Es wurden zahlreiche Bemessungsverfahren hiezu veröffentlicht, deren Ergebnisse jedoch derart voneinander abweichen (vgl. Abb. 11), daß es angebracht erscheint, auf die Ursachen dieser Diskrepanz näher einzugehen.

Für die Lösung eines Stabilitätsproblems ist es bekanntlich erforderlich, aus der Schar der aufgrund der Randbedingungen möglichen Knickfiguren jene herauszufinden, zu deren Ausbildung der geringste Energiebedarf erforderlich ist. Im allgemeinen genügt es dabei, wenigstens die Grundcharakteristik dieser Knickfigur annähernd zu kennen. Gerade dabei treten aber am häufigsten Meinungsverschiedenheiten auf, weshalb die theoretische Untersuchung durch Versuche ergänzt werden soll.

Zweckmäßigerweise werden zunächst Versuche an kleinen Modellen ausgeführt, die qualitativ einen Einblick in das Beulverhalten einer Stollenauskleidung geben. Damit soll es ermöglicht werden, unter den bekannten Bemessungstheorien die richtige auswählen, erforderlichenfalls entsprechende Ergänzungen abzuleiten. Eine zweite Reihe von Versuchen an Großmodellen oder am fertigen Bauwerk soll abschließend eine quantitative Bestätigung der Theorie ermöglichen.

Für die zu Anfang erwähnten Kleinversuche, welche nur qualitative Aussagen zu machen haben, wurde die in Abb. 1 dargestellte Anlage benützt. Sie besteht aus einer Testkammer, deren Stirnfläche durch eine dickwandige Glasplatte abgeschlossen ist. Das Modell der Auskleidung bzw. des Rohres wird mit der Stirnfläche zur Glaswand eingesetzt, so daß die Veränderung des Kreisquerschnittes beobachtet werden kann. Aus dem Rohrinneren kann Luft abgesaugt werden, so daß durch den Luftdruckunterschied das Rohr eine Außendruckbeanspruchung erhält, die einer

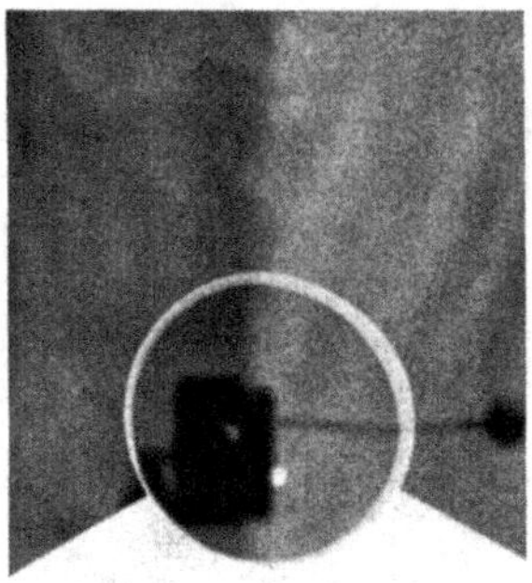

Abb. 2

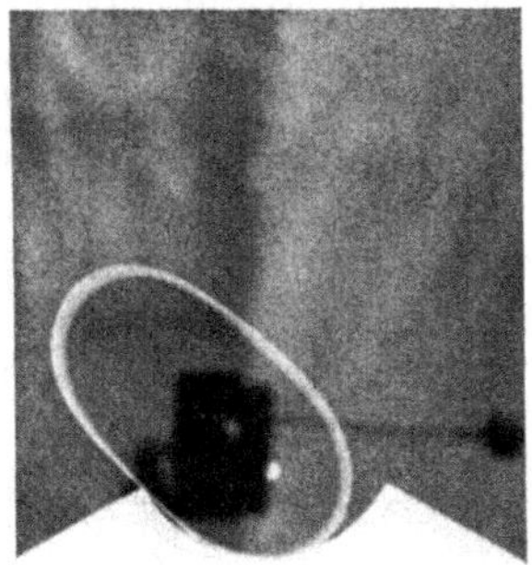

Abb. 3

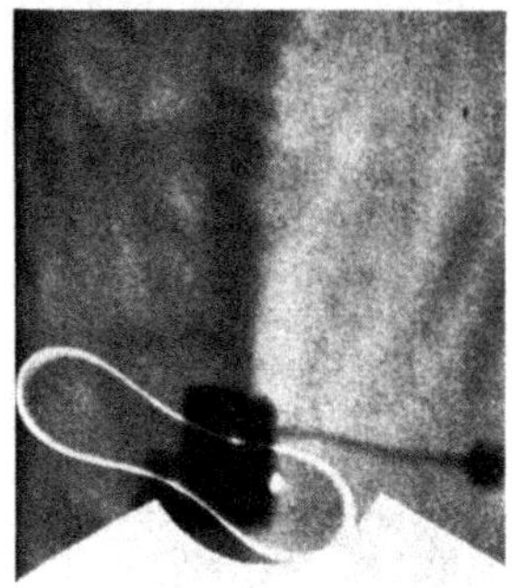

Abb. 4

Abb. 2, 3 und 4. Beulvorgang am freiliegenden Rohr (das in der Abbildung gleichfalls ersichtliche Spiegelbild der Aufnahmekamera ist für den Versuchsablauf als gegenstandslos zu betrachten)

Denting procedure on exposed pipe (the reflection of the camera visible in the photograph is to be considered of no importance for the test)

Processus de flambage d'un tube libre (l'image de l'appareil photographique n'a pas d'incidence sur les essais)

konstanten, also nahezu hydrostatischen Außendruckbelastung gleichkommt. Das Rohr kann in der Versuchseinrichtung durch Schüttgut oder von starren Elementen umschlossen werden, je nach dem, ob man eine Stollenauskleidung in Lockerböden oder im Fels imitieren will. Der Einfachheit halber wird in der Folge nur von Rohren die Rede sein, wobei damit auch natürlich Stollenauskleidungen gemeint sind.

Um Vergleiche anstellen zu können, wird zunächst ein frei liegendes Rohr betrachtet. Abb. 2 zeigt das Verhalten in der biegungsfreien Gleichgewichtslage unterhalb des kritischen Außendruckes. Die Abb. 3 und 4 veranschaulichen das Knickverhalten bei Erreichen des kritischen Außendruckes. Man erkennt hier eine Analogie zum geraden Knickstaub, wobei die Halbwellenlänge der Knickfigur, der Knicklänge des Eulerstabes mit Endgelenken, und die kritische Umfangskraft der Eulerschen Knicklast entspricht. Die Analogie liegt nur in erster Näherung vor, da beim Kreisbogen eine konstante Radialverschiebung bereits eine Krümmungsänderung enthält[20]. Man erkennt aber aus dieser Analogie, daß sich nach Überschreiten der kritischen Umfangskraft die Halbwellenlänge umso kleiner ergibt, je mehr die Umfangskraft weiter ansteigt. Würde man also durch äußere Einflüsse ein Rohr daran hindern in der, in Abb. 4 dargestellten Form auszubeulen, so wäre das Rohr imstande, eine noch größere Umfangskraft aufzunehmen, wobei es allerdings versuchen würde, mit der, der größten Umfangskraft entsprechenden kleineren Halbwellenlänge eine neue Knickfigur zu finden. Die Umfangskraft ergibt sich bekanntlich aus dem Produkt von Außendruck und Radius der Stützlinie der Knickfigur.

Nach dieser Vorbetrachtung soll zunächst das Verhalten einer Stollenpanzerung, also eines Rohres, das im Fels einbetoniert wurde, erörtert werden. Abb. 5 zeigt das Modell einer Stollenpanzerung. Ganz wesentlich ist dabei für das Knickverhalten der Spielraum zwischen Rohr und Hinterfüllbeton. Ohne diesen Spielraum ist ein Beulen als Folge hoher Umfangskräfte nicht möglich*.

Es wurde in der Literatur schon vielfach darauf hingewiesen, daß eine wesentliche Erhöhung der Beulsteifigkeit einer Stollenpanzerung durch ein Verkleinern des Spielraumes zwischen Rohr und Hinterfüllbeton erreicht werden könnte. Es dürften in dieser Richtung gewiß noch Weiterentwicklungen der Bauverfahren wirtschaftlicher Lösungen erwarten lassen. In dieser Hinsicht sei beispielsweise auf die fortschrittlichen Baumethoden der TIWAG[19] und KELAG hingewiesen, bei welchen das Injizieren des Spaltes zwischen Rohr und Hinterfüllbeton bzw. Hinterfüllbeton und Gebirge erst nach einer Aufweitung dieser Spalte (im Zuge einer Druckprobe) erfolgt. Wir müssen aber heute noch immer annehmen, daß ein Spielraum zwischen Rohr und Hinterfüllbeton vorhanden ist, weshalb wir ihn auch bei Modellversuchen vorzusehen haben. Bei dem in den Abb. 5 bis 7 gezeigten Rohr wurde ein

Abb. 5 Abb. 6 Abb. 7

Abb. 5, 6 und 7. Beulvorgang am Modell einer Stollenpanzerung (das in der Abbildung gleichfalls ersichtliche Spiegelbild der Aufnahmekamera ist für den Versuchsablauf als gegenstandslos zu betrachten)

Denting procedure on a tunnel liner model (the reflection of the camera visible in the photograph is to be considered of no importance for the test)

Processus de flambage sur un modèle de blindage de galerie (l'image de l'appareil photographique n'a pas d'incidence sur les essais)

besonders großer Spielraum gewählt, um den Knickvorgang deutlich zeigen zu können. Parallelversuche mit dem in der Natur auftretenden Spielraum entsprechend einer Koaxialspaltgröße von etwa 1 ‰ des Radius weisen analoges Verhalten auf.

Wie die Versuche zeigen, verhält sich die Stollenpanzerung bis zu einem Außendruck, welcher dem kritischen Außendruck des freiliegenden Rohres entspricht, auch so wie dieses (Abb. 5). Bei Erreichen des kritischen Außendruckes des freiliegenden Rohres beginnt in der Stollenpanzerung der Knickvorgang, welcher allerdings noch lange nicht zum Kollaps führt, weil nach geringfügiger Ovalverformung sich die Scheitel des Ovals am Hinterfüllbeton abstützen und damit eine Zerstörung des Rohres verhindern. Die Stollenpanzerung ist in der Lage, eine weitere Steigerung

* Sten Bergmann ([3, 27]) zeigt das Beulverhalten ohne Spielraum im Falle eines voll einbetonierten zylindrischen Behälters, welcher bis zum Beulen erwärmt wird. In diesem Falle spielen aber die entlang der Zylindererzeugenden wirkenden Längskräfte die ausschlaggebende Rolle.

des Außendruckes aufzunehmen, obwohl ihr Belastungszustand bereits im überkritischen Bereich liegt. Bei weiterer Steigerung des Außendruckes zeichnet sich entlang des Umfanges ein am Hinterfüllbeton anliegender und ein freiliegender Bereich ab (Abb. 6). Der freiliegende Bereich enthält annähernd 3 Halbwellen. Infolge des eingangs erwähnten Zusammenhanges zwischen Umfangskraft und Halbwellenlänge wird bei Steigerung des Außendruckes die Länge der Halbwellen immer kleiner und damit der freiliegende Umfangsbereich immer kürzer. Da sich der gesamte Spielraum zwischen Rohr und Hinterfüllbeton nun allein dem freiliegenden Bereich anbietet, kann die Beulwellenamplitude und die Abweichung der Stützlinie von der ursprünglichen Rohrkontur immer größer werden, je kürzer diese Halbwellenlänge wird (Abb. 7).

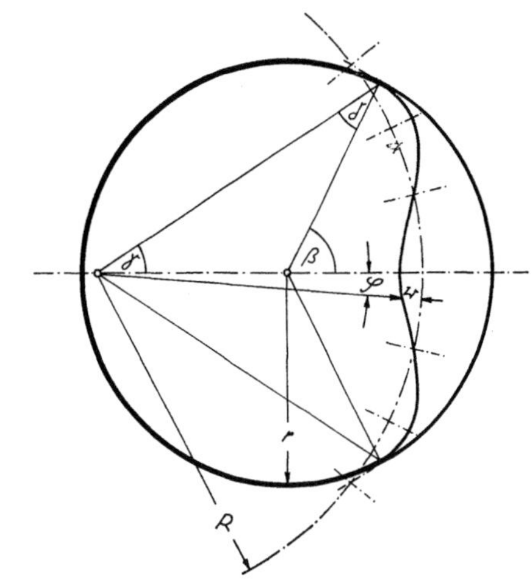

Abb. 8. Geometrische Zusammenhänge beim Beulen einer Stollenpanzerung vor Überschreitung der Elastizitätsgrenze

Geometric connections on denting of a tunnel liner before exceeding the limit of elasticity

Correspondance géométrique entre les bosses d'un blindage de galerie avant le dépassement de la limite élastique

Wenn man das Lichtbild einer solchen Beulfigur auf ein Zeichenblatt projiziert und geometrisch analysiert, so kommt man zu dem in Abb. 8 dargestellten Zusammenhang. Man sieht deutlich, daß der Radius der Stützlinie R größer ist als der Radius r des Rohres in der Ausgangsform. Da sich die Umfangskraft im freiliegenden Bereich aus dem Produkt aus Außendruck und Stützlinienradius ergibt, erkennt man, daß die Umfangskraft im freiliegenden Bereich größer sein muß als im übrigen Umfangsbereich, daß also der freiliegende Bereich an den Wurzeln der Beule an den anliegenden Bereich eine Tangentialkraft abgibt, die man als Kämpferdruck des freiliegenden Bereiches bezeichnen könnte. Durch ihn wird der anliegende Bereich gegen den Hinterfüllbeton gepreßt, so daß sich dort keine Sekundärbeulen bilden können.

Steigert man den Außendruck nun immer höher, so findet man für den endgültigen Kollaps zwei Möglichkeiten:

Die häufigste Form des Kollaps ist jene, bei welcher infolge der Umfangskraft und infolge der durch die Verkrümmung im Beulenscheitel hervorgerufenen Biegung die Werkstoffbeanspruchung so angewachsen ist, daß eine weitere Spannungserhöhung vom Werkstoff nicht mehr aufgenommen werden kann. Bei Stahl tritt dieser Fall mit dem Erreichen der Streckgrenze ein. Hier wird also aus dem Stabilitätsproblem wieder ein Spannungsproblem.

Die zweite Möglichkeit eines Kollaps ist jene, bei welcher es ohne Überschreitung der Festigkeitsgrenzen des Werkstoffes zu einem Durchschlagen des freiliegenden Bereiches kommt. Bei Erreichen des hierfür kritischen Außendruckes stellt sich folgender Mechanismus ein:

Der Außendruck sei konstant, der Radius der Stützlinie werde etwas vergrößert. Durch diese Vergrößerung steigt die Umfangskraft und durch die größere Umfangskraft ergibt sich eine kleinere Halbwellenlänge. Durch das Kleinerwerden der Halbwellenlänge wird der freiliegende Bereich kürzer und damit der Radius der Stützlinie wieder größer, womit der Kreislauf von vorne beginnt. Diese Art des Kollaps ist also ein reines Stabilitätsproblem.

Wenn man eine Vielzahl von Versuchen beobachtet, so stößt man fallweise auch auf eine Situation, wie sie Abb. 9 zeigt. Durch einen Zufall werden dann von vorneherein zwei freiliegende Bereiche gebildet, die sich gegenseitig den für das Vergrößern ihres Stützlinienradius erforderlichen Spielraum im Hinterfüllbeton streitig machen. Mit steigendem Außendruck nimmt, soferne nicht ein besonderer Zufall beidseits absolut gleiche Verhältnisse ergeben hätte, die Differenz der Kämpferkräfte der beiden freiliegenden Bereiche immer mehr zu, so daß schließlich am kleineren der anliegenden Bereiche die Reibung zwischen Rohr und Hinterfüllbeton überwunden wird. Der freiliegende Bereich mit dem größeren Stützlinienradius eignet sich dann den Spielraum des rivalisierenden Beulenbereiches an und vergrößert sich dabei ruckartig, während die andere Beule verschwindet (Abb. 10).

Abb. 9 und 10. Sonderfall beim Beulen einer Stollenpanzerung

Special case of denting of a tunnel liner

Cas particulier des bosses d'un blindage de galerie

Diese Grundsatzversuche geben uns nun die Möglichkeit, die verschiedenen Bemessungstheorien zu diskutieren. Über den zuerst genannten Fall des Kollaps, bei dem das Stabilitätsproblem wieder zum Festigkeitsproblem wird, gibt es zahlreiche Bemessungstheorien, die sich aber im wesentlichen in drei Gruppen zusammenfassen lassen. Abb. 11 zeigt für bestimmte Gegebenheiten in vereinfachter Form ein Tragkraft-Diagramm, in welchem die Ergebnisse je eines markanten Bemessungsverfahrens aus jeder dieser drei Gruppen eingetragen ist. Wie man sieht, weichen die Ergebnisse um mehr als 100 % voneinander ab. Die Gruppe, welche die höchste Tragkraft bzw. bei der Bemessung die geringsten Rohrwanddicken ausweist, ist jene, welche eine Knickfigur zugrundelegt, bei welcher entlang des Umfanges gleich viele und gleich große Beulen auftreten, die sich den zu ihrer Existenz erforderlichen Spielraum zwischen Rohr und Hinterfüllung untereinander korrekt teilen. Die Halbwellenlängen der Knickfigur ergeben sich nach dem anfangs erwähnten Gesetz aus der Umfangskraft.

Dem Verfasser ist es nicht gelungen, ein solches Beulverhalten zu beobachten. Die Schwierigkeit besteht vor allem darin, daß der Außendruck nicht schlagartig auftritt, sondern allmählich ansteigt und daher auch die Halbwellenlänge der Beulen sich nur allmählich verkleinert. Die in Abb. 11 rechts oben gezeichnete 4wellige Beulfigur müßte also aus einer 2welligen und dann 3welligen Beulfigur entstanden sein. Beim Übergang von der 3welligen auf die 4wellige Beulfigur müßten beispielsweise zunächst die drei vorhandenen Wellen zusammenrücken, um der vierten Platz zu machen und die vierte müßte beginnend mit der Amplitudengröße Null auf die Größe der anderen Beulwellen anwachsen. Da die Kämpferkraft jeder Beulwelle von der Amplitudengröße abhängig ist, ist es schwer möglich, vor allem bei einer größeren Wellenzahl eine solche Beulform zu finden.

Man wird nach dem heutigen Stand der Technik Bemessungsverfahren, die eine Vielzahl gleicher Beulwellen an Umfang voraussetzen, im allgemeinen nicht mehr anwenden. Es handelt sich dabei vor allem um die Bemessungsverfahren von Borot[4], Vaughan[48], Bienz[32], Chwalla und Steiner[7], Link[21], um die bedeutendsten veröffentlichten Bemessungstheorien dieser Gruppe zu nennen.

Der Grund, warum es zu diesen Bemessungstheorien kam, dürfte darin liegen, daß ein mit Ringen versteiftes Rohr im Bereich zwischen den Ringen diese Beulform mit der Vielzahl gleich großer Wellen einnimmt. Führt man diese Grundsatzversuche beispielsweise mit Wasser durch, so ist es erforderlich, die Stirnseiten des Modellrohres abzudichten, wobei ein ähnlicher Effekt wachgerufen wird, wie die versteifende Wirkung durch Ringe. Auch in der Natur kann bei Stollenauskleidungen ein ähnlicher Effekt beobachtet werden, wenn der Spalt zwischen Rohr und Hinterfüllbeton in um das Rohr führenden ringförmigen Zonen besser ausinjiziert wurde als in dazwischenliegenden Bereichen.

Das andere Extrem weist jene Gruppe von Bemessungsverfahren auf, welche mit einer einzigen Beulwelle am Umfang rechnet, wie wir dies auch bei den Modellversuchen (vgl. Abb. 7) vorfinden. Zu dieser Gruppe zählen vor allem die Bemes-

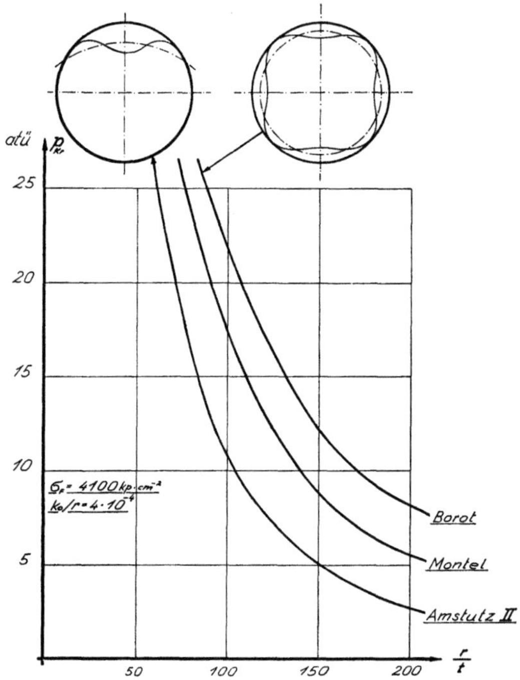

Abb. 11. Markante Bemessungstheorien für das Beulen von Stollenpanzerungen (schematische Gegenüberstellung)

Characteristic design theories for denting of tunnel liners (schematic comparison)

Principales théories de dimensionnement au flambage des blindages de galeries (comparaison schématique)

sungsverfahren von Amstutz[1,2], Juillard[17] und Hertrich[14]. Hertrich, dessen Verfahren im übrigen auf Amstutz aufbaut, zeigt unter anderem die Vorgangsweise, wenn es sich nicht um biegsame Rohre, sondern um starre Tübbings handelt, welche untereinander mit elastischen Elementen verbunden sind, so daß sich der Ring als Ganzes ähnlich verhält wie ein Rohr aus biegsamem Werkstoff. Diese Bemessungstheorien weisen eine wesentlich kleinere Tragkraft aus. Sie ergeben bei der Bemessung wesentlich größere Wanddicken.

Die dritte Gruppe von Bemessungsverfahren ist jene, welche direkt auf Versuchsergebnisse aufbaut. Das bedeutendste Verfahren ist jenes von Montel[28,46].

Der Grund, warum die Versuchsergebnisse nach Montel eine größere Tragkraft ausweisen, als aus den Einwellentheorien von Amstutz oder Juillard zu erwarten wäre, ist folgender:

Bei diesen Theorien wird als Grenzbelastung, über die hinaus keine weitere Belastungssteigerung mehr möglich ist, jener Zustand angenommen, bei welchem die Randfaser des Rohres erstmals die Streckgrenze erreicht. In Wirklichkeit ist jedoch das Tragvermögen erst erschöpft, wenn nicht die Randfaser allein, sondern auch die Innenfasern der Rohrwand an die Streckgrenzenbeanspruchung herankommen. Bei reiner Biegung ist bekanntlich die Grenzbeanspruchung im vollplastischen Zustand 1,5mal so groß wie im elastischen Grenzzustand. Dieses Verhältnis sinkt in bezug auf die Rohrwanddicke auf den Wurzelwert von 1,5 ab, da die Wanddicke im Widerstandsmoment in der zweiten Potenz enthalten ist. Bei der Grenzbelastung einer Stollenpanzerung überwiegt im allgemeinen die Biegebeanspruchung aus der Beulwellenkrümmung die Normalkraftbeanspruchung aus der Umfangskraft bei weitem und man findet tatsächlich, daß die Montel-Kurve im Bereich einer um 20 % nach rechts gerückten Amstutz-Kurve zu finden ist. Dies bedeutet, daß die Versuchswerte von Montel die Amstutz-Theorie bestätigen, daß jedoch die Montel-Werte die plastischen Tragreserven eines Stahlblechrohres mitberücksichtigen, während die Amstutz-Theorie (in gleicher Weise Juillard und Hertrich) auf eine Grenzbeanspruchung aufbaut, die mit rein elastischen Beanspruchungen gerade noch erreichbar ist. Montel hat sein Bemessungsverfahren für Stahlrohre aufgestellt und es ist im Stahlbau auch durchaus angebracht, die plastischen Tragreserven des Werkstoffes zu nützen, soferne kein Sprödbruch eintreten kann. Bei den für geschweißte Druckrohrleitungen zum Einsatz kommenden alterungsbeständigen Feinkornstählen und bei den in Druckschächten möglichen Minimaltemperaturen ist bei fachgerechter Konstruktion und Fertigung keine Sprödbruchgefahr vorhanden; es sei denn, daß eine Wechselbeanspruchung mit entsprechend hoher Lastwechselzahl und Amplitudenspannung auftritt.

Die Bemessung von Stollenpanzerungen auf Außendruck im Hinblick auf die Festigkeitseigenschaften des Werkstoffes wird man heute zweckmäßigerweise nach einem der Verfahren von Montel, Amstutz oder Juillard durchführen, wobei man in Fällen, bei denen der extreme Außendruck nur bei einer Stollenentleerung, also selten, auftreten kann, das Montel-Verfahren wählen wird. Wenn der extreme Außendruck sich bereits durch Steuerungsvorgänge einstellen kann, wie z. B. im Bereich gedrosselter Wasserschlösser, dann ist eine Bemessung nach Amstutz oder Juillard zu empfehlen, wenn nicht eine gesonderte „Shakedown-Untersuchung" ausgeführt wird. Hinsichtlich der zweiten Möglichkeit eines Kollaps, nämlich jener des rein elastischen Durchschlagens liegt wenig Literatur vor. Ein Lösungsverfahren dazu ist unter anderem in einer Arbeit[11] des Verfassers enthalten*.

Abschließend seien noch die Großversuche erwähnt, die mit quantitativer Auswertung die Theorie erhärten sollen. Die Vereinigten Österr. Eisen- und Stahlwerke (VÖEST) haben in dieser Richtung Großversuche an naturgetreuen Modellen bis zu 6,0 m Durchmesser ausgeführt, wobei sich die Bemessungsverfahren von Montel, Amstutz und Juillard im wesentlichen bestätigt haben. Details darüber sind einer Veröffentlichung von Ullmann[47] zu entnehmen.

Im Gegensatz zu Stollenauskleidungen im Fels zeigen solche in Lockergestein ein gänzlich anderes Beulverhalten. Zunächst muß man sich darüber im klaren sein, daß hier kein Spielraum zwischen Auskleidung und Gebirge mehr vorhanden ist. Eine gegen das Rohrinnere zugekehrte Beule muß von einer nach außen gerichteten Beule begleitet werden, um ihr die für ihre Existenz erforderliche Kämpferverschiebung zu verschaffen. Ein weiterer Unterschied liegt darin, daß die Außendruckbelastung nun nicht mehr allein durch hydrostatischen Druck (Grundwasserandrang, Vakuum im Rohrinneren usw.), sondern auch durch den Erddruck eingeleitet wird. Diese beiden Belastungskomponenten müssen in eine Beuluntersuchung getrennt eingehen, denn die hydrostatische Belastung fördert den Beulvorgang, wogegen die Erddruckbelastung den Beulvorgang nur zu einem Teil fördert, zum anderen Teil jedoch ihm infolge der Erhöhung der inneren Reibung im Lockergestein einen stabilisierenden Widerstand entgegensetzt. Schließlich müssen wir beachten, daß die in Lockergestein verlegte Stollenauskleidung nicht kreisrund ist, soferne es sich um biegsame Konstruktionen handelt, welche in der Lage sind, für ihr Tragverhalten auch den passiven Erddruck heranzuziehen. Um den passiven Erd-

---

* Der Verfasser möchte an dieser Stelle den Professoren E. Tremmel und P. Cicin für die ihm im Zuge der Forschungsarbeit auf dem Gebiete der Stollenpanzerungen erwiesene wissenschaftliche Beratung danken.

druck wachzurufen, ist eine Deformation des Kreisquerschnittes erforderlich, welche im folgenden kurz als Vorverformung bezeichnet werden soll.

In diesem Sinne ist als Vorverformung die Biegelinie der Stollenauskleidung zu verstehen, die sich unter der Erddruckbelastung alleine ergibt. Sie hängt bekanntlich nicht nur von den Bodenkennwerten und der Überdeckungshöhe ab, sondern auch von der Durchführung der Erdarbeiten. Dabei können bei guter Zusammenarbeit zwischen Stahlbau- und Tiefbauunternehmen rationelle Bauverfahren angewendet werden, bei denen sich Vorverformungen ergeben, die sich auf den Beulvorgang eher hemmend als fördernd auswirken.

Wir wollen in bewährter Weise zunächst wieder mit rein qualitativen Versuchen an kleinen Modellen beginnen, um die Mechanik des Beulverhaltens zu zeigen. Wir beginnen mit einem Fall geringer Scheitelüberdeckung. Abb. 12 zeigt das Rohr unter der Erddruckbelastung allein. Der Scheiteldruck ist wesentlich geringer als der Ulmendruck, wodurch diese starke Vorverformung auftritt. Bei diesem Modell wurde eine extrem kleine Eigensteifigkeit des Rohres gewählt. In der Natur ist das Ausmaß der Vorverformung nur in einer Größenordnung von 1—2 % des Durchmessers bei richtiger Dimensionierung zu erwarten. Wenn man dem in Abb. 12 gezeigten Rohr nun zusätzlich einen hydrostatischen Außendruck überlagert, so kommt es in diesem Falle zu einer proportionalen Vergrößerung der Vorverformung, wie dies die Abb. 13 und 14 zeigen. Betrachtet man nun den Beulvorgang bei einer größeren Scheitelüberdeckung, bei welcher sich unter reiner Erddruckbelastung Scheitel und Ulmendruck annähernd die Waage halten, so findet man den in Abb. 15 dargestellten Ausgangszustand, der praktisch keine Vorverformung zeigt. Bei Überlagerung eines hydrostatischen Außendruckes kommt es dann zu dem, aus den Abb. 16 und 17 ersichtlichen Beulvorgang. Wir stellen fest, daß sich hier unabhängig von der Vorverformung eine Beulfigur zeigt, deren auswärts gerichtete Welle wiederum im Scheitel ist, also an jener Stelle, wo der geringste passive Erddruck vorhanden ist. Während des Beulvorganges tritt im Erdkörper ein Grundbruch auf, dessen Gleitflächen bis an die Oberfläche des Erdkörpers reichen.

Wählt man die Scheitelüberdeckung noch größer, so findet man aus den Abb. 18 bis 20 ersichtlichen ähnlichen Beulvorgang, bei welchem jedoch der Grundbruch im Erdkörper nicht bis zur Oberfläche reicht. Die Gleitfläche bildet sich hier schalenförmig innerhalb des Erdkörpers aus.

Schließlich findet man bei noch größerer Überschüttungshöhe ein Beulverhalten, das eventuell auch als Vorstufe zu dem zuvor Gezeigten betrachtet werden kann. Wie aus den Abb. 21 und 22 ersichtlich ist, tritt unter der Wirkung des zusätzlichen hydrostatischen Außendruckes ein Beulvorgang ein, der dem Verhalten eines elastisch gebetteten Kreisringes ähnlich ist. In der Theorie des elastisch gebetteten Kreisringes tritt jedoch bei Erreichen des kritischen Außendruckes der volle Kollaps ein. Der Versuch zeigt, daß der Beulvorgang bei Erreichen einer gewissen Amplitude zum Stehen kommt. Zumindest war mit den mit dieser Versuchsanlage erreichbaren Druckverhältnisse keine weitere Fortsetzung des Beulvorganges zu erreichen. Der Grund dieses Verhaltens liegt darin, daß in Wirklichkeit die Bettungsziffer nicht konstant ist. Das starke Ansteigen der Bettungsziffer bei den nach außen gerichteten Beulwellen bringt den Beulvorgang zum Stehen. Ein Grundbruch tritt nicht auf. Dieses Beulverhalten, ist offenbar dann zu erwarten, wenn gegenüber dem hydrostatischen Druck der Erddruck dominiert.

Hinsichtlich der Theorien für den Nachweis der Beulsicherheit ist zu bemerken, daß für das Beulverhalten proportional der Vorverformung (Abb. 12 bis 14) alle jene Arbeiten herangezogen werden können, bei welchen die Berechnung der Verformungen bzw. Spannungen in einer Stollenauskleidung nach der Theorie 2. Ordnung erfolgen kann. Einige der bedeutendsten dieser Arbeiten sind jene von Bull[6], Windels[50,51], Hain und Horst[13], Drescher[9,10] und ferner alle jene Bemessungsverfahren, welche vor allem für in Schildbauweise vorgetriebene Tunnels auf-

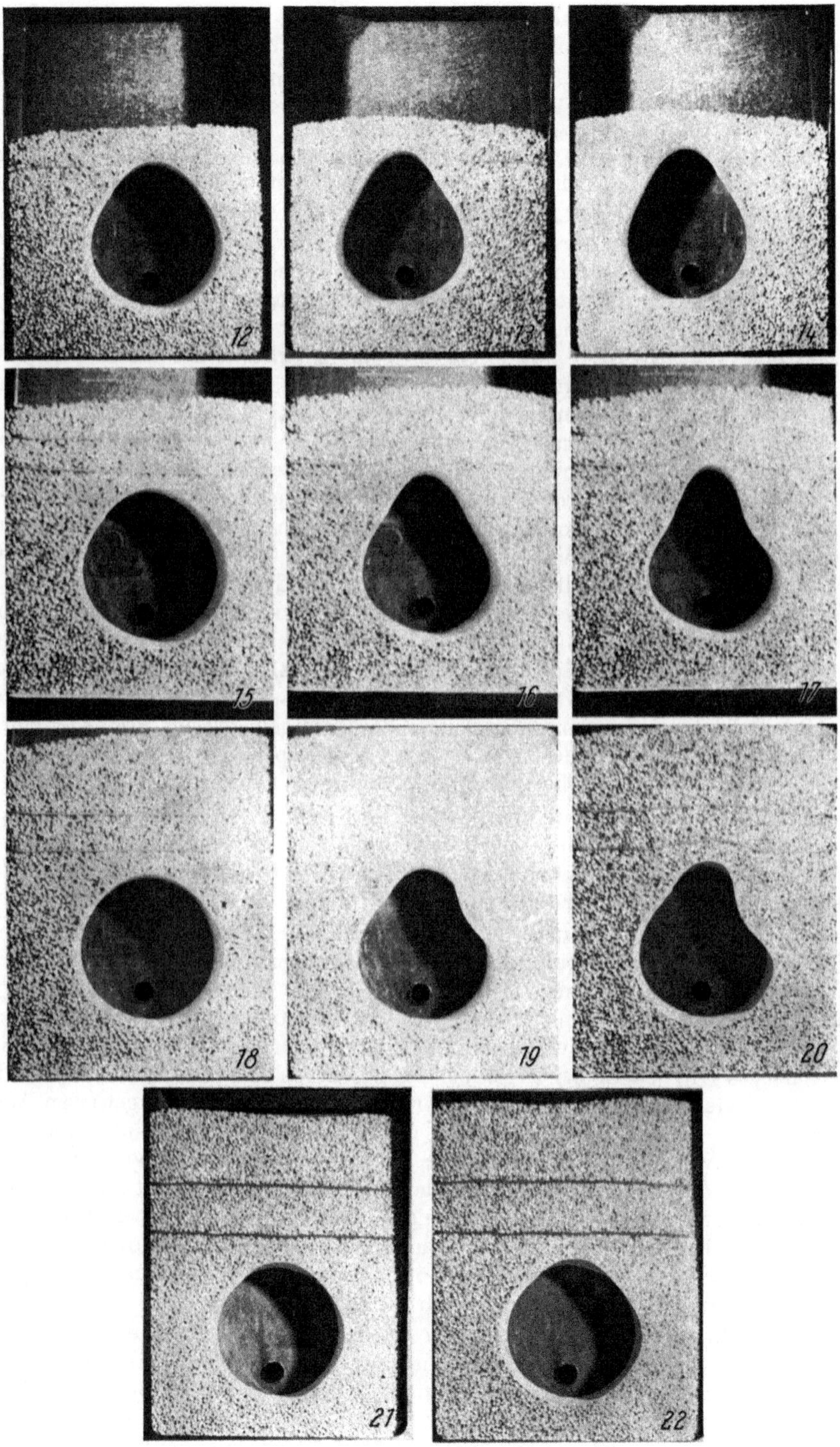

Abb. 12 bis 22

gestellt wurden, bei welchen sich durch Wiederholung des Rechenganges unter Berücksichtigung der Deformationen auf iterativem Wege dieser Beulvorgang verfolgen läßt[15, 31]. Weitere Literaturangaben und Zusammenfassungen finden sich bei H. Wagner[24], Band I.

Über den in Abb. 21 und 22 gezeigten Beulvorgang analog einem elastisch gebetteten Ring sei auf die Arbeit von Luscher[23] hingewiesen, sowie für den Fall reiner Erddruckbelastung (also ohne zusätzlichen hydrostatischen Außendruck) auf die grundlegenden Arbeiten von Sonntag[34—38], Sattler[29, 30], Schwinn[33] und Spang[39].

Für das von der Vorverformung unabhängige und von einem Grundbruch begleitete Beulverhalten, wie es die Abb. 12 bis 17 zeigen, konnte der Verfasser bisher keine Veröffentlichungen ausfindig machen, weshalb er die Ableitung der Zusammenhänge selbst durchgeführt hat und zu dem in Abb. 23 im wesentlichen dargestellten Ergebnis gekommen ist. Da hier die Zusammenhänge wesentlich komplizierter sind als bei einem im standfesten Gebirge verlegten Rohr, gilt die in Abb. 23 dargestellte Tragkrafttafel nur für die dort eingetragenen weiteren Parameter, wie Böschungswinkel und Raumgewicht des Bodens usw. Die Ordinate gibt den kritischen Außendruck als Summe von Erddruck (im Scheitel) und hydrostatischem Druck an. Die einzelnen Äste der Kurvenschar entsprechen jeweils einem bestimmten Verhältnis von Erddruck zu hydrostatischem Druck. Ist dieses Verhältnis Null, so liegt der bekannte Fall des freiliegenden und durch hydrostatischen Außendruck belasteten Rohres vor. Ist das Verhältnis unendlich, so hat man es mit einem ausschließlich durch Erddruck belasteten Rohre zu tun. Das Diagramm zeigt, daß bereits bei einem Verhältnis von 0,1, also bei einem Fall, bei dem der Erddruck nur 10 % des hydrostatischen Druckes erreicht, bereits eine beachtliche Erhöhung des Beulwiderstandes zu verzeichnen ist. Solche Belastungsfälle treten beispielsweise bei Dückern unter Flüssen, Verkehrstunnel unter Gewässern oder bei am Grund von Stauseen verlegten Einlaufleitungen auf. Das Bild zeigt aber auch, daß beispielsweise bei einem Verhältnis 1,0, d. h. im Falle gleichgroßen Erd-

---

Abb. 12, 13 und 14. Beulvorgang mit Grundbruch bei geringer Scheitelüberdeckung in Lockerböden

Denting procedure with soil failure at small soil cover in weak soils

Processus de flambage avec rupture du sol dans le cas de faible couverture en terrain meuble

Abb. 15, 16 und 17. Beulvorgang mit Grundbruch bei mittelgroßer Scheitelüberdeckung in Lockerböden

Denting procedure with soil failure at medium soil cover in weak soils

Processus de flambage avec rupture du sol dans le cas d'une couverture moyenne en terrain meuble

Abb. 18, 19 und 20. Beulvorgang mit Grundbruch bei großer Scheitelüberdeckung in Lockerböden

Denting procedure with soil failure at large soil cover in weak soils

Processus de flambage avec rupture du sol dans le cas d'une forte couverture en terrain meuble

Abb. 21 und 22. Zum Stehen kommender Beulvorgang ohne Grundbruch bei großer Scheitelüberdeckung in Lockerböden

Terminating denting procedure without soil failure at large soil cover in weak soils

Equilibre attaint par le flambage sans rupture du sol dans le cas d'une forte couverture en terrain meuble

und hydrostatischen Druckes sich bereits ein starkes Absinken der Beulfestigkeit gegenüber dem Falle reiner Erddruckbeanspruchung erkennen läßt.

Wie die Versuche zeigen, tritt die nach außen gerichtete Beulwelle dort auf, wo der geringste passive Erddruck zu erwarten ist, also im Scheitel. In diesem Bereich ergeben sich aber außerdem noch bei geringer Scheitelüberdeckung die größten Biegebeanspruchungen durch örtlich wirkende Verkehrsbelastungen infolge der die

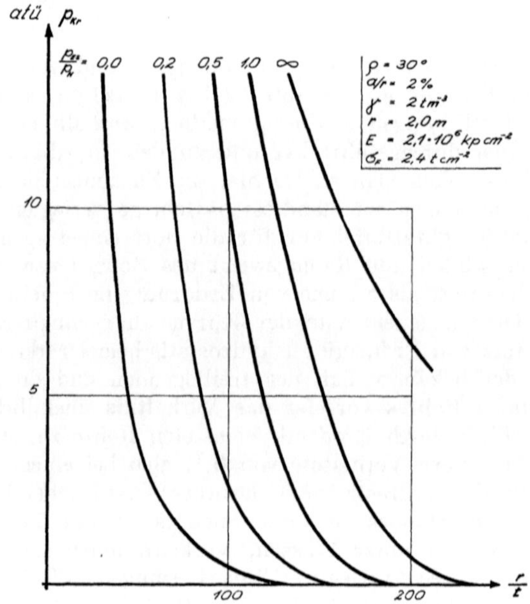

Abb. 23. Tragkraft erdverlegter Rohre unter Außendruckbelastung durch Wasserdruck p_H und Erddruck (Scheitelwerte p_{ES})

Carrying capacity of buried pipes under external pressure due to water pressure p_H and earth pressure (apex value p_{ES})

Force portante d'un tube enterré soumis à une charge hydraulique extérieure p_H et à la poussée des terres (valeur sur le sommet p_{ES})

Rohrtrasse überrollenden Fahrzeuge. Man hat daher bei dünnwandigen Großrohren Aussteifungen vorgesehen, welche sich allein auf den Scheitelbereich konzentrieren. Großversuche zur Ermittlung quantitativer Ergebnisse wurden an solchen Rohren von den Vereinigten Österr. Eisen- und Stahlwerken in Linz durchgeführt.

Da solche Versuche schwierig auszuführen sind, sei abschließend die Vorgangsweise kurz beschrieben:

Abb. 24 zeigt die Versuchsanordnung vor dem Einbetten. Das Rohr hatte einen Durchmesser von 4,4 m und eine Wanddicke von nur 5 mm. Um brauchbare Versuchsergebnisse zu erhalten, ist eine gewisse Länge des Modellrohres erforderlich, damit der Einfluß, der von den Deckelscheiben eingeleiteten Reibungskräfte relativ klein gehalten werden kann. Ferner ist es erforderlich, der Meßmannschaft die Möglichkeit zu geben, die Deformationen des Rohres zu messen, ohne Gefahr zu laufen, bei einem unerwarteten Kollaps verschüttet zu werden. Zu diesem Zweck wurde ein kleineres, gerade noch begehbares Zentralrohr durch das Proberohr und in Fortsetzung dazu durch das Schüttgut geführt. Dieses Zentralrohr wird von einer Reihe radialer Taststäbe durchbrochen, welche an der Innenwandung des Versuchsrohres fixiert sind. Die Deformationen des eingeschütteten Versuchsrohres wurden durch geodätische Beobachtung dieser Taststäbe vom Zentralrohr aus registriert. Der Versuch diente vor allem der Klärung der Beanspruchung aus örtlichen Verkehrslasten bei geringer Scheitelüberdeckung. Die großen Erz- und Kohlelager im VÖEST-Gelände bieten ein ideales Feld für solche Versuche. Die Greifer der Krane fassen 6 m^3 und geben damit die Möglichkeit, nicht nur relativ rasch große Kubaturen von Hinterfüllmaterial zu fördern, sondern auch zur Verdichtung und zur Imitation von Verkehrslasten einschließlich Stoßwirkung. Es ist bemerkenswert, daß das gebettete Rohr trotz der geringen Wanddicke (jedoch mit einer Scheitelversteifung) sowohl einer hohen Verkehrsbelastung bei geringer Überschüttungshöhe als auch einer Überschüttung bis zu 6 m Höhe standhielt.

In dieser Arbeit wurde eine Reihe ausgebeulter Stollenauskleidungen gezeigt. Es sei betont, daß natürlich jeder Bauteil durch entsprechende Überlastung zu Bruch gebracht werden kann, nicht nur dünnwandige Stollenauskleidungen. Die Untersuchung des Bruch- bzw. Beulvorganges ist jedoch die Voraussetzung für eine

Abb. 24. Belastungsversuch am Großrohr mit Scheitelversteifung. Anordnung der Endscheiben und des Zentralrohres vor dem Einschütten

Load test on a large pipe with apex stiffener. Arrangement of end discs and of central pipe before burying

Essai de chargement d'un tube de grande dimension renforcé à sa partie supérieure. Disposition des fonds et de la partie centrale avant le comblement

Revision der bisher gebräuchlichen Konstruktionsformen und für deren Verbesserung, sowie für eine richtige Abschätzung des Tragvermögens solcher Konstruktionen. Man ist damit in der Lage, auch bei dünnwandigen Stollenauskleidungen deren Beulsicherheit treffsicher zu beurteilen, so daß es nicht mehr erforderlich ist, sich an allzu konservative und gefühlsmäßig festgelegte Mindestabmessungen zu klammern.

Literatur

[1] Amstutz, E.: Das Einbeulen von Schacht- und Stollenpanzerungen. Schweizerische Bauzeitung, 68. Jg., Nr. 9, 1950.

[2] Amstutz, E.: Das Einbeulen von vorgespannten Schacht- und Stollenpanzerungen. Schweizerische Bauzeitung, Nr. 16, 1953.

[3] Bergmann, Sten G. A.: Temperaturknäcking hos circulärcylindriska skal med trångsstyrd yttre mantelyta. Tekniska Skrifter, Nr. 127, Stockholm 1946.

[4] Borot, H.: Flambage d'un cylindre à paroi mince, place dans une enveloppe rigide et soumis à une pression extérieure. La Houille Blanche, Nr. 6, Dez. 1957.

[5] Borowicka, H.: Spannungsverteilung in der Umgebung einer kreiszylindrischen Bohrung. Mitteilung des Institutes für Grundbau und Bodenmechanik, TH Wien, Heft 8, 1967.

[6] Bull, A.: Stresses in the linings of shield-driven tunnels. Transactions ASCE, Vol. 111, S. 443, 1946.

[7] Chwalla, E. und H. Steiner: Über das Einbeulen von Druckschachtpanzerungen. Österr. Bauzeitschrift, Nr. 3, 1957.

[8] Deutsche Ges. für Erd- und Grundbau e. V.: Empfehlungen zur Berechnung von schildvorgetriebenen Tunneln. Essen, März 1968.

[9] Drescher, G.: Das im Erdreich eingebettete Rohr. Österr. Ingenieur-Zeitschrift, 8. Jg., Heft 3, 1965.

[10] Drescher, G.: Praktische Berechnung erdbedeckter dünnwandiger Rohre. Wasserwirtschaft-Wassertechnik *15,* Heft 5, S. 157–165, 1965.

[11] Feder, G.: Beitrag zur Ermittlung des kritischen Außendruckes von Druckstollenpanzerungen. Dissertation, TH Wien, 1963.

[12] Fröhlich, K.: Beitrag zur Frage der Tragfähigkeit stählerner Stollenausbauten. Der Stahlbau, Heft 7, 1968.

[13] Hain, H. und H. Horst: Exakte Spannungstheorie 1. und 2. Ordnung für beliebige Tunnelquerschnitte unter Berücksichtigung der einseitigen Bettungswirkung des Bodens. (Erscheint demnächst in „Brücke Straße Tunnel".)

[14] Hertrich, F.: Die Einbeulgefahr bei Tübbingsegmentschachtauskleidungen. Fkt. für Bergbau und Hüttenwesen der Bergakademie Clausthal. Dissertation vom 15. 7. 1960.

[15] Hewett, B. H. M. und S. Johannesson: Schild- und Drucklufttunnelbau. Werner Verlag GmbH, Düsseldorf 1960.

[16] Jäger, E.: Die Belastung von Rohrleitungen im Erdreich. Mitt. der Hannoveranischen Hochschülergemeinschaft, Heft 15, 1933.

[17] Juillard, H.: Knickprobleme an geraden Stäben, Kreisbogensegmenten und Zylindern. Schweizerische Bauzeitung, Nr. 32, 33 und 34, 1952.

[18] Kastner, H.: Statik des Tunnel- und Stollenbaues. Springer Berlin, Göttingen, Heidelberg, 1962.

[19] Lauffer, H.: Die Druckschacht- und Stollenpanzerungen des Kaunertalkraftwerkes. Der Bauingenieur, Heft 2, 1966.

[20] Lévy, M.: Mémoire sur un nouveau cas intégrable du problème de l'élastique et l'une de ses applications. Journal de Math. sér. 3, tome 10, 1884.

[21] Link, H.: Über den Kreisringträger mit begrenzter Verformung bei überkritischem Außendruck. Ingenieur-Archiv, 1955.

[22] Link, H.: Entwicklung und gegenwärtiger Stand der Berechnung von Schachtauskleidungen in lockerem wasserführendem Gebirge. Glückauf – Forschungshefte, Heft 1, 1967.

[23] Luscher, U.: Buckling of soil-surrounded tubes. Journal of the Soil mechanics and foundations division. Proc. of the ASCE, November 1966.

[24] Mandel-Wagner, H.: Verkehrstunnelbau. Verlag Ernst & Sohn, Berlin – München 1968.

[25] Marquardt, E.: Rohrleitungen und geschlossene Kanäle. Handbuch für Eisenbetonbau, Band 9, 1934.

[26] Mengers, G.: Spannungen in eingeerdeten Rohren. Der Bauingenieur, 1958.

[27] Mettler, E.: Eine Bemerkung zur Frage des Beulens ummantelter Schalen. Der Bauingenieur, Heft 8, 1963.

[28] Montel, R.: Formule semi-empirique pour la détermination de la pression extérieure limite d'instabilité de condutes métalliques lisses noyées dans du béton. La Houille Blanche, Sept.–Okt. 1960.

[29] Sattler, K.: Die neue Österr. Tunnelbauweise. Der Bauingenieur, Heft 8, 1965.

[30] Sattler, K.: Neuartige Tunnelmodellversuche – Ergebnisse und Folgerungen. Felsmechanik und Ingenieurgeologie, Suppl. IV, S. 111–137, 1968.

[31] Schulze-Duddeck: Spannungen in schildvorgetriebenen Tunneln. Beton und Stahlbeton, Heft 8, 1964.

[32] Schwaigerer, S.: Rohrleitungen in Theorie und Praxis. Springer Berlin, Heidelberg, New York, 1967.

[33] Schwinn, K. H.: Über den Einfluß eines dünnwandigen, im Boden verlegten Rohres auf das Tragverhalten des Bodens. Mitt. d. Vers. Anst. für Bodenmechanik und Grundbau, TH Darmstadt, Heft 3. Herausgegeben von Prof. H. Breth. 1968.

[34] Sonntag, G.: Untersuchung elastischer Rohre im kohäsionslosen Kontinuum. Die Bautechnik, Nr. 8, 1965.

[35] Sonntag, G.: Die Stabilität dünnwandiger Rohre im kohäsionslosen Kontinuum. Felsmechanik und Ingenieurgeologie, Vol. IV/3, 1966.

[36] Sonntag, G.: Stabilität des elastisch gebetteten Rohres unter Außendruck. VDI, Forschung im Ingenieurwesen, Nr. 6, 1966.

[37] Sonntag, G.: Bemerkungen zur Frage der Biegebeanspruchung und des Beulens dünnwandiger Tunnelauskleidungen in nachgiebiger Bettung. Die Bautechnik, Heft 9, 1967.

[38] Sonntag, G.: Ähnlichkeitsmechanik längsgewellter Rohre in nachgiebiger Bettung. Der Bauingenieur, Heft 7, 1968.

[39] Spang, J.: Verformbare Auskleidungen bei bergmännisch hergestellten Hohlräumen. Die Bautechnik, Nr. 1, 1967.

[40] Spangler, M. G.: The structural design of flexible pipe culverts. Iowa State College, Eng. Exper. Sta. Bull. *153,* 1941.

[41] Spangler, M. G.: Stresses and deflections in flexible pipe culverts. Proc. Highw. Res. 1948.

[42] Széchy, K.: Tunnelbau. Budapest 1967.

[43] Tremmel, E.: Die Beanspruchung von Druckschachtpanzerungen im anisotropen Gebirge. Geologie und Bauwesen, Heft 2, 1957.

[44] Tremmel, E.: Zur Abschätzung des Einflusses der unvollkommenen Zugspannungsübertragung im zerklüfteten Gebirge auf die Beanspruchung von Druckschachtpanzerungen. Geologie und Bauwesen, Heft 2/3, 1960.

[45] Troisvallets, R. und R. Montel: Essais sur l'instabilité des conduites métalliques lisses noyées dans du une pression extérieure. La Houille Blanche, S. 364/90 und 551/9, 1960.

[46] Ullmann, F.: External water pressure designs for steel-lined pressure shafts. Water Power, Juli und August 1964.

[47] Vaughan, E. W.: Steel Linings for pressure shafts in solid rock. Proceedings of the ASC, paper 949, 1956.

[48] Voellmy, A.: Die Bruchsicherheit eingebetteter Rohre, Schweizerischer Verband für die Materialprüfungen der Technik. Bericht 35, Zürich 1937.

[49] Windels, R.: Spannungstheorie 2. Ordnung für den teilweise gebetteten Kreisring. Die Bautechnik, S. 265, 1966.

[50] Windels, R.: Kreisring im elastischen Kontinuum. Der Bauingenieur, S. 249, 1967.

Anschrift des Verfassers: Dipl.-Ing. Dr. Georg Feder, Vereinigte Österreichische Eisen- und Stahlwerke AG, Postfach 2, A-4010 Linz/Donau.

Rock Mechanics, Suppl. 1, 58—68 (1970)

Die halbsteife Schale als Mittel zur empirisch-wissenschaftlichen Bemessung von Hohlraumbauten

Von

L. v. Rabcewicz

Mit 11 Abbildungen

(Eingegangen am 11. Juli 1969)

Zusammenfassung — Summary

Die halbsteife Schale als Mittel zur empirisch-wissenschaftlichen Bemessung von Hohlraumbauten. Zur Stabilisierung eines Hohlraumes in nicht standfestem Gebirge sind nach den Gesetzen der Schutzzone je nach der Größe des aufgebrachten Ausbauwiderstandes und der Zeit seiner Aufbringung beliebig viele Gleichgewichtszustände möglich (Abb. 10).

Die Grenzen sind einerseits etwa durch einen sehr steifen, selbst die Entspannung des Gebirges hemmenden Ausbau, andererseits einer dünnen, nachgiebigen Schale, die gerade die schädlichen Auflockerungen des umgebenden Gebirges verhindert, gegeben.

Daß eine Auskleidung der letzten Art, welche die Fähigkeit des Gebirges zur Selbststabilisierung weitgehend ausnützt, wirtschaftlicher sein muß, ist nicht anzuzweifeln.

Die praktischen Erfahrungen mit dünnen Schalen nach den Grundsätzen der „Neuen Österreichischen Bauweise" an mehreren hunderten Kilometern von Stollen und Tunneln, die nun auch durch Modellversuche unterbaut wurden, führten zusammen mit theoretischen Überlegungen, zur Entwicklung eines Bemessungsverfahrens, bei welchem der Stabilisierungsvorgang des Hohlraumes meßtechnisch verfolgt wird. Auf Grund der Meßergebnisse können dann die Stützmaßnahmen erforderlichenfalls entsprechend abgeändert werden.

Dieses Verfahren beinhaltet kein Risiko, weil die Verkleidung eines nach modernen Gesichtspunkten gesicherten Hohlraumes nur durch Scherbruch zerstört werden kann, wobei der Bruchvorgang weder die Belegschaft noch den Baufortschritt in irgend einer Weise gefährdet.

Die Vorteile der dünnen Schale gegenüber dem starren Ausbau, sowohl mit Rücksicht auf Brüche durch Abscheren wie auch auf allfällige Biegerisse, werden gezeigt. Ein markantes Beispiel einer Zerstörung der Verkleidung und deren erfolgreiche Behebung wird beschrieben.

The Semistiff Shell as Means for the Empirical Scientific Dimensioning of Underground Excavations. According to the principles of the protective zone any given cavity excavated in unstable rock can be stabilized in various ways, differing from each other in strength and stiffness of the lining applied to and in the time of application (Fig. 10). The limiting cases concerned are represented at one hand by a very stiff lining timely applied to so that the rock is almost not allowed to yield at all and at the other by a thin shell of such a degree of yieldingness as just to prevent detrimental loosening of the surrounding.

It is quite evident that a structure of the latter kind, which takes fully advantage of the capacity of rock to stabilize itself must be more economic.

Practical experiences with thin semistiff shells carried out after the principles of the "New Austrian Tunnneling Method" with several hundred km of galleries and tunnels — in the meantime also additionally proved by model tests — together with theoretical considerations have led to a new way of dimensioning, which is actually based on way-time graphs and pressure pads measuring established of the rearrangement process of the different types and geological conditions of rock encountered in the tunnel. According to the results obtained the strengththening means concerned can suitably be adjusted.

As experience has shown there is not risk at all involved with such a method since any lining carried out after modern principles can only break by shear, which has no detrimental consequences, neither to the safety of the crew nor to the progress of works. The advantage of thin shells as lining towards unyielding types of support are shown as well regarding to failure by shear as to possible bending cracks.

A particularly interesting example of failure by shear of a shotcrete lining applied to a gallery in preloaded clay is described together with the immediate consequences thereof and how it has successfully been mastered.

Die Modellversuche und Tunnelauskleidungen, über welche Sattler beim vorjährigen Kolloquium berichtete[2], bestätigten einwandfrei meine vielfach in der Praxis gemachte Beobachtung, daß eine hohlraumlos an das Gebirge anschließende, allseitig als Gewölbe wirkende Verkleidung nur durch Abscheren brechen kann[1]. Ich habe über diese grundlegend wichtige Tatsache bereits beim Kolloquium 1961 berichtet und gezeigt, daß der Bruch der Verkleidung stets entlang der Grenzflächen der aus dem Gebirge beiderseits ausgequetschten Keile erfolgt (Abb. 1). Mechanisch ist das ein Vorgang, ganz gleich wie wenn man einen Kirschkern durch Druck zwischen Zeigefinger und Daumen beschleunigt. Mohr hat dieses Ausquetschen im Labor mit gelochten Tonschieferproben erzeugt[1].

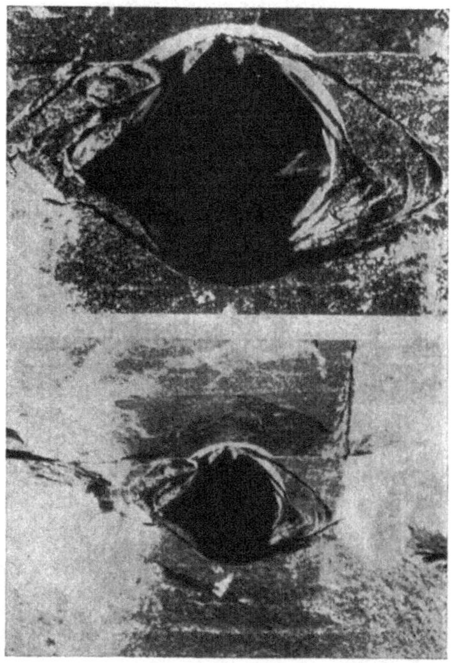

Abb. 1. Beiderseitiges Ausquetschen von Scherkeilen im rechten Winkel zur Belastungsrichtung an Tonschieferproben, Durchmesser 16 mm (nach Mohr)

Symmetrical squeezing out of shear wedges rectangular to the direction of load (after Mohr)

Seit ihren Anfängen wird die Tunnelstatik von dem Bestreben beherrscht, Biegespannungen zu vermeiden. Die erwähnten Versuche haben gezeigt, daß dies unbegründet ist. Die entscheidende Zerstörung der Verkleidung erfolgt nicht durch Biegung sondern einzig und allein durch Abscheren.

Überdies haben sowohl die Versuche wie auch praktische Erfahrungen und theoretische Untersuchungen bewiesen, daß die dünne Schale gerade auch hinsichtlich der Biegebeanspruchung dem steifen Einbau bei weitem überlegen ist[2].

In dünnen Schalen traten bei einigermaßen sorgfältiger Ausfüllung des Überprofils trotz kräftiger Deformationen überhaupt keine Biegerisse auf. Wurde die Hinterfüllung absichtlich örtlich weniger gut ausgeführt, so entstanden zwar Biegehaarrisse, doch schlossen sich diese im weiteren Verlaufe des Belastungsvorganges wieder. Während solche Biegerisse völlig geräuschlos entstehen, erfolgt der Scherbruch stets unter lautem Knall bei gleichzeitigem schlagartigem Absinken der Radialdrücke. Die Stelle, an welcher der Scherbruch eintritt, wird durch den Ausquetschvorgang bestimmt und von allfälligen Biegerissen in keiner Weise beeinflußt (Abb. 2).

Biegerisse sind also bei sattem Anliegen der Auskleidung an eine hohlraumlose Umgebung bedeutungslos und beeinträchtigen die Standfestigkeit in keiner Weise. Sie kommen Gelenken gleich. Es entsteht ein Mehrgelenkbogen. Das Schließen der Risse ist nichts anderes als ein Einregeln der Stützlinie gegen die Querschnittsachse.

Bei steifen Verkleidungen – wie sie beispielsweise durch den Versuchskörper der Abb. 3 repräsentiert werden, treten kräftige Biegerisse bereits bei verhältnis-

Abb. 2

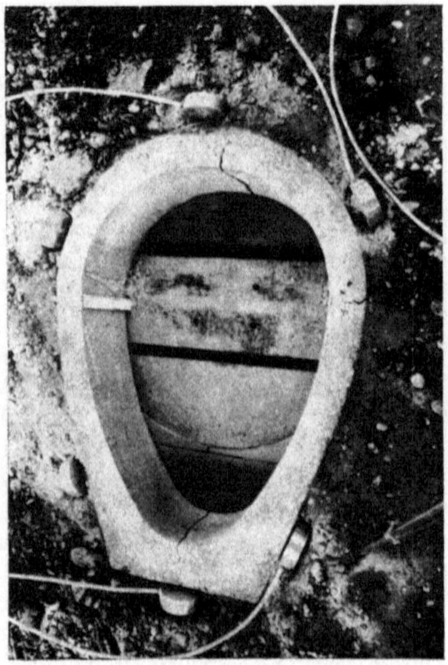

Abb. 3

Abb. 2. Typischer Scherbruch an dünnen Schalen. Modellversuch an der TH Graz. ⌀ 100 cm, Dicke $d = 2$ cm, Beton $w = 350$ kg/cm², Bettungsmaterial Ton

Typical shear failure with thin concrete shells. Model test at the Technical University of Graz. ⌀ 100 cm, thickness $d = 2$ cm, concrete $w = 350$ kg/cm², bedding material clay

Abb. 3. Modellversuche mit steifem Einbau (Kanalprofil); zahlreiche Biegerisse und Abplatzungen

Modeltest with stiff type of lining (sewer); numerous bending cracks and spalling

mäßig geringen Belastungen auf. Bei Steigerung der Belastung kommt es dann zu den bekannten Abplatzungen auf der Druckseite.

Ein Scherbruch konnte bei diesen Versuchen nicht erzielt werden, dazu reichte weder der Pressedruck, noch die Dimensionen der Stahlkonstruktion (Abb. 4).

Bei dem eiförmigen Versuchskörper mit verschiedenen Radien und Gewölbestärken konnte ferner auch beobachtet werden, daß die Radialdrücke bzw. das Verhältnis der Radialdrücke zum Pressendruck $\frac{p_r}{p_0}$ eine Funktion dieser beiden Größen sind: Je kleiner der Radius und je größer die Verkleidungsdicke – mit anderen Worten, je größer die Steifigkeit des Querschnittes – umso größer wird der Radialdruck. Ferner wurde beobachtet, daß sich jeweils vor Eintreten der Brucherscheinungen noch größere Radialdrücke aufbauen, die dann im Augenblick der Entlastung durch die Deformation absinken. Abb. 5 deutet diese Beziehungen mit einer unzureichenden Anzahl von Meßpunkten nur schematisch an. Zu einer genaueren Erfassung sind weitere Meßserien erforderlich.

Zum Beweis des günstigeren Verhaltens der dünneren Schale auch hinsichtlich der Biegebeanspruchungen sei hier als Ergänzung des oben gezeigten über inter-

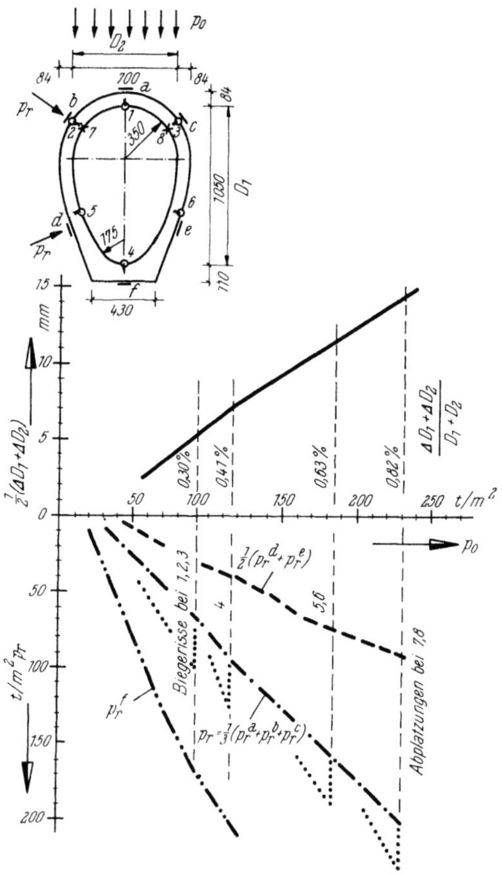

Abb. 4. Versuchskörper von Abb. 3; die obere Hälfte zeigt die gemittelte Längenänderung der beiden Durchmesser $^1/_2$ $(\Delta D_1 + \Delta D_2)$, die untere Hälfte die Radialdrücke p_r an verschiedenen Stellen des Umfanges als Funktion des Pressendruckes p_0. *1—6* Biegerisse; *7, 8* Abplatzungen; *a—f* Druckdosen; p_0 t/m² Pressendruck; p_r t/m² Radialdrücke an Außenlaibung

Testbody of Fig. 3; note on upper half the average deformation of both diameters $^1/_2$ $(\Delta D_1 + \Delta D_2)$; lower half shows radial pressures p_r as function of pressure exerted by jacks p_0

essante theoretische Untersuchungen berichtet, welche von den Herren Guisan und Getaz anläßlich der Entwurfsarbeiten für die Autobahnzwillingstunnel „de Glion“ oberhalb von Montreux an der T. H. Lausanne durchgeführt wurden[4].

Für die Untersuchungen wurde im Prinzip dasselbe statische System verwendet, welches Sattler seinen Überlegungen zugrunde legte. Die Querschnitte werden wieder auf Biegung dimensioniert, eine gleichmäßig verteilte Firstlast wird angenommen, für welche die Momente und Randspannungen in Anlehnung an Széchy als Funktion einer Bettungsziffer „*K*“ ermittelt werden[5] (Abb. 6 und 7).

Wie man aus diesen Abbildungen sieht, ändert sich die Größe der Momente entscheidend sowohl mit der Bettungsziffer „*K*“ als auch mit der Verkleidungsstärke *e*. Sinkt *K* unter 10 kp/cm³, steigen die Momente rasch an; dasselbe tritt ein, wenn die Gewölbestärke zunimmt. Diese Beziehungen werden noch anschaulicher in Abb. 8 dargestellt.

Man sieht daraus, wie vorteilhaft sich die Verringerung der Verkleidungsstärke auswirkt, und zwar umso bedeutender, je schlechter das Gebirge ist. Allerdings werden die Randzugspannungen bei einer Gewölbestärke von z. B. 20 cm die Festigkeitsgrenze erreichen bzw. überschreiten, was jedoch nach dem oben Dargelegten bedeutungslos ist.

In der praktischen ordnungsgemäßen Durchführung nach den Grundsätzen der „Neuen Österreichischen Baumethode“ wird die Situation noch viel günstiger, weil nämlich allenfalls auftretende Momente durch die hohe Kriechfähigkeit des frischen Betons im Zuge des Einregelungsvorganges der Spannungsumlagerung weitgehend abgebaut werden, gleichzeitig sinken durch die dabei auftretenden Formänderungen die Randspannungen. Dieser Spannungsabbau durch Kriechen und zusätzliche Formänderung tritt sowohl bei Außengewölben aus Spritzbeton oder Schalbeton ein, wie

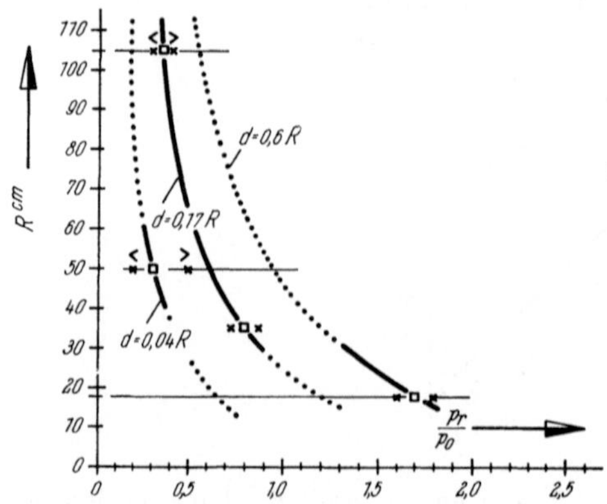

Abb. 5

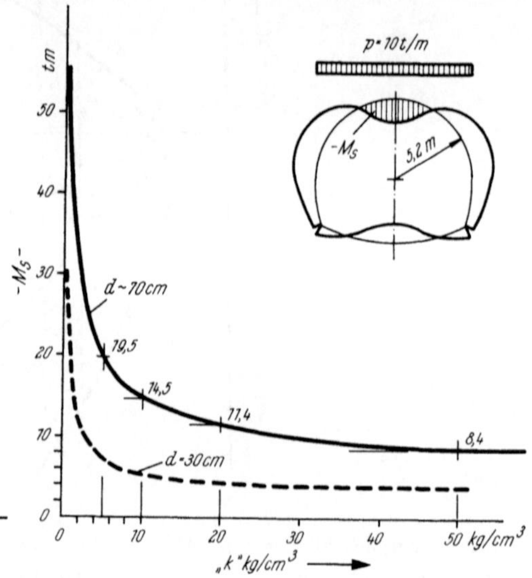

Abb. 6

Abb. 5. Schematische Darstellung der Abhängigkeit von $\frac{p_r}{p_0}$ von dem Radius *R* und der Verkleidungsstärke *d*. P_r Radialdruck; P_0 Pressendruck; *d* Verkleidungsstärke; *R* Innenradius des Hohlraumes; ×□× Meßergebnisse

Schematic representation of the relationship $\frac{p_r}{p_0}$ as function of the radius *R* and lining thickness *d*

Abb. 6. Scheitelmomente M_s als Funktion der Bettungsziffer *K* kg/cm³ für eine Gewölbestärke $d = 70$ cm und 30 cm und eine Firstlast von 10 t/m² (nach Guisan und Getaz)

Top moments M_s as function of the coefficient of subgrade reaction *K* for different lining thicknesses of $d = 70$ and 30 cm, and a topload of 10 t/m² (after Guisan and Getaz)

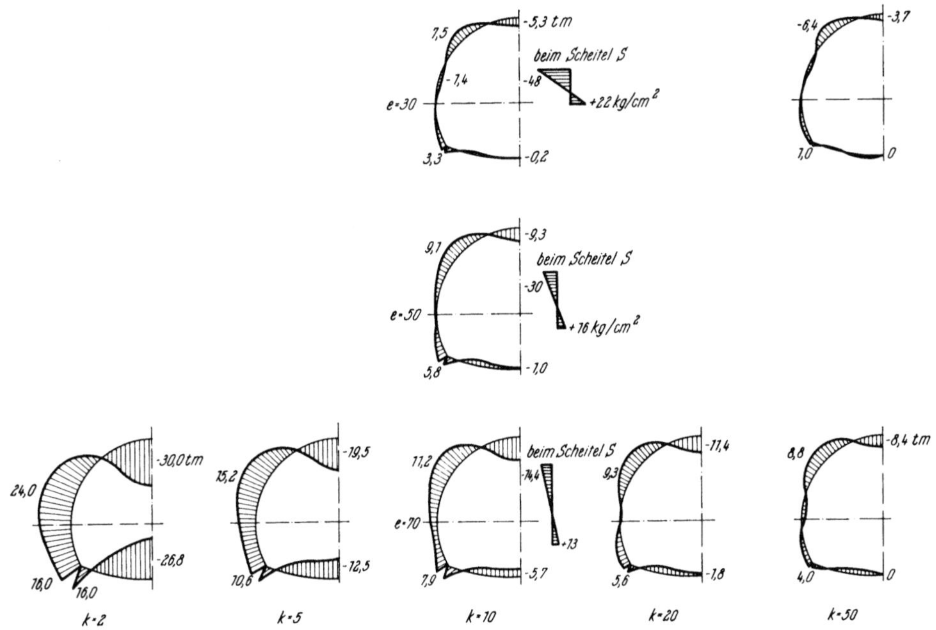

Abb. 7. Momente am Umfange eines hufeisenförmigen Straßentunnels bei gleichmäßig verteilter Firstlast von 10 t/m² als Funktion der Gewölbestärke *e* und der Bettungsziffer *K* (nach Guisan und Getaz)

Moments at the circumference of a horseshoe shaped highroad Tunnel with a uniform topload of 10 t/m² as function of the lining thickness *e* and the coefficient of subgrade reaction *K* (after Guisan and Getaz)

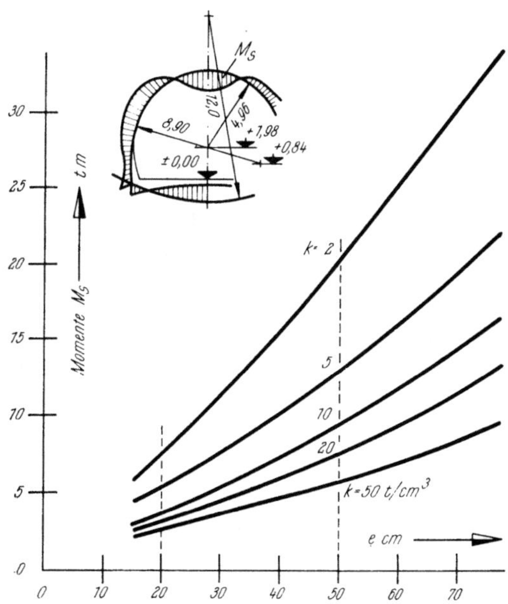

Abb. 8. Scheitelmomente M_S als Funktion der Bettungsziffer *K* t/cm³ und der Gewölbestärke *e* (cm) für eine gleichmäßig verteilte Firstlast 10 t/m² (nach Guisan und Getaz)

Top moments M_S as function of the coefficient of subgrade reaction *K* and lining thickness *e* with uniform topload of 10 t/m² (after Guisan and Getaz)

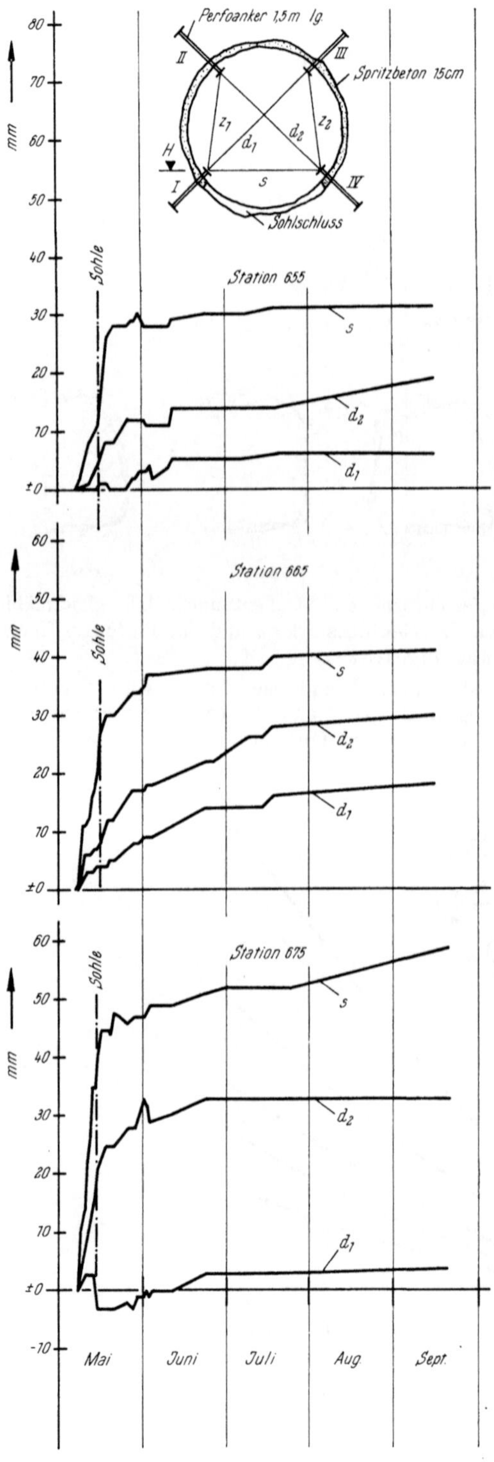

auch beim Ausbau in Fertigteilen, wobei im letzteren Falle durch eine entsprechende Füllinjektion auch eine spannungsausgleichende Wirkung erzielt werden kann, wie dies Benda gezeigt hat[6].

Das Verhalten der halbsteifen Schale wird also umso günstiger, je dünner sie ist. Es wäre also erstrebenswert, das Außengewölbe so zu dimensionieren, daß möglichst Gleichgewicht erzielt wird, daß aber gleichzeitig die Spannungen stets möglichst an der Grenze des Scherbruches liegen. Die erforderliche Sicherheit wird dann durch das Innengewölbe erreicht. Ist das Wagnis, das man dabei eingeht, nicht zu groß? Es wurde bereits voriges Jahr in diesem Kreise gezeigt, daß davon keine Rede sein kann. Tritt wirklich ein Scherbruch ein, so passiert gar nichts, was irgendwie die Belegschaft gefährden oder den Baubetrieb beeinträchtigen könnte. Es entsteht lediglich ein Riß mit messerscharfen Bruchrändern, die sich langsam übereinanderschieben. Auch in scheinbar sehr dramatischen Fällen nimmt meistens die Deformationsgeschwindigkeit auch ohne Rekonstruktion rasch ab und sinkt auf Bruchteile von Millimetern pro Monat[3].

Zur Illustration dieser Behauptung und gleichzeitig als typisches Beispiel für eine Regel, die allerdings nicht ganz ohne Ausnahme ist, seien hier die Beobachtungen bei der Durchörterung der Silltalstörung durch den Stollen der Kraftwerke „Untere Sill" gezeigt[7]. In dieser etwa 200 m langen Zone ist der Phyllit mylonitisiert und in

Abb. 9. Kraftwerkstollen „Untere Sill". Längenänderung der Diagonalen d_1 und d_2 sowie der Sehnen z_1, z_2 und s als Funktion der Zeit

Non pressure gallery "Untere Sill". Deformation of the diagonals d_1 and d_2 as well as the chords z_1, z_2 and s as function of time

Ton umgewandelt. Der durch glazialen Eisdruck gewaltig vorbelastete Ton hat einen natürlichen Wassergehalt von 3 bis 5 %, das Porenvolumen beträgt 14 bis 16 %. Der Ton wies starkes Quellen auf, das bei vollständiger Entlastung 25 bis 27 % betrug und auch bei einem Druck von 50 t/m^2 noch nicht stabilisiert werden konnte.

Das Gebirge mußte geschossen werden. Unmittelbar nach dem Vortrieb wurden Firste und Ulmen des 5,5—6,0 m im Ausbruch messenden kreisförmigen Stollens mit 15 cm Spritzbeton mit Baustahlgewebe verkleidet. Die Sohle wurde etwa 10 bis 14 Tage später betoniert. Innerhalb von wenigen Tagen wurde diese Spritzbetonschale durch zahlreiche Scherbrüche zerstört, die meistens und besonders stark in der linken oberen Ecke auftraten. Es kam aber auch mehrfach vor, daß die Verkleidung an mehreren Stellen im selben Querschnitt brach.

Besonders interessant ist nun das Verhalten der gebrochenen Schale bzw. jenes der Hohlraumumgebung mit ihrer vergüteten stark beschädigten Haut, — denn beide wirken ja immer als Verbundkörper zusammen (Abb. 9). Unmittelbar nach dem Auftreten der Zerstörungen wurden in Abständen von 10 m diagonal 1,50 m lange Perfoanker angebracht und Serien-Messungen durchgeführt. Gemessen wurden jeweils die beiden Diagonalen d_1 und d_2, die Sehnen s, z_1 und z_2 sowie der Abstand der Verkleidung a vom Ankerende. Dabei gibt die Verkürzung der Diagonalen d_1 und d_2 nicht die Bewegung der Innenlaibung wieder sondern jene der Ankerenden, wobei jeweils die Dehnung der Anker, die maximal 2 mm je Anker beträgt, abzuziehen ist. Die Bewegung der Innenlaibung ist durch die Ankerwirkung lokal beeinflußt: Während an den Punkten II und III der Abstand „a" mehr oder minder unverändert geblieben ist, wurde er bei I und IV verkürzt. Das bedeutet, daß sich das Gebirge entlang des Ankers bewegt hat: die Reibung zwischen Gebirge und Mörtel war dort nicht ausreichend, um diese Bewegung zu verhindern.

Bei allen 20 Meßquerschnitten von denen 3 als Beispiel gezeigt werden, zeigte sich ausnahmelos, daß die Bewegungen einige Zeit nach dem Schließen des Ringes durch den Sohlspritzbeton rapid abnahmen und anscheinend nahezu ganz zur Ruhe kamen. Eine endgültige Stabilisierung wurde allerdings erst durch ein Innengewölbe erreicht, wobei sich Radialdrücke von max. 50 t/m^2 aufbauten[9].

Trotzdem die Verkleidung schwerstens durch Scherbrüche geschädigt, ja eigentlich ganz zerstört ist, genügt doch die Wirkung der intakt gebliebenen Teile zusammen mit der Reibung im Bereiche der zerstörten Gebiete, um selbst in diesem sicher dramatischen Fall in wenigen Wochen ein scheinbares Gleichgewicht herzustellen; wozu natürlich das Absinken der Radialdrücke durch die Entlastung ganz entscheidend mitwirkt.

Wie Entlastungsverformungen die Radialdrücke beeinflussen, sei an dem klassischen Beispiel von Fenner gezeigt[8]. Fenner untersucht die Radialdrücke in einem Schacht von 1000 m Tiefe, ⌀ 6,0 m, mit einem λ-Wert von 0,354 in Abhängigkeit von der Entlastungsverformung Δr. Ein Δr von nur 1 cm, entsprechend 0,33 %, genügt bereits, um den erforderlichen Ausbauwiderstand um 60 % zu vermindern. Wächst $\frac{\Delta r}{r}$ auf 1 %, so sind nur mehr 17 % des primären p_H notwendig (Abb. 10).

Das Beispiel zeigt vor allem auch, welch entscheidende Bedeutung einer gewissen Nachgiebigkeit der Verkleidung beim Einreglungsvorgang zukommt.

Man ersieht aus dem Beispiel des Stollens „Untere Sill", daß der Verkleidung allein nicht die entscheidende statische Wirkung zukommt, die man ihr im allgemeinen zuzuteilen geneigt ist. Die Verkleidung ist eben als vergütete Oberfläche nur ein Teil der Verbundkonstruktion, der andere Teil, das anschließende Gebirge wirkt als Gewölbe weiter, selbst nach örtlicher Zerstörung der Verkleidung. Dabei wird allerdings vorausgesetzt, daß die gebrochene Verkleidung noch in der Lage ist, eine schädliche Auflockerung des dahinter liegenden Gebirges zu verhindern, so zwar, daß dieses triachsial belastbar bleibt, was in der Regel der Fall ist.

Auf die Dimensionierung der Verkleidung angewendet, bedeutet diese Erfahrung, daß logischerweise jene Stabilisierungsmaßnahmen am wirtschaftlichsten sein müssen, welche die — soeben anschaulich gezeigte — Fähigkeit des Gebirges zur Selbststabilisierung weitestgehend ausnützen. In idealer Weise wird diese Forderung durch einen Gebirgstragring erfüllt, dessen Tangentialspannungen durch System-

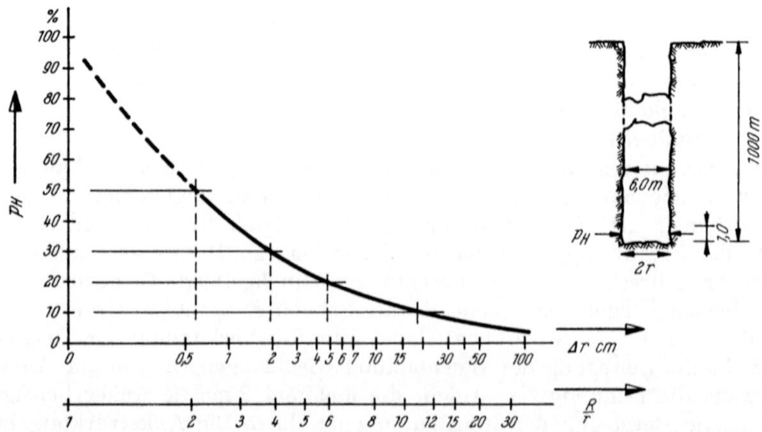

Abb. 10. Absinken des Radialdruckes p_H als Funktion der Entlastungsverformung Δ_r (nach Fenner). Beispiel: Schacht ϕ 6,0 m, R = Radius der Schutzzone

Decrease of radialpressure p_H as function of release deformation Δ_r (after Fenner). Example: shaft ϕ 6.0 m, R = Radius of protective zone

ankerung möglichst hoch erhalten werden und dessen Randbereich mit einer allseits geschlossenen, gering nachgiebigen Verkleidung vor Auflockerung geschützt wird.

In welcher Weise die Stabilisierung vor sich geht, ist schematisch in zeitlicher Folge in Abb. 11 dargestellt.

Der praktische Vorgang der empirisch-wissenschaftlichen Dimensionierung wird nachstehend skizziert: Der Tunnel wird nach modernen Grundsätzen unter weitgehender Erhaltung der ursprünglichen Festigkeitsbedingungen der Umgebung mit einer Verkleidung versehen, deren Sicherheitsgrad möglichst nahe an 1 liegt. Es entstehen ja keine Nachteile, auch wenn die Verkleidung lokal bricht.

In geeigneten Abständen werden in geologisch markanten Stellen Meßquerschnitte angeordnet. Gleichzeitig mit einer möglichst genauen geologischen Beschreibung werden die Deformationen der Innenlaibung, die Radialdrücke auf das Innengewölbe und die Tangentialdrücke im Verkleidungsbeton, sowie örtlich zusätzlich der Verlauf der Tangentialspannungen im umgebenden Gebirge als Funktion der Zeit gemessen.

Im allgemeinen hat man mit einer Beobachtungsdauer von 6 Monaten zu rechnen. Jedoch kann erfahrungsgemäß die entscheidende Tendenz des Gebirgsverhaltens in der Regel bereits nach 4 bis 6 Wochen klar erkannt werden. Sollte z. B. an der Front die gleiche Gebirgstype angetroffen werden, wie die vor 4—6 Wochen durchörterte, so können bereits die Erfahrungen eines nur 150 bis 220 m zurückliegenden Meßquerschnittes benützt werden, um die Dimensionierung zu korrigieren. Selbst bei kurzen Tunneln hat man daher schon die Möglichkeit, aus den Messungen desselben Bauvorhabens zu profitieren.

Für die Vordimensionierung des Außengewölbes steht uns zur Zeit allerdings noch kein reiches Zahlenmaterial aus Messungen zur Verfügung. Daraus läßt sich immerhin sagen, daß Radialdrücke in Tunneln von etwa 10 m Durchmesser in mehr als 99 % der Fälle größenordnungsmäßig zwischen 30 und 90 t/m² liegen. Nur in ganz seltenen Ausnahmefällen, zu denen vor allem Schwellgebirge und blähendes, tektonisch stark vorbelastetes Gebirge gehören, können die Radialdrücke bis auf 300 t/m² und mehr ansteigen. Treten derartige Ausnahmefälle ein – wie beispiels-

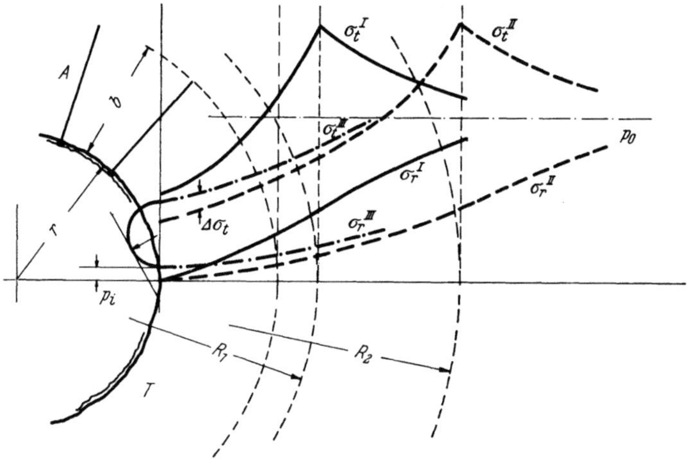

Abb. 11. Schematische Darstellung der Spannungszustände in der Umgebung eines Hohlraumes mit $\lambda = 1$ während des Stabilisierungsvorganges. Stützmaßnahmen: systemankerbewehrter Tragring T und Oberflächensicherung mit Spritzbeton. σ_r, σ_t Radial- bzw. Tangentialspannungen, Index I, II, III zeitlich aufeinanderfolgende Zustände der Spannungsumlagerung, R_1, R_2 Radius der Schutzzone; p_i zur Stabilisierung erforderlicher Ausbauwiderstand, A Anker

Schematic representation of states of stress in the surrounding of a cavity with $\lambda = 1$ during the process of stabilization. Strengthening measures: system anchored carrying ring T and surface protection by shotcrete. σ_r, σ_t radial resp. tangential stresses, Index I, II, III timely sequence of stages of stress rearrangement, R_1, R_2 radius of protective zone, p_i lining resistance required for stabilization, A anchor

weise im Fall der Silltalstörung – so wird das Außengewölbe an dieser Stelle reißen. Die Strecke wird besonders sorgfältig meßtechnisch beobachtet und danach entsprechend rekonstruiert oder einfach ausgebessert.

Es wird öfters die Frage aufgeworfen, ob es nicht vorteilhafter ist, einen Versuchsstollen vorzutreiben, statt die Messungen in großem Querschnitt während des Baues durchzuführen.

Wenn der Stollen keinen anderen zusätzlichen Zweck erfüllt, die den Mehraufwand rechtfertigen, so stehen die hiedurch entstandenen Mehrkosten in keinem Verhältnis zu den unmittelbaren Auswirkungen der wissenschaftlichen Ergebnisse auf das Bauwerk. Keinesfalls können diese Ergebnisse die Erkenntnisse der Messungen im Vollquerschnitt ersetzen. Versuchsstollen sind durchaus zu bejahen, wenn sie nicht anstelle der Untersuchungen im Vollprofil, sondern zusätzlich zu diesen ausgeführt werden.

Was die Wirtschaftlichkeit einer solchen Dimensionierungsmethode betrifft, so betragen die Kosten der Messungen und deren Auswertung erfahrungsgemäß nur einen geringen Bruchteil der damit erzielten Ersparnisse.

Überdies lassen sich die Ergebnisse aus einem Objekt bereits zu einem Teil für ein anderes Objekt verwerten. In welchem Ausmaße dies möglich ist, hängt von der Ähnlichkeit der geologischen Bedingungen ab. Die anteiligen Kosten der Messungen sinken natürlich progressiv mit dem Umfang der Anwendung.

Es ist vielleicht nicht uninteressant, an Hand des Beispieles des Kraftwerkstollens „Untere Sill", die Wirtschaftlichkeit der Messung zu verfolgen:

Angesichts der eindrucksvollen Zerstörungen der Verkleidung und der Ergebnisse der bodenmechanischen Untersuchungen stand man vor der Entscheidung, entweder die zerstörte Spritzbetonschale vollständig abzutragen und neu zu erstellen oder sie durch sorgfältige Injektionen zu konsolidieren. Vor der letzteren Lösung wurde wegen der zu erwartenden hohen Quelldrücken des Tones und der sich daraus ergebenden neuerlichen Zerstörungen eindringlich gewarnt. In beiden Fällen war vorgesehen, eine Stahlblechisolierung und eine Innenverkleidung in Ortbeton anzubringen.

Im Hinblick auf die hohen Kosten einer vollständigen Demolierung und Neuherstellung der Spritzbetonverkleidung der 200 m langen Strecke und des damit verbundenen Zeitverlustes entschloß man sich, in dem anscheinend schlechtesten Teil eine Versuchsstrecke auszuführen:

Es wurde auf das zerstörte Außengewölbe ein Betonring aufgebracht und auf dem Spritzbeton wie auch im Betongewölbe Glötzl-Druckmeßdosen angeordnet.

Die Messungen zeigten, daß sich trotz des zuvor bereits nahezu erreichten Gleichgewichtszustandes durch die Restwirkungen des Gebirgsdruckes noch Radialdrücke von max. 50 t/m^2 aufbauten. Die gefürchteten Quelldrücke durch die mit 20 atü ausgeführten Injektionen traten nicht in Erscheinung.

Die Kosten der gesamten Messungen in der kritischen Strecke betrugen S 220 000,–, jene der örtlichen Reparaturen des Spritzbetons S 120 000,–. Damit wurde eine Ausgabe von 3 Mio – also das 13,6fache der Meßkosten, eingespart[9].

Der Wert des durch die vorgeschlagene Methode geschaffenen Erfahrungsmaterials für die Planung und Baudurchführung künftiger Bauwerke ist m. E. ein unschätzbarer. Konkrete Meßergebnisse treten an die Stelle vager Schätzung. Natürlich müßten die Ergebnisse der verschiedenen Objekte veröffentlicht werden.

Mindestens ebenso wertvoll wie die wirtschaftlichen Vorteile eines solchen Bemessungsverfahrens aufgrund systematischer Messungen sind die durch solche Großversuchsserien errungenen Forschungsergebnisse. Nur die Beobachtung der Vorgänge in der Natur und deren richtige Deutung schaffen die unumgänglich notwendigen Grundlagen für eine realistische theoretische Behandlung der Probleme.

Literatur

[1] Rabcewicz, L. v.: Aus der Praxis des Tunnelbaues. Einige Erfahrungen über echten Gebirgsdruck. Geologie u. Bauwesen, Jg. 27, H. 3–4, 1962.

[2] Sattler, K.: Neuartige Tunnel-Modellversuche – Ergebnisse und Folgerungen. Felsmechanik u. Ingenieurgeologie, Suppl. IV, 1968.

[3] Rabcewicz, L. v. und F. Pacher: Gedanken zu Modelluntersuchungen an Tunnelauskleidungen in Form einer dünnen halbsteifen Schale. Felsmechanik u. Ingenieurgeologie, Suppl. IV, 1968.

[4] Guisan, F. und V. Getaz: Les Tunnels de Glion. La route et la circulation routiere, H. 2, 1967, und briefliche Mitteilungen.

[5] Széchy, K.: The Art of Tunneling. Akadémiai Kiadó, Budapest 1967.

[6] Benda, V.: Neue Methoden der Stabilitätserhöhung der Grubenbaue in druckhaftem Gebirge. Uhle 10, 1964.

[7] Porter, J.: Bauausführung. Festschrift der Kraftwerksgruppe Untere Sill, Herausgeber Stadtwerke Innsbruck.

[8] Fenner, R.: Untersuchungen zur Erkenntnis des Gebirgsdruckes. Glückauf, Jg. 74, 1938, H. 32, 33, Essen.

[9] Parzer, J.: Persönliche Mitteilungen.

[10] Rabcewicz, L. v. und K. Sattler: Die neue österreichische Tunnelbauweise. Der Bauingenieur *40*, H. 8, 1965.

Anschrift des Verfassers: Professor Dr. L. v. Rabcewicz, A-5570 Mauterndorf im Lungau.

Rock Mechanics, Suppl. 1, 69—86 (1970)

Erfahrungen bei der Sicherung von Stollenausbrüchen in gebrächen und druckhaften Gebirgsstrecken

Von

H. Detzlhofer

Mit 9 Abbildungen

(Eingegangen am 10. März 1969)

Zusammenfassung — Summary — Résumé

Erfahrungen bei der Sicherung von Stollenausbrüchen in gebrächen und druckhaften Gebirgsstrecken. Einleitend wird die Größenordnung der möglichen Felsdeformation um einen aufgefahrenen Stollen, bei vereinfachten Annahmen für verschiedene Überlagerungshöhen und verschiedene Verformungsmoduln, der Verformbarkeit einer Betonauskleidung tabellarisch gegenübergestellt und auf die Belastungsverteilung auf Felsgewölbe und Auskleidung entsprechend der gegenseitigen Verformbarkeit hingewiesen.

Es folgen Berichte über die anfängliche und spätere Bauweise in langen Druckstrecken des Triebwasserstollens Imst 1953/54 und über Erfahrungen in druckhaften Strecken des Kaunertal-Druckstollens 1961/63, wobei Zerstörungen am Spritzbeton und ihre Ursachen, wie z. B. zu steife Vorauskleidung bei fehlendem Sohlschluß, ungleichmäßige Belastung, ungünstige Form des Vortriebs-Ausbruchquerschnittes, mangelnde Nagelung usw. behandelt werden.

Durchmesser-Dehnungsmessungen zeigen den zeitlichen Deformationsverlauf bei offenem und geschlossenem Einbau.

Ferner wird über Deformationsmessungen in kleinerem Querschnitt (Radurschl-Bachüberleitung) aber hohem Gebirgsdruck im Schiefergneis berichtet, auf Grund welcher die anfängliche Absicht, durch einen starken Spritzbetoneinbau Deformation und Zerstörung zu verhindern, aufgegeben wurde. An seiner Stelle genügte eine zunächst nur dünne, nachgiebige Spritzbetonauskleidung mit zusätzlicher Felsnagelung, welche erst nach Abklingen der Deformationen infolge Spannungsumlagerung, zur vollen Stärke ergänzt wurde und dann standhielt.

Beobachtungen in den beiden letztgenannten Stollen führen zur Folgerung, daß wiederholte, mit einfachsten Mitteln durchführbare Durchmessermessungen über den Fortschritt der Spannungsumlagerung und den Festigkeitszustand des umgebenden Gebirges Aufschluß geben und daher die richtige Wahl des Sicherungseinbaues hinsichtlich Steifigkeit, Form und Zeitpunkt sehr erleichtern.

Experience in securing gallery deformations in headings through weak and yielding rock. The introduction contains a chart, which compares the magnitude of the possible rock deformation around a gallery heading with the deformability of a gunite lining under simplified assumptions for various thicknesses of the rock above the gallery and for various moduli of deformation, and points to the load distribution in the rock around the gallery cross-section and on the gallery lining in correspondence with the reciprocal deformability.

Reports on the initial and ultimate construction method for long pressure tracks of the pressure gallery of the power plant of Imst in 1953/54 and on the experience in tracks of the Kaunertal pressure gallery in 1961/63 through yielding rock deal with the destructions in the gunite and their origins, such as too high stiffness of the first gunite together with the absence of a continuation of the gunite on the gallery floor, non-uniform load distribution, unfavourable shape of the gallery drivage cross-section, absence of rock bolting a. s. o.

Diameter extensometers show the time function of the deformations of the temporary gunite support with and without its continuation on the gallery floor.

Furthermore measurements of the deformations in smaller tunnel cross-sections (Radurschl diversion) under high rock pressure in schist gneiss are described. Owing to these measurements the initial intention to prevent the deformations, with the aid of a strong gunite lining, and a consequent destruction was dropped. In its place at first only a thin, yielding gunite with additional rock bolting was sufficient, and the gunite was completed to its ultimate thickness only after the dying out of the deformations owing to the shift in the rock pressure. Then this lining resisted.

Observations in the two latter galleries lead to the conclusion that repeated measurements of diameter, which can be carried out with the simplest equipment, can show the progress of the redistribution of pressure and the resistivity condition of the surrouding rock, and, therefore, they can help very much in the correct choice of the temporary tunnel support as regards its stiffness, shape and moment of placing.

Expériences sur les déformations de galeries dans des roches faibles et poussantes. Dans l'introduction on compare l'ordre de grandeur des déformations possibles des roches autour d'une galerie avec des hypothèses simplifiées (diverses résistances de la roche audessus de la galerie; divers modules de déformation du revêtement en béton) et on attire l'attention sur la distribution de la charge des roches sur la voûte et sur le revêtement en correspondance avec la déformabilité relative.

On décrit ensuite le mode de construction initiale et ultérieure de longs tronçons de la galerie en charge d'Imst 1953/54 et les expériences avec des tronçons dans la roche poussante de la galerie en charge de l'aménagement de Kaunertal 1961/63; on décrit des destructions dans le revêtement en béton projeté et leurs origines comme par exemple un revêtement préliminaire trop rigide en cas d'absence de continuité du revêtement dans le radier, ou une distribution de charge irrégulière, ou une section transversale d'abattage défavable, ou une absence de boulons d'ancrage etc.

Les mesures de diamètres à l'aide d'extensomètres montrent l'allure des déformations en fonction du temps lorsque le soutènement préliminaire est continué dans le radier ou non.

On décrit enfin les mesures de déformation pour de petites sections transversales de galerie (dérivation du ruisseau Radurschl) mais au présence d'une pression géostatique élevée dans un gneiss schisteux, qui ont conduit a abandonner l'intention initiale d'empêcher la déformation et la destruction à l'aide d'un revêtement épais en béton projeté. Au lieu de cela un revêtement mince et souple en béton projeté combiné à un boulonnage de la roche fût suffisant. Il ne fût completé jusqu'à l'épaisseur finale qu'après la diminution des déformations par suite du transfert de la charge géostatique et a resisté depuis. Les observations dans les 2 dernières galeries conduisent à la conclusion que l'on peut exécuter par des moyens très simples des mesures répétées qui montrent la progression du transfert de la charge et le comportement de la résistance de la roche autour de la galerie. On facilite ainsi le choix correct du soutènement en fonction de la rigidité, de la forme de la section de la galerie et du moment de la réalisation.

In der noch nicht allzu weit zurückliegenden Zeit des hölzernen Sicherungseinbaues bzw. der Stahlbogen mit Holzverzug war das Gebirge in den nicht standfesten Strecken weitgehend der direkten Beobachtung und Messung entzogen. Erst starke Spannungen in Kappen, Stehern und Bogen, Verbiegungen dieser Einbauten oder deren Bruch machten die hohen Belastungen sichtbar und hörbar, ohne allzuviel über Ursache und Entstehen zu verraten. Solche Sicherungsmittel ergaben auch bei sorgfältigster Arbeitsweise keinen kraftschlüssigen Anschluß an das Gebirge. Besonders bei größeren Überprofilen, die mit Holz oder Steinen ausgepackt wurden, trat eine Abstützung erst nach Gebirgsdeformationen von dm-Größe ein. Der durch das Ausbauverfahren bedingte Auflockerungsdruck stand infolgedessen im Vordergrund der Erscheinungen.

Das Aufkommen des Spritzbetons und der Ankerung als Stützeinbau bzw. die Verbesserung der dazu nötigen Geräte brachten vor etwa 15 Jahren erst wieder

Bewegung in die Stollenbautechnik. Mit diesen Verfahren wurde eine wirksame Abstützung des Gebirges erreicht, ohne daß dabei größere Deformationen auftraten. Gleichzeitig war die Felslaibung besser zugänglich geworden. Das Beobachten und Messen der Hohlraumverformung war damit wesentlich erleichtert.

Die dabei gewonnenen, trotz ihrer Vielfalt stets typischen Ergebnisse haben eine zutreffendere Deutung der Felsdeformationen offensichtlich gefördert. In Wechselwirkung mit analytischen Untersuchungen, welche bei allen notwendigen Vereinfachungen des Ansatzes sehr viel Licht in die Vorstellungen vom Kräftespiel rund um den Hohlraum brachten, setzte sich nun die grundlegende Ansicht durch, daß eben der Verbundkörper, bestehend aus der jeweiligen Auskleidung und dem umgebenden Gebirge, das Gewicht der Überlagerung zu tragen hat, wobei das Gebirge den größten Teil der über dem Hohlraum liegenden Belastung übernimmt, wenn es vor der Überschreitung seiner Randfestigkeit und vor dem Abschieben an Gleitflächen bewahrt wird.

Die Auskleidung sollte nur soviel Widerstand aufbringen, daß der sonst örtlich überbeanspruchte Fels am Fließen, sich Auflösen oder Brechen gehindert ist. Die Verteilung der Lasten auf beide Elemente mit meist sehr verschiedenen Verformungsmodulen ist ohne Zweifel ein Problem der gegenseitigen Verformbarkeit bei welchem außerdem der Zeitfaktor beteiligt ist, der Zeitpunkt des Einbaues also eine Rolle spielt. Eine zu steife Auskleidung muß jedenfalls zwangsläufig das Gebirge entlasten und sich selbst unnötig belasten, wenn die Verlagerung der sekundären Spannungen auf bis dahin unbeteiligte Zonen im Zeitpunkt des Einbaues nicht schon weit fortgeschritten oder abgeschlossen ist.

Die stets sehr komplexen Verhältnisse wie das anisotrope Verhalten des Felskörpers, das Zusammenwirken veränderlicher elastischer und plastischer Zonen, wodurch die Zeit mitbestimmend wird, die Tatsache der verschiedenen, sich ebenfalls ständig ändernden Verformungsmoduli, Querdehnungszahlen usw. sorgen für größte Variationsvielfalt und machen die Hoffnung auf exakte Berechnung zunichte, zumal nicht einmal für ideale Plastizität allein, eine ausgereifte Plastizitätstheorie zur Verfügung steht. Es ist nicht einfacher geworden, nur de Anschauungen wurden richtiger. Man wird also weiterhin auf die kritische Beobachtung und auf Deformationsmessungen angewiesen sein, um im sogenannten gebrächen und druckhaften Gebirge wirtschaftlich und technisch das Richtige zu tun.

Bevor nun einige Erfahrungsbeispiele aus dem Arbeitsgebiet der *Tiroler Wasserkraftwerke A. G.* gezeigt werden, sei es gestattet, zuvor auf einfachste Art ganz natürliche, undramatische Formänderungen von Fels und Auskleidung größenordnungsmäßig gegenüberzustellen, um an die manchmal vergessene Tatsache zu erinnern, daß zu jeder Spannungsumlagerung auch Deformationen gehören, ohne daß es gleich Auflockerung sein muß.

In Abb. 1 sind oben die zusätzlichen Zusammendrückungen angeschrieben, die das Gebirge zu beiden Seiten eines Stollens mit 8,0 m Durchmesser erleiden müßte, wenn die Auflast über dem Hohlraum beiderseits über eine Breite von je Durchmessergröße gleichmäßig verteilt, vom Fels allein aufgenommen wird.

Für Überlagerungshöhen von 30, 100, 300 und 1000 m ergeben sich bei verschiedenen Verformungsmodulen von 1000 kg/cm^2 bis 100 000 kg/cm^2 und $\gamma = 2{,}5$ t/m^3 die eingetragenen Verkürzungen der Ausbruchshöhe in mm.

Bei mittlerem Phyllit mit 1000 m Überlagerung und $V_f = 30\,000$ kg/cm^2 z. B. sind das immerhin 33 mm.

Eine Spalte tiefer sind die Wandstärken der Betonauskleidung angegeben, die bei alleiniger Übernahme der Auflast und $\sigma_B = 200$ kg/cm^2 unter der Voraussetzung radialer Belastung erforderlich wären.

Die dazugehörige vertikale Verkürzung des Betonringes beträgt für $E = 200\,000$ kg/cm^2 : 8 mm.

Ein Wert also, der von den Verformungen mittel- und minderguter Felsarten bei einiger Überlagerung leicht übertroffen wird.

Der Vortrieb des Druckstollens zum Inn-Kraftwerk Imst[1,3,4,5] 1953—54, dessen Ablauf durch die stürmische Entwicklung neuzeitlicher Felssicherungsmethoden gekennzeichnet ist, bietet ein Beispiel für die unterschiedliche Auswirkung des Gebirgsdruckes je nach gewählter Einbauart.

Der 12 km lange Stollen mit 5,70—6,30 m Ausbruchsdurchmesser durchfährt über lange Strecken sehr flach gelagerte, stark gestörte Quarzphyllite bei Über-

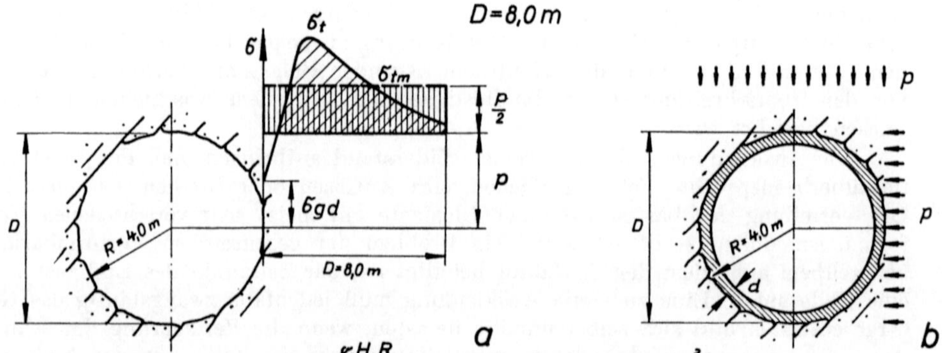

$$\Delta f = \frac{\gamma \cdot H \cdot R}{D \cdot V_f} D \qquad \gamma = 2{,}5\ t/m^3$$

	V_f (kg/cm²)	H = 30 m σ_V = 75 t/m²	H = 100 m σ_V = 250 t/m²	H = 300 m σ_V = 750 t/m²	H = 1000 m σ_V = 2500 t/m²
Δf in mm für R=4,0m	1.000	30 mm	100 mm	300 mm	1000 mm
	10.000	3 mm	10 mm	30 mm	100 mm
	30.000	1 mm	3,3 mm	10 mm	33 mm
	100.000	0,3 mm	1 mm	3 mm	10 mm
	d ΔD_V	0,15 m 8 mm	0,5 m 8 mm	1,5 m 8 mm	(5,0 m) (8 mm)

$$d = \frac{\gamma \cdot H \cdot R}{\sigma_B} \qquad \Delta D_V = \frac{\sigma_B}{E} D \qquad \sigma_B = 200\ kg/cm^2 \qquad E_B = 200.000\ kg/cm^2$$

Abb. 1. Größenordnung von Verformungen um einen Hohlraum

a Fels trägt allein; *b* Auskleidung trägt allein; *d* Betonstärke

Magnitude of the deformation around an excavation

a total support by the rock; *b* total support by the lining; *d* concrete thickness

Ordre de grandeur des déformations au pourtour d'une excavation

a soutènement total par la roche; *b* soutènement total par le revêtement; *d* épaisseur du béton

lagerungshöhen von 600-700 m. Zur Erkundung des Gebirges und um mehrere Vollausbruchsarbeitsstellen aufschließen zu können, wurde grundsätzlich ein Richtstollen vorausgetrieben.

In weniger gestörten Abschnitten dieses Gesteins machte sich der Gebirgsdruck nicht unmittelbar bemerkbar, sondern beeinflußte vermutlich nur die Standfestigkeit und somit die Gebirgsklassifizierung. Die einachsige Druckfestigkeit des Gebirges wurde am Innenrand sichtlich nicht überschritten. Solch wechselnd gebräche Normalstrecken der Klasse *c* bis *e* konnten mittels Spritzbeton bzw. Systemnagelung sicher beherrscht werden, nachdem der anfangs geübte Streckenbogeneinbau mit Holzverzug infolge der starken Firstauflockerung zu erheblichen Schwierigkeiten und Verzögerungen geführt hatte.

Die günstigen Eigenschaften des Spritzbetons und der Gebirgsankerung sind genügend bekannt, so daß sich eine genauere Beschreibung erübrigt.

Anders war es jedoch in ausgeprägten Störungszonen größerer Ausdehnung. Hiervon gab es eine 500 m lange zusammenhängende Strecke am Beginn des Bauloses Wenns (Ausführung durch Fa. Kunz u. Co.) und mehrere kürzere von 10—20 m Ausdehnung. Dort ließ die vollständige Mylonitisierung des Gebirges echten Gebirgsdruck in Erscheinung treten.

In Abb. 2 sind die Arbeitsvorgänge schematisch dargestellt.

Entsprechend dem damaligen Stand der Stollentechnik war in sehr gebrächen und druckhaften Abschnitten ein 60 cm starker Betonaußenring vorgesehen, für dessen Herstellung sich wegen des durchgehend vorhandenen, achsmittig verlaufenden Sohlstollens die belgische Bauweise anbot. In der Kalotte sollte die bewährte Kunz-Rüstung verwendet werden, während man sich im unteren Teil eine freie Unterfangung leisten zu können glaubte, welche eine raschere Liquidierung dieses lästigen Verkehrsengpasses versprach.

Der Ausbruch der Kalotte wurde an 3 Arbeitsstellen gleichzeitig aufgefahren. Hierbei bekam der Richtstolleneinbau schon starken Seitendruck und verformte sich, infolge des nun fehlenden Widerstandes am First, zu Spitzbogen. Nach Betonierung des mit ausreichender Überhöhung hergestellten Kalottengewölbes folgte seine Unterfangung durch 2 m breite Betonpfeiler, welche in seitlichen Schlitzen des Richtstollens als Teile der unteren Außenringhälfte in freier Holzschalung ausgeführt wurden. Als dann die dazwischen übrig gebliebenen Strossen abgebaut waren, steigerte sich der Ulmendruck zu voller Wirksamkeit. Die hölzernen Querstreben knickten teilweise aus. Im First entstanden infolge Überwindung der Druckzone und der Schubfestigkeit des Betons, über größere Länge durchgehende Abplatzungen, die stellenweise den ganzen Beton-Querschnitt zerstörten. Ein Unterfangungspfeiler stürzte sogar um, worauf das dahinter nun einsetzende Bruchfließen des Gebirges örtlich zu einem bedrohlichen Verbruchshohlraum führte. Das Gewölbe war also zweifellos unter heftigem Seitendruck in den Firstspalt und in die Auflockerung nach oben ausgewichen und hatte sich an den Widerlagern wohl auch gesetzt. Jedenfalls mußte es infolge seiner hohen Steifigkeit schon bei geringer Verformung brechen, bevor am First namhafte Rückstellkräfte wirksam werden konnten. Die Bewegung der Ulmen gegeneinander wurde gefördert durch zu steile Anordnung der Unterfangungspfeiler im Gegensatz zum Plan, wodurch die Übertragung der Seitenkräfte in die Sohle, welche inzwischen streifenweise eingezogen worden war, leiden mußte.

Die Lage schien ziemlich kritisch. Durch Hineinspannen von Alpine Ringen alle 50 cm konnte der Zusammenbruch gerade noch verhindert werden. Um für die bald darauf folgende 30 cm starke Innenringauskleidung wieder genügend Platz zu schaffen, mußten vorher beiderseits ausgedehnte Flächen des hereingedrückten Außenringes bis zu 15 cm tief abgeschrämt werden, da auf einen ungeschwächten und ungestörten Verlauf des Innenringes ohne Einschränkung des Durchflußprofiles natürlich Wert zu legen war. Das ursprünglich reichlich angesetzte Überprofil war an den Ulmen längst aufgebraucht. Die Zwischenfelder des Außenringes zwischen den Unterfangungspfeilern wurden mit dem Innenring zusammen betoniert. Eine Anzahl von 4—6 m langen Ankern, bestehend aus Torstahl 24 mm und sorgfältigste Bohrlochinjektionen vervollständigten schließlich den gesicherten Endzustand.

Natürlich war es gelungen, durch rasches Einziehen massiver Ulmenabstrebungen solche Abenteuer über größere Längen der belgisch ausgeführten Strecken zu vermeiden. Die beschriebene Bauweise war aber auch ohne besondere Zwischenfälle nicht nur sehr zeitraubend und hierdurch ein schweres Verkehrshindernis für den

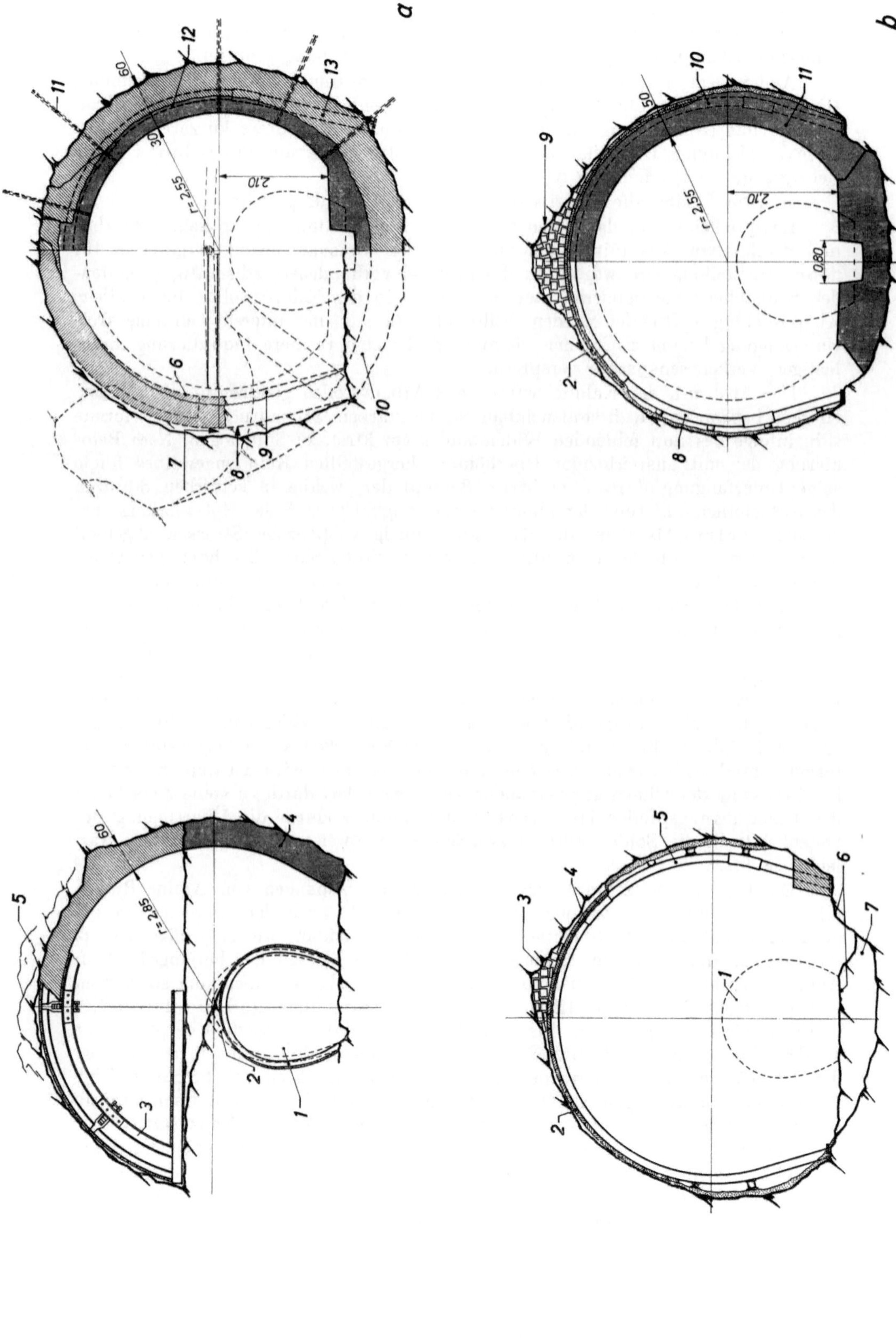

Abb. 2

weiter vorne in Gang befindlichen Richtstollenvortrieb und zwei weitere normale Vollausbruchsstellen, die die verlorene Zeit wieder aufzuholen hatten. Wegen der großen Verformungen, Setzungen und Auflockerungen war dieser Aufwand auch technisch nicht befriedigend.

In den später aufgefahrenen kürzeren Druckstrecken verzichtete man daher gerne auf weitere Außenringe. An ihre Stelle trat damals eine modernisierte Getriebezimmerung, welche kein Holz enthielt und daher mit einbetoniert werden durfte. Eine 4,5 cm starke Stahlbeton-Vortriebsverpfählung auf Stahleinbaubögen Alpine 27 ergaben einen elastischen, aber genügend widerstandsfähigen Einbau, wenn die Stahlbögen sorgfältig am ganzen Umfang gegen das Gebirge abgestützt wurden. An den Ulmen genügte dann oft eine an den Verzug anschließende Spritzbetonauskleidung mit Baustahlgewebe. Die Innenseite der Betonbretter erhielt ebenfalls einen abdichtenden und aussteifenden Spritzbetonüberzug. Die allfällig vorhandene Auflockerung hinter dem Verzug wurde so rasch als möglich mit Zementmörtel ausgepreßt. Hohlräume infolge von kleinen Niederbrüchen wurden schon beim Vortreiben mit Betonsteinen ausgepackt. Niedrige Betonwangen, in welche die Bogenfüße eingebettet waren, verhinderten bei allfälligem Firstdruck unangenehme

---

Abb. 2. Druckstollen Prutz-Imst, Arbeitsweise bei weichem, druckhaften Gebirge (Klasse *f—g*). *a* anfänglicher Arbeitsvorgang (belgisch), Kunz-Rüstung; *1* Richtstollen; *2* durch Seitendruck verformte Einbauringe; *3* Kunz-Rüstung; *4* 2 m breite Pfeiler in Seitenschlitzen vorausbetoniert; *5* Auflockerung; *6* Verformung an den Ulmen; *7* Setzung; *8* Ulmendruck; *9* Abschrämen; *10* Sohlgewölbe, wahlweise nur bei Sohlenauftrieb; *11* Berganker, vergossen; *12* Alpine Bögen; *13* Alpine Bögen, in geschrämten Schlitzen des Außenringes versetzt. *b* späterer Arbeitsvorgang; *1* Richtstollen; *2* Betonbretterverzug; *3* Mörteleinpressung zwischen Betonsteinauspackung; *4* Aussteifung mittels Spritzbetons; *5* Alpine Bögen; *6* Vortriebssohle; *7* aufgeschossen; *8* Alpine Ringe 27; *9* Hohlräume mit Betonsteinen ausgepackt, Mörtel- und Zementinjektion; *10* Alpine Ringe, im Beton belassen; *11* Innenring

Pressure gallery of Prutz-Imst, method of working in soft and yielding rock (class *f—g*) *a* initial working method (belgian), Kunz steel support; *1* pilot tunnel; *2* steel rings deforms by side pressure; *3* Kunz steel support; *4* 2 m broad concrete arches cast ahead in side cuttings; *5* loosening; *6* deformation in the side walls; *7* settlement; *8* pressure upon the side walls; *9* cut-off; *10* invert, chosed only in the case of lifting floor; *11* cast in rock bolt; *12* Alpine steel arches; *13* Alpine steel arches placed in slots cut into the exterior concrete lining. *b* later working method; *1* pilot tunnel; *2* concrete plate timbering; *3* mortar injection into the concrete block packing; *4* stiffening with gunite; *5* Alpine steel arches; *6* heading floor; *7* blasted off; *8* Alpine steel rings 27; *9* cavities packed with concrete blocks and mortar and cement injections; *10* Alpine steel rings left in the concrete; *11* internal concrete lining

Galerie en charge de Prutz-Imst. Méthode d'exécution en cas de roche mou et poussante (classe *f—g*)

a méthode initiale (attaque belge), soutènement Kunz; *1* galerie d'avancement; *2* cintres métalliques déformés par la pression latérale; *3* soutènement Kunz; *4* arcs en béton, 2 m de largeur posés en avance dans des taillades du paroi; *5* terrain détendu; *6* déformation dans les parois; *7* tassement; *8* pression sur les parois; *9* entaillé; *10* voûte du radier, seulement en cas d'un gonflément du radier; *11* boulon d'ancrage, fixé par coulage; *12* cintres métalliques Alpine; *13* cintres métalliques Alpine placés dans des taillades ou béton d'anneau extérieur. *b* nouvelle méthode de travail; *1* galerie d'avancement; *2* soutènement de planches en béton; *3* injection de coulis de mortier des enfilages en blocs de béton; *4* renforcement à l'aide de béton projeté; *5* cintres métalliques Alpine; *6* radier d'attaque; *7* abattu; *8* cintres métalliques Alpine 27; *9* entre cintres et les parois des enfilages des blocs en béton et des injections de coulis de mortier et de ciment; *10* cintres métalliques Alpine laissés dans le béton; *11* anneau intérieure en béton

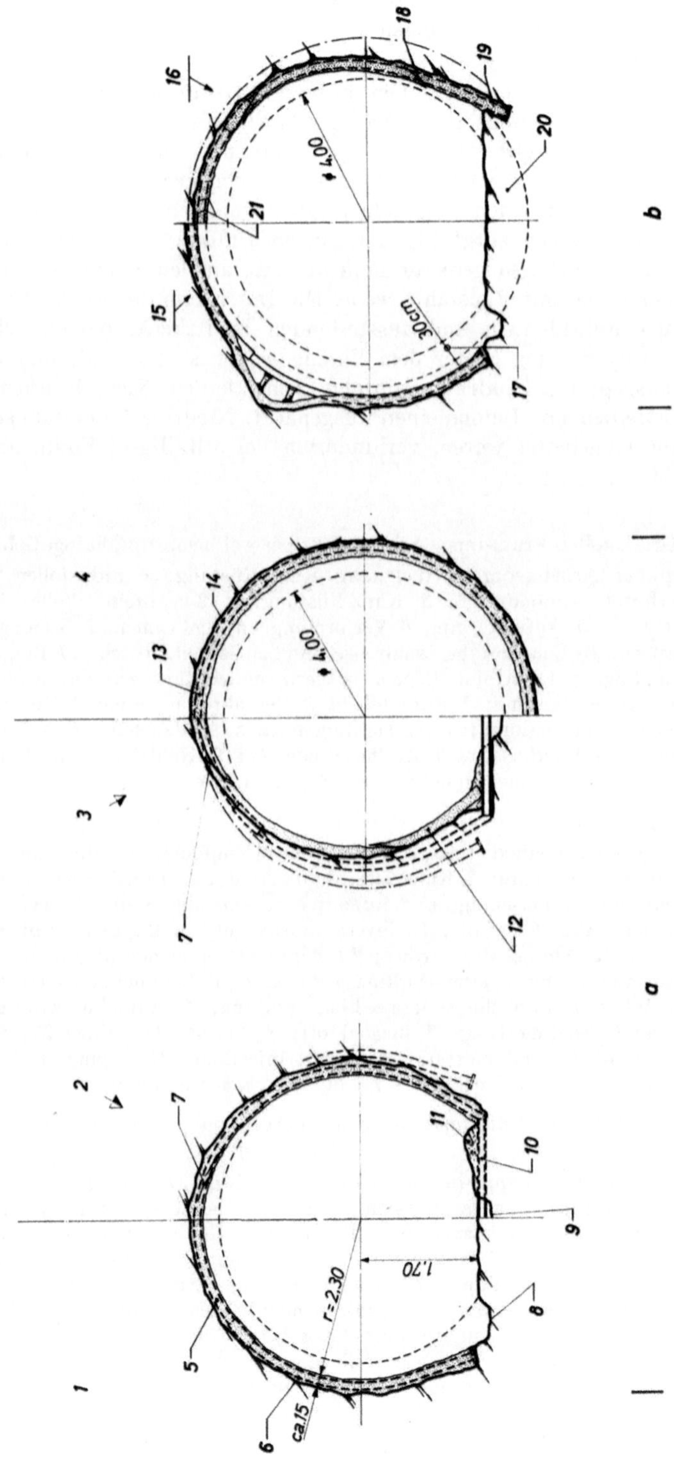
1
2
3
4
5
6
7
8
9
10
11
12
13
14
15
16
17
18
19
20
21
r=2.30
1.70
ca.15
ø 4.00
30cm
a
b

Abb. 3

Setzungen und waren auch imstande, Bogenkräfte infolge Seitendruck auf die Sohle zu übertragen.

So ausgestatteter Getriebeeinbau genügte auch bei ausgeprägtem Gebirgsdruck in allen weiteren Fällen. Die Setzungen und Verformungen blieben auf wenige cm beschränkt. Die Entwicklung des Auflockerungsdruckes konnte bei sorgfältiger Arbeit mit Sicherheit stark vermindert werden. An den Versuch einer Bewältigung derartiger Verhältnisse mittels Spritzbeton und Nagelung war damals noch nicht zu denken. Sieben Jahre später, beim Bau des Kaunertaldruckstollens[6] war die Spritzbetonsicherung in Verbindung mit Stahlbögen und Baustahlgitter längst eine selbstverständliche, abwandlungsfähige Methode geworden.

In den mylonitischen Schiefergneiszonen des Abschnittes Feichten (Ausführung durch Union Baugesellschaft) und im Bündnerschiefer des Abschnittes Burgschrofen (Ausführung durch Arge Porr-Oberranzmeyer-Teiml u. Spitzy) ergab sich bei Über-

---

Abb. 3. Gebirgsdruckwirkungen auf den Spritzbetonausbau im Druckstollen Kaunertal, Abschnitt Feichten (Schiefergneis)

a Injektionsversuchsstrecke; *b* normale Druckstrecke, maximal 1000 m überlagert; *1* Ausbau während des Vortriebes; *2* Verformung der Stollenleibung nach etwa einer Woche; *3* Verformung der Stollenleibung nach etwa 4 Wochen; *4* endgültige Sicherung; *5* Spritzbeton mit Baustahlgitter; *6* Alpine Bögen; *7* Schalenartige Abplatzungen des Spritzbetons; *8* provisorischer Wassergraben; *9* Wassergraben zur Mitte verlegt; *10* Einziehen von][-Trägern zur Verspreizung der Bogenfüße; *11* Aufwölbung der Sohle; *12* Spritzbetonschale zwischen den Bögen weiter hereingeschoben; *13* Spritzbeton 20 cm + Baustahlgitter zwischen den Bögen; *14* Einbaubogen; *15* Vortriebssicherung mit 20 cm Überhöhung; *16* Deformierte Stollenleibung zu Beginn der Auskleidungsarbeiten; *17* Künftige Auskleidungsstärke; *18* Schubrisse; *19* Bogenfuß in die Sohle gedrückt; *20* Sohle aufgeschossen; *21* Zugrisse

Rock pressure actions on the gunite support in the pressure gallery Kaunertal, section of Feichten (schist gneiss)

a injection test section; *b* section normal, under pressure with a maximum rock overburden of 1000 m; *1* timbering during the heading; *2* deformation of the tunnel intrados after app. 1 week; *3* deformation of the tunnel intrados after app. 4 weeks; *4* final support; *5* gunite with steel fabric; *6* Alpine steel arches; *7* shell-like burstings of the gunite; *8* temporary culvert; *9* culvert displaced towards the centre; *10* fit in of double]-irons for propping the arch toes; *11* lifting of the tunnel floor; *12* gunite supporting shell presses inside between the arches; *13* 20 cm thick gunite lining plus steel fabric between the arches; *14* steel arch; *15* temporary support 20 cm elevated; *16* deformed tunnel intrados at the beginning of the lining works; *17* thickness of future lining; *18* shear cracks; *19* arch toe pressed into the tunnel floor; *20* tunnel floor loosened by blasting; *21* tensional cracks

Effets des pressions de terrain sur le soutènement on béton projeté dans la galerie en charge Kaunertal, tronçon de Feichten (gneiss schisteux)

a tronçon d'essai d'injection; *b* tronçon de poussée couverture maximale 1000 m; *1* soutènement pendant l'avancement; *2* déformation du paroi de la galerie après 1 semaine environ; *3* déformation du paroi de la galerie après 4 semaines environ; *4* soutènement définitif; *5* béton projeté avec grillage métallique; *6* cintres métalliques Alpine; *7* fracturation en pelure d'oignon aux parois de béton projeté; *8* cuvette de drainage provisoire; *9* cuvette de drainage remis au centre; *10* poser de fers à double] pour fixer les pieds des cintres métalliques; *11* gonflement du radier; *12* coquille en béton projeté entre les cintres métalliques déplacée plus fort vers l'intérieur; *13* béton projeté, 20 cm d'épaisseur et grillage métallique entre les cintres métallique; *14* cintre métallique; *15* soutènement d'avancement elevé 20 cm; *16* paroi déformé au commencement de travaux de revêtement; *17* épaisseur de revêtement future; *18* fissures de cisaillement; *19* pied du cintre métallique enfoncé dans le radier; *20* radier abattu; *21* fissures de tension

lagerungshöhen bis zu 1000 m neuerlich Gelegenheit zu weiterer Erfahrung bei einsetzendem Gebirgsdruck. Der Ausbruchsdurchmesser des kreisförmigen Stollens betrug diesmal rd. 4,60 m. Der Vortrieb erfolgte mit vollem Querschnitt.

Unmittelbar nach dem Vortrieb wurden etwa 15–20 cm Spritzbeton mit Baustahlgitter aufgebracht und zusätzlich Stahlbogen gestellt, die teilweise später wieder ausgebaut, vielfach aber auch mit eingespritzt und belassen wurden. Die Ausbruchsform über der vorläufigen Verkehrssohle war wegen des dort geübten zweigleisigen

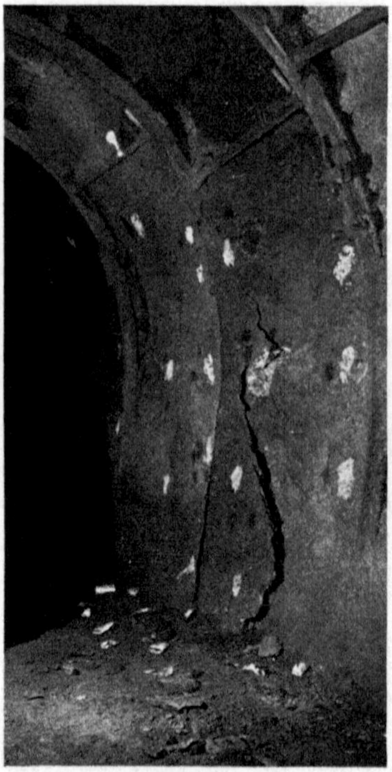

Abb. 4

Abb. 5

Abb. 4. Beginnende Zerstörung der Spritzbetonsicherung durch Gebirgsdruck

Beginning destruction of the gunite sopport by rock pressure

Départ d'écrasement de soutènement en béton projeté sous la pression de terrain

Abb. 5. Abgescherte Spritzbetonauskleidung infolge Ulmendruckes

Gunite lining sheared off by side pressure

Revêtement en béton projeté cissaillé par la pression laterale aux parois

Schutterbetriebes, der eine verbreiterte Sohle bedingte, etwas ungünstig geformt.

Abb. 3 zeigt andeutungsweise das Verhalten dieser Sicherungsauskleidung in einer Mylonitstrecke.

Etwa 2 Wochen nach dem Ausbruch wurde die Wirkung des Gebirgsdruckes sichtbar. Streckenweise wanderten die Bogenfüße mit der Spritzbetonschale langsam und stetig bis zu 1/2 m in den Hohlraum, wobei die Sohle örtlich aufgefaltet wurde. Als man dann die Bogenfüße in der Sohle mittels Doppel-[-Eisen gegeneinander abstrebte, bewegte sich der Spritzbeton mit dem Fels an den Stahlbogen vorbei allein weiter bis er in Schollen zerbrach und abplatzte.

In einer 60 m langen Injektionsversuchsstrecke, der die beiden links dargestellten Querschnitte angehören, und in welcher die Injizierbarkeit des Mylonits über Bohrlöcher untersucht werden sollte, erhielt dann der Spritzbeton aus Injektionsgründen strenge Kreisringform bei 30 cm Stärke und einbezogenen geschlossenen Stahlringen. Diese Vorauskleidung hielt dem restlichen Druck nun stand.

In anderen Abschnitten, außerhalb der Versuchsstrecke, denen der rechtsstehende Querschnitt entnommen ist, traten an den Ulmen umfangreiche Scherbrüche auf, welche die Spritzbetonauskleidung in großen Schollen zum Abgleiten brachten. Auch im Firstbereich waren stellenweise Zerstörungen zu beobachten. Ursache war in allen Fällen die plastische Bewegung der Ulmen unter Gebirgsseitendruck. Die im unteren Teil zu schwach gewölbte, über die Sohle nicht geschlossene Spritzbetonauskleidung konnte kaum Widerstand leisten und brach unter Biegeschub. Sie lieferte also weder den gewünschten Ausbauwiderstand, noch konnte sie elastisch weit genug mitgehen.

Die nebenstehenden 3 Fotos zeigen solche Schäden, in Sohlnähe, am Ulm und in der Firste.

Nach Entfernen der losen Schollen und Nachnehmen auf das richtige Profil wurde der Spritzbeton in derselben Art erneut aufgebracht. In den meisten Fällen zerriß er dann an den Ulmen nochmals in etwas abgeschwächter Form und warf neuerdings dicke Schollen ab. Besonders war dies in einer Strecke in hoch überlagertem Bündnerschiefer zu beobachten.

Abb. 6. Spritzbetonabplatzungen in der Firste
Burstings of the gunite in the tunnel roof
Béton projeté fracturé au calotte

Die Kraftübertragung vom Spritzbeton auf den sehr mürben Fels war offenbar gut, denn die Ablösung der Schollen erfolgte stets innerhalb des Mylonits und nicht an den Kontaktflächen. Es ist zu vermuten, daß eine zusätzliche Nagelung der Ulmen von Anfang an die Bewegung ausreichend gebremst hätte, so daß schon der erste gitterbewehrte Spritzbeton trotz der ungünstigen Formgebung des Ausbruchshohlraumes erhalten geblieben wäre.

Im Bündner Schiefer des Abschnittes Burgschrofen wurde die System-Nagelung in Verbindung mit einer dünnen Spritzbetonauskleidung jedenfalls über mehrere km mit Erfolg angewandt. Allerdings war dort die Überlagerung etwas geringer. Eine nachträgliche Nagelung in einer besonders gefährdeten, hoch überlagerten Strecke bestätigte diese Ansicht jedoch ebenfalls durch vollen Erfolg. Auf jeden Fall aber wäre bei Gebirgsdruck die kontinuierliche Ringform bei geringerer Wandstärke auch für die provisorische Sicherungsauskleidung einem so eckigen Ausbruchsprofil vorzuziehen gewesen. Wahrscheinlich hätte man sich dann auch das Nachprofilieren des infolge Auflockerung entstandenen Unterprofiles erspart.

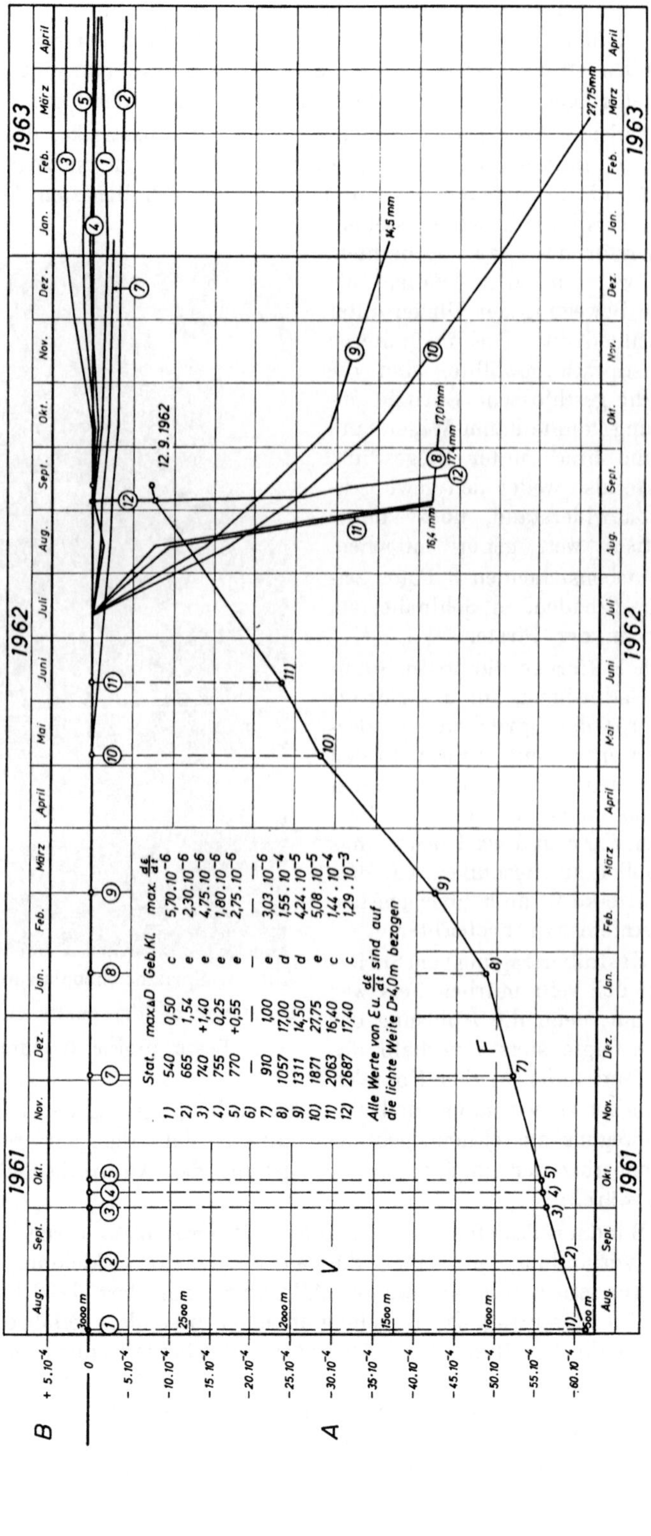
1961
1962
1963
Aug.
Sept.
Okt.
Nov.
Dez.
Jan.
Feb.
März
April
Mai
Juni
Juli
B
A
V
F
+ 5.10⁻⁴
0
- 5.10⁻⁴
-10.10⁻⁴
-15.10⁻⁴
-20.10⁻⁴
-25.10⁻⁴
-30.10⁻⁴
-35·10⁻⁴
-40.10⁻⁴
-45.10⁻⁴
-50.10⁻⁴
-55.10⁻⁴
-60.10⁻⁴
3000 m
2500 m
2000 m
1500 m
1000 m
500 m
Stat. max ΔD Geb.Kl. max. dε/dt
1) 540 0,50 c 5,70.10⁻⁶
2) 665 1,54 e 2,30.10⁻⁶
3) 740 +1,40 e 4,75.10⁻⁶
4) 755 0,25 e 1,80.10⁻⁶
5) 770 +0,55 e 2,75.10⁻⁶
6) — — — —
7) 910 1,00 e 3,03.10⁻⁶
8) 1057 17,00 d 1,55.10⁻⁴
9) 1311 14,50 d 4,24.10⁻⁵
10) 1871 27,75 e 5,08.10⁻⁵
11) 2063 16,40 c 1,44.10⁻⁴
12) 2687 17,40 c 1,29.10⁻³
Alle Werte von ε u. dε/dt sind auf die lichte Weite D=4,0m bezogen
12. 9. 1962
14,5 mm
16,4 mm
17,0 mm
17,4 mm
27,75 mm

Abb. 7

Einige Messungen, die während der Vortriebszeit in diesem Stollen durchgeführt wurden, geben Aufschluß über den zeitlichen Verlauf und die Größenordnung der Hohlraumverformung.

In Abb. 7 sind für 12 unzerstörte Querschnitte die Verkürzungen des horizontalen Durchmessers über der Zeitachse aufgetragen. Die Stellen 3, 4 und 5 liegen in der bereits erwähnten Injektionsversuchsstrecke. Dort wurde gemessen, als schon die 30 cm starke geschlossene Spritzbetonvorauskleidung vorhanden war. Sie allein ergaben Verlängerungen. Übereinstimmend mit den Aussagen der Theorie wäre dies als sicheres Zeichen zu werten, daß dieser exakt kreisrunde Spritzbetonring die Ausbildung einer plastischen Zone im Gebirge verhindert hat, obwohl gerade dort die Mylonitisierung am stärksten war. Der Spritzbetonring wurde allerdings anstelle des zerrissenen ersten Spritzbetons erst relativ spät aufgebacht, als die Verformungen sicherlich bereits im Abklingen waren.

Nach durchgeführter Vorspanninjektion[7] hinter der endgültigen Betonauskleidung zeigte übrigens praktisch der ganze Stollen dieses typisch elastische Verhalten.

Im Querschnitt 12 wurde unmittelbar nach dem Ausbruch mit den Messungen begonnen. Seine Kennlinie verläuft daher auch am steilsten und ergibt einen Anhaltspunkt für den wahrscheinlichen Verlauf in der ersten Zeit bei den übrigen Querschnitten. Die Vortriebsstationierungen über der gleichen Zeitachse aufgetragen, ergeben die unten beginnende Linie. Auf ihr sind die Vortriebsdaten der 12 Querschnitte markiert. Die gedachte Verlängerung der Kennlinien nach rückwärts bis zur jeweils zugehörigen Vortriebsordinate läßt für jeden Querschnitt die gesamte Durchmesseränderung seit dem Ausbruch abschätzen, wobei man auf die Größenordnung von max. 80 mm kommt.

Abb. 7. Gemessene Hohlraumverformungen bei intakt gebliebener Spritzbetonauskleidung. Durchmesseränderungen im Druckstollen Feichten-Nord (horizontaler Durchmesser)

A relative Verkürzung $\frac{\Delta}{D = 4{,}0\ \text{m}}$; *B* relative Verlängerung; *V* Vortriebsstand; *F* Fortschritt des Vortriebes. Die Stellen *3, 4* und *5* liegen in der Injektions-Versuchsstrecke (20 cm starke, kreisförmig geschlossene Vorauskleidung). Dort treten allein Verlängerungen von *D* (horizontal) auf. Alle Werte von ε und $\frac{d\varepsilon}{dt}$ sind auf die lichte Weite $D = 40$ m bezogen

Measured cavity deformation with the gunite lining remained intact. Changes in diameter in the pressure gallery of Feichten-Nord (horizontal-diameter)

A relative shortening $\frac{\Delta}{D = 4{,}0\ \text{m}}$; *B* relative extension; *V* heading; *F* Progress of heading. The points *3, 4, 5* are located in the gronting test section (20 cm thick temporary lining closed in the shape of a circle). Only there extensions of *D* (horizontal) occur. All values of ε and $\frac{d\varepsilon}{dt}$ are related to the clear span $D = 4.0$ m

Déformations du paroi mesurées en cas de soutènement en béton projeté intact. Déformations diamétrales d'une galerie en charge, Feichten-Nord (diamètre horizontal)

A compression relatif $\frac{\Delta}{D = 4{,}0\ \text{m}}$; *B* extension relatif; *V* avancement; *F* progression d'avancement. Les points *3, 4* et *5* sont situés dans le tronçon d'essai d'injection (revêtement provisoire, anneau de 20 cm d'épaisseur. Seulement là il y a des extensions de *D* (horizontal). Toutes les valeurs de ε et $\frac{d\varepsilon}{dt}$ sont rapportées au diamètre $D = 4{,}0$ m

Die aufgetragenen Ergebnisse erwecken das Bedürfnis, bei der nächsten Gelegenheit umfangreichere und systematischere Messungen anzustellen. Ein großer Teil der Meßstellen fiel z. B. hier schon durch Zerstörung aus. Der charakteristische Verlauf der Zeit-Dehnungslinien läßt erkennen, daß die Verformungsgeschwindigkeit in allen gemessenen Querschnitten mit fortschreitender Zeit stark abnimmt, je nach Gebirgsbeschaffenheit dazu aber verschieden lang braucht und sich in der Größenordnung sehr unterscheidet. Man könnte aus Meßergebnissen vielleicht also schon zu einer Zeit wichtige Hinweise auf das spätere Verhalten bekommen, da noch keine Risse oder Zerstörungen zu sehen sind. Solche Messungen stören die Stollenarbeit in keiner Weise. Das Anbringen von Bolzen oder Ankerlöchern ist eine Kleinigkeit. Die Messungen selbst sind sehr rasch und einfach mit einem Stahlrohr-Teleskopmeßstab mit Noniusablesung durchzuführen, wie er während des Kaunertalausbaues zur Feststellung der Injektionsvorspannwirkung auf die Betonauskleidung von der TIWAG gebaut und verwendet wurde.

Abb. 8. Einfaches Gerät zur Durchmesser-Messung

Simple device for measuring diameter

Outil simple pour mesurer le diamètre

Abb. 8. zeigt einen derartigen Meßstab, der auch mit einer Vorrichtung zum Einhängen einer Meßuhr ausgestattet ist, um raschere Bewegungen, z. B. während einer Hochdruckinjektion, sichtbar zu machen bzw. dauernd verfolgen zu können. Die Ausführung einer Reihe von Abstandsmessungen mit diesem Gerät nimmt jedenfalls nicht mehr Zeit in Anspruch und stört den Stollenbetrieb weniger als tiefsinniges Betrachten einer gerissenen Sicherungsauskleidung durch eine auf dem Gleis stehende Gruppe.

Im Zusammenhang mit der Spritzbetonsicherung, die es im Gegensatz zu früheren Einbauarten ermöglicht, Auflockerungen zu vermeiden, ist auf Grund der Erfahrungen in Druckstollen hier ein Hinweis über den Einfluß auf die Wandstärke der endgültigen Betonauskleidung angebracht, der auch für Verkehrstunnel zutreffen dürfte:

Da bei richtiger Anwendung die Spritzbetonvorauskleidung schon die tragende Mitwirkung des Gebirges sichert, stellt die Betonauskleidung für die von außen wirkenden Kräfte statisch nur mehr eine Verbesserung des Sicherheitsfaktors dar und bewirkt dann praktisch, wie bereits erwähnt, daß das Endsystem sich nach der im Druckstollenbau üblichen bzw. notwendigen Injektion zur Gänze elastisch verhält. Schon im Druckstollen Prutz-Imst beginnend, deutlicher noch im Kaunertal, hat sich, durch den Arbeitsvorgang bedingt, immer mehr der Trend durchgesetzt, mit einer einheitlichen Wandstärke, die eigentlich nur mehr vom beabsichtigten Injektionsdruck her bestimmt wird, auszukommen, während man bei der Planung vor kurzem noch sehr unterschiedliche, gebirgsklassenbedingte Auskleidungstypen kannte. Diese Entwicklung entspricht durchaus den analytisch gewonnenen Ergebnissen. Z. B. enthält der Ausdruck für die Bemessung der Wandstärke „d“ bei Berücksichtigung einer mittragenden plastischen Zone (Kastner, Statik des Tunnel- und Stollenbaues[2], Seite 178) zwar den Winkel der inneren Reibung in Form der Funktion $\xi = \frac{1 + \sin \varrho_g}{1 - \sin \varrho_g}$ sowie die einachsige Gebirgsfestigkeit $\sigma_{g\,d}$ und die Betonfestigkeit σ_B, nicht aber die Höhe der Überlagerung.

Zum Abschluß soll noch von einem druckhaften Schiefergneisabschnitt im Radurschl-Bachüberleitungsstollen des Kaunertalkraftwerkes berichtet werden (im Bauleitungsbereich Ober-Ing. Wessiak, Ausführung durch Arge Mayreder-Heimbach u. Schneider). Während die Muskowitgneisabschnitte die hohe Belastung ohne weiteres vertrugen, zeigte der an und für sich nicht sehr gebräche, aber flach geschichtetes Schiefergneis bei Überlagerungen von 950—1100 m ausgeprägte Druckerscheinungen. Die Ulmen drängten plastisch in den Hohlraum und wären ohne Gegenmaßnahme schnell der Auflösung verfallen. Sofort nach dem Ausbruch 10—20 cm stark aufgebrachter Spritzbeton wurde innerhalb weniger Tage zerrissen und sein Tragvermögen zerstört, bevor er noch richtig erhärtet war. Zusätzlich nun eingebaute Perfoanker hemmten die Kriechbewegung zwar erheblich, konnten aber nicht verhindern, daß der Spritzbeton dazwischen weiterhin zu Bruche ging. Die Anker waren 1,5—2 m lang und wurden ringförmig in Sternen zu 5—7 Stück zusammengefaßt angeordnet. Der Abstand der Sterne betrug 2—3 m. Man versuchte es nun mit Alpinebögen zwischen den geankerten Querschnitten, aber auch diese wurden natürlich mitverformt. Ringförmig geschlossene Stahlbogen, die in der Sohle in einem Gewölbegurt, unmittelbar dem Vortrieb folgend, einbetoniert wurden, verformten sich jetzt in der ebenfalls im Bild dargestellten Art, der Sohlbeton wurde abgeschert. Man glaubte anfangs, mittels eines sofortigen starken Ausbaues, die plastische Verformung der unmittelbar an den Hohlraum angrenzenden Gebirgszone ganz verhindern zu müssen, da man solche Bewegungen grundsätzlich als Auflockerung wertete. Offenbar waren Deformationen in begrenztem Außmaß aber eben nötig, damit die Ausdehnung der Lastübertragung auf etwas weiter entfernte Zonen vor sich gehen konnte; so lange, bis die gemeinsame Tragfähigkeit aller beteiligten Elemente und Zonen für einen stabilen Zustand ausreichte. Durch starren Einbau einen elastischen räumlichen Spannungszustand des Tragsystems zu erzwingen, war sichtlich mit vernünftigen Mitteln nicht möglich. Die bei solchem Vorhaben auf den Einbau übergehende, seiner Steifheit entsprechende hohe Belastung hätte enorme Spritzbetonabmessungen erfordert, die man so rasch gar nicht herstellen kann.

Gleichzeitig angesetzte Abstandsmessungen gegenüberliegender Ulmenpunkte ergaben die im Bild unten dargestellten Linien der täglichen Deformationen während der ersten 20 Tage. Die dicke Linie ist der mittlere Verlauf. Die nach rechts ansteigende Linie gibt die mittlere Gesamtverkürzung des Meßdurchmessers mit fortschreitender Zeit an. Demnach treten in vorliegendem Falle die größten Verkürzungen innerhalb der ersten 3—4 Tage auf. Im Verlauf von 2—3 Wochen klingt die Bewegung bei der vorhandenen Felsnagelung fast völlig ab.

Auf Grund dieser Beobachtung wurde in der Folge daher beim Vortrieb nur mehr eine dünne Schicht Sicherungsspritzbeton aufgebracht, der zum Schutze der Mannschaft ausreichte und die Klüftung, sowie allfällig sich entwickelnde Gleitflächen verschloß. Bei Bedarf konnte er rasch ergänzt oder erneuert werden. Seine Ergänzung auf die volle endgültige Auskleidungsstärke von 20 cm erfolgte erst nach 2—4 Wochen. Diese, also erst später steif gemachte Auskleidung, hielt nun einwandfrei und bekam keine Risse mehr.

Die sofortige Nagelung beim Ausbruch mit Perfoankern wurde weiterhin beibehalten. Sie stellte den eigentlichen wirksamen Einbau dar. Ausreichend nachgiebig,

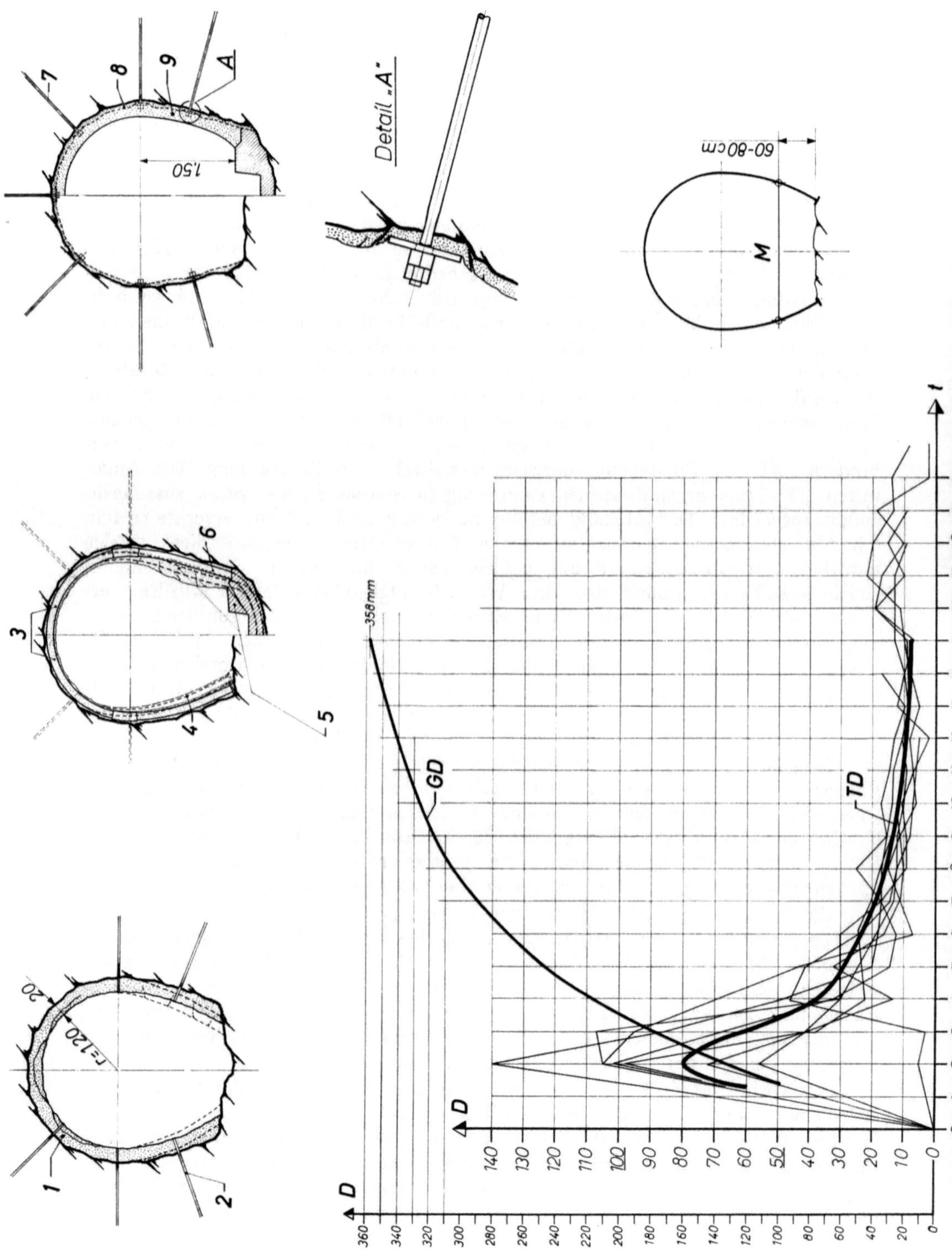
1
2
r=120
20
3
4
5
6
7
8
9
A
1,50
Detail „A"
M
60-80 cm
358 mm
GD
TD
D
t

aber dabei zähen Widerstand leistend, verhinderte er das Bruchfließen und die Auflösung der Randzone und führte bald zur Stabilisierung. Die anfangs nicht angespannten Perfo-Anker gerieten von selbst unter solche Spannung, daß die Platten mit den Schraubenmuttern, die man trotz des spannungslosen Einbaues angebracht hatte, sich in den Spritzbeton und den Fels einstanzten. Das Gebirge kroch gebremst darüber hinaus. Einige wieder ausgebaute Anker zeigten eine deutliche Einschnürung infolge Dehnung. Eine bessere Verteilung der Anker anstelle der Konzentration auf Querschnitte wäre vermutlich noch wirksamer gewesen.

Worauf es in jedem einzelnen Falle nun auch ankommen mag; jedenfalls besteht kein Zweifel darüber, daß einfache, laufend durchgeführte Deformationsmessungen geeignet sind, über die Vorgänge der Spannungsumlagerung im Gebirge Aufschluß zu geben und somit eine richtige Wahl des Einbaues hinsichtlich Stärke und Zeitpunkt zu sichern.

Um dieses Ziel zu erreichen genügt die Genauigkeit von 1 mm, die mit baustellenmäßigen Mitteln erzielbar ist.

Die Beobachtungen in druckhaften Stollenabschnitten und die Erfahrungen, welche seit dem Aufkommen der Felsankerung und der Spritzbetonsicherung beim Vortrieb und weiteren Verhalten solcher Strecken im Arbeitsgebiet der TIWAG gewonnen werden konnten, erwiesen sich, wie die vorstehend mitgeteilte Auswahl zeigt, ausnahmslos als eine Bestätigung der von L. v. Rabcewicz[8] unter dem Titel „Die neue österreichische Tunnelbauweise" veröffentlichten Darlegungen. Der vorliegende Erfahrungsbericht möge also mit ein wenig zu weiterer Nutzanwendung dieser neueren Anschauungen auch im Stollenbau anregen, welcher meist wohl mit kleineren Querschnitten als im Tunnelbau, aber oft mit hohen Überlagerungen zu tun hat.

Abb. 9. Plastisches Verhalten von Schiefergneis unter hohem Gebirgsdruck, Beileitungsstollen Radurschl, 750—900 m Ü.

D Deformation in mm; *t* Deformationszeit in Tagen; *GD* Gesamtdeformation; *TD* tägliche Deformation; *M* Meßstellen; *1* 20 cm Spritzbeton, durch Schubbrüche zerstört; *2* Nagelung; *3* Alpine Bögen; *4* Alpine Bögen, stark verformt; *5* Alpine Bögen, stark verformt, Beton abgeschert; *6* Alpine Bögen in der Sohle geschlossen und einbetoniert; 7 Perfoanker; *8* 3 bis 5 cm Spritzbeton als Sicherung; *9* 15 cm Spritzbeton nach 2 bis 4 Wochen

Plastic behaviour of schist gneiss under high rock pressure, Radurschl tunnel diversion, 750—900 m rock overburden

D deformation in mm; *t* deformation period in days; *GD* total deformation; *TD* daily deformation; *M* measuring points; *1* 20 cm thick gunite destructed by shear cracks; *2* rock bolting; *3* Alpine steel arches; *4* Alpine steel arches heavily deformed; *5* Alpine steel arches heavily deformed, concrete sheared off; *6* Alpine steel arches closed in the tunnel floor and cast in with concrete; *7* Perfo rock bolts; *8* 3—5 cm thick gunite as support; *9* 16 cm thick gunite after a period of 2—4 weeks

Comportement plastique de gneiss schisteux sous pression de roche elevée, galerie d'avancement de Radurschl, couverture 750—900 m

D déformation en mm, *t* temps de déformation en jours, *GD* déformation totale, *TD* déformation par jour; *M* points de mesure; *1* béton projeté, 20 cm d'épaisseur, détruit par des ruptures de cisaillement; *2* boulonnage; *3* cintres métalliques Alpine; *4* cintres métalliques Alpine déformés très fort; *5* cintres métalliques Alpine déformés très fort, béton cisaillé; *6* cintres métalliques Alpine fermés dans le radier et bétonnés; 7 boulon d'ancrage Perfo; *8* béton projeté, 3—5 cm d'épaisseur, pour soutènement; *9* béton projeté, 15 cm d'épaisseur, après 2—4 semaines

Literatur

[1] Detzlhofer, H.: Die Stollenarbeiten für das Innkraftwerk Prutz-Imst der Tiroler Wasserkraftwerke AG. Montan-Rundschau 1960, Sonderheft Tunnel- und Stollenbau.

[2] Kastner, H.: Statik des Tunnel- und Stollenbaues. Berlin—Göttingen—Heidelberg: Springer-Verlag 1962.

[3] Lauffer, H.: Das Innkraftwerk Prutz-Imst. Österr. Wasserwirtschaft, Jg. 7 (1955) H. 5/6.

[4] Lauffer, H.: Entwurfsprobleme und Bauerfahrungen beim Innkraftwerk Imst der TIWAG, Österr. Wasserwirtschaft, Jg. 13 (1961) H. 5/6.

[5] Lauffer, H.: Die neuere Entwicklung der Stollenbautechnik. Österr. Ingenieur-Zeitschrift, Jg. 3 (1960), H. 1.

[6] Lauffer, H.: Das Kaunertalkraftwerk. Österr. Wasserwirtschaft, Jg. 20 (1968) H. 7/8.

[7] Lauffer, H.: Vorspanninjektionen für Druckstollen. Der Bauingenieur, 43. Jg. (1968) H. 7.

[8] Rabcewicz, L.: Die neue österreichische Tunnelbauweise. Der Bauingenieur, 40. Jg. (1965) H. 8.

Anschrift des Verfassers: Dipl.-Ing. Helmut Detzlhofer, Ober-Ing. der Tiroler Wasserkraftwerke AG, Landhausplatz 2, A-6020 Innsbruck.

Rock Mechanics, Suppl. 1, 87—96 (1970)

Über die Abstützung des Innendruckes von Betonstollen auf das Gebirge — Betrachtungen zur Injektionsvorspannung nach dem Verfahren OBAG-KUNZ

Von

Fritz Hautum, München

Mit 7 Abbildungen

(Eingegangen am 17. Februar 1969)

Zusammenfassung — Summary — Résumé

Über die Abstützung des Innendruckes von Betonstollen auf das Gebirge — Betrachtungen zur Injektionsvorspannung nach dem Verfahren OBAG-KUNZ. In den Jahren 1952 bis 1959 hat die Energieversorgung Ostbayern AG im Rahmen ihrer Pumpspeicherwerksgruppe Jansen zwei unbewehrte Betonstollen mit ungewöhnlich hohem Innendruck gebaut, die sich in angespanntem Betrieb bewährt haben. Beim Bau dieser Druckstollen wurde mittels eines Bohrlochinjektionsverfahrens auf die Auskleidung eine ansehnliche Vorspannung aufgebracht.

Es wird kurz über das Verfahren sowie über Beobachtungen und Messungen berichtet und einige Betrachtungen daran geknüpft.

On the Support of the Internal Pressure Acting in Concrete-Lined Tunnels in Rock — Prestressing by Grouting, According to the System OBAG-KUNZ. Between 1952 and 1959 the Energieversorgung Ostbayern AG has driven two not reinforced concrete tunnels for the purpose of the pumped-storage hydropower plant Jansen (Bavaria) with unusually high internal pressure. The tunnels have proved good in hard action. During their construction the lining has been considerably prestressed by means of a borehole-grouting technique, which is reported on in this paper.

Observations and measurements are communicated and connected with some considerations.

Remarques concernant la transmission de la pression intérieure des tunnels bétonnés sur le massif rocheux — Considérations sur la précontrainte par injections suivant le procédé OBAG-KUNZ. La galerie Reisach de la station de transfert d'énergie par pompage Reisach-Rabenleite et la galerie Weinberg de la station Tanzmühle toutes deux en Bavière, dans le Haut Palatinat près de la ville de Weiden sont en service depuis 13 et 9 ans respectivement. Les deux galeries sont revêtues en béton sans armatures; leurs diamètres sont près de 5 m et 3,5 m; leurs charges intérieures 18 et 15 bars (coups de bélier, plus de 22 et 18 bars respectivement).

Les deux galeries ont été précontraintes par injection dans des forages. On rapporte brièvement la méthode, les observations et les mesures, ainsi que quelques considérations qui s'y rattachent.

Die beiden Stollen, von denen hier die Rede ist, haben sich bei gelegentlichen Leerungen und Besichtigungen als völlig einwandfrei erwiesen. Sie liegen, an einen gemeinsamen Vertikalschacht angeschlossen (Abb. 1), in einem tektonisch gestörten Gneisgebirge, in dem gesunde Streckenabschnitte mit stark verwitterten abwechseln.

Zunächst einige Zahlenangaben:

Reisachstollen	Länge	1300 m
	lichter Durchmesser	4,91 m
	Stärke der Auskleidung	0,40 m i. M.
	max. stat. Innendruck	18 atü
	max. Druckstöße beim Abschalten der Maschinen	+ 22 – 40 %
	geringste Überdeckung	65 m
Weinbergstollen	Länge	1600 m
	lichter Durchmesser	3,50 m
	max. stat. Innendruck	15 atü

Man darf mithin beim Reisachstollen annähernd von 5 m lichtem Durchmesser und einem Innendruck von 20 atü sprechen. Angesichts der gleichartigen Gebirgsverhältnisse können Beobachtungen am kleineren Weinbergstollen sinngemäß auf den Reisachstollen übertragen werden. Inwieweit eine Übertragung auf andere Gebirgsverhältnisse statthaft ist, kann immer nur der praktische Versuch zeigen, eine Einschränkung, die wohl für alle derartigen Bauweisen zutreffen dürfte, die sich einer schlüssigen Berechnung entziehen.

Bei so hohen Innendrücken kommt der Auskleidung kaum eine erhebliche statische Bedeutung zu, sie hat mehr oder weniger nur die Aufgabe der Dichtung und Glät-

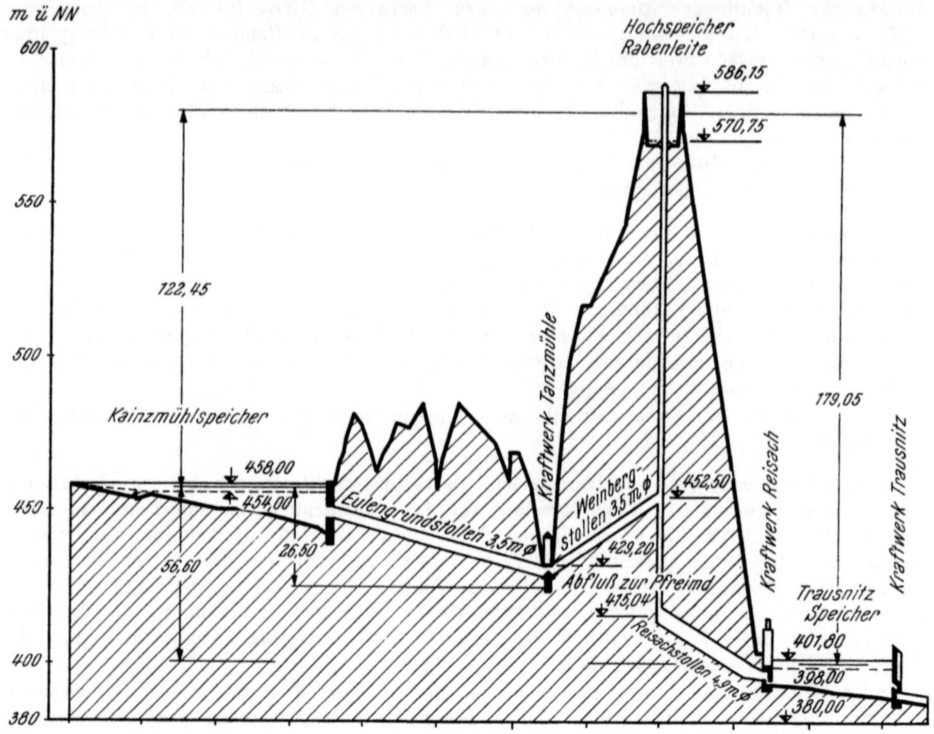

Abb. 1. Schematischer Längsschnitt durch das Stollensystem der Pumpspeicherwerksgruppe Jansen

Schematic longitudinal section through the tunnel system of the pumped-storage hydropower plant Jansen

Profil en long schématique des galeries de la station de transfert d'énergie par pompage Jansen

tung zu erfüllen. Das lehrt schon eine einfache Gegenüberstellung: die Umfangszugkraft (Innendruck mal Halbmesser) beträgt hier 500 t/m, die zulässige Zugbeanspruchung der Auskleidung mit $\sigma_{bzul} = 10$ kg/cm² nur 40 t. Letztere entspricht einer Halbmesserweitung von etwa $^1/_{12}$ mm, wenn man dem Beton ein $E_b = 300\,000$ kg/cm² zubilligt.

Von der Außenlaibung aus strahlen die Kräfte aus dem Innendruck radial ins Gebirge aus, wie das in Abb. 2 für Reisach veranschaulicht ist; die Summe dieser

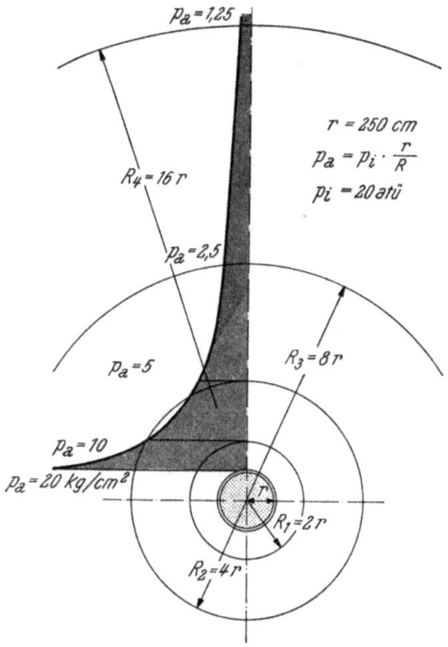

Abb. 2

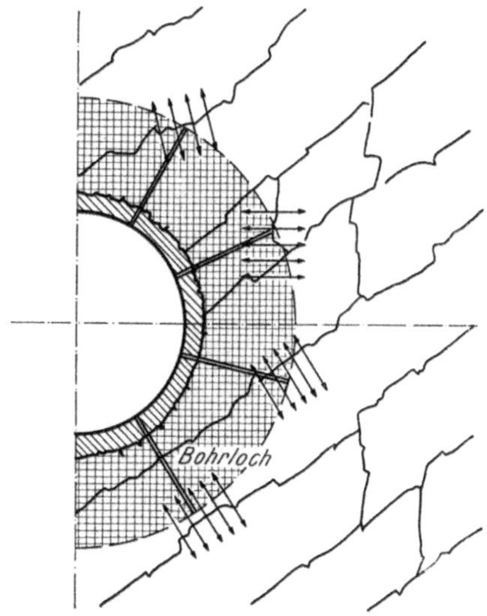

Abb. 3

Abb. 2. Abbau der radialen Spannungen P_a aus Innendruck P_i ≙ 20 atü im Gebirge des Reisach-Stollens

Reduction of radial stresses P_a from the internal pressure P_i ≙ 20 atü in the rock of Reisach tunnel

Diminution des contraintes radiales à partir de la pression intérieure $p = 20$ bars dans le massif entourant la galerie Reisach

Abb. 3. Schematische Darstellung der Wirkung von Bohrlochinjektionen im Gebirge; Zone der Aktion (Gitterschraffur) und der Reaktion (außerhalb des Bohrlochbereiches)

Schematic representation of the effect of borehole grouting in the rock; zone of action (grid hachure) and of reaction (outside of the borehole range)

Représentation schématique de l'action des injections en sondages dans le massif; zones d'action (hachures) et de réaction (à l'extérieur du domaine des forages)

Kräfte liegt bei 3000 t/m Stollen. Allein die elastische Verformung in einem ersten Gebirgsring von der Stärke gleich dem Stollenhalbmesser würde bei $E_{geb} = 150\,000$ kg/cm² etwa $^1/_5$ mm betragen, mithin die zulässige Dehnung der Auskleidung bei weitem erschöpfen, während doch die Summe aller plastischen und elastischen Verformungen in der weiteren Umgebung die Größenordnung von Zentimetern erreicht.

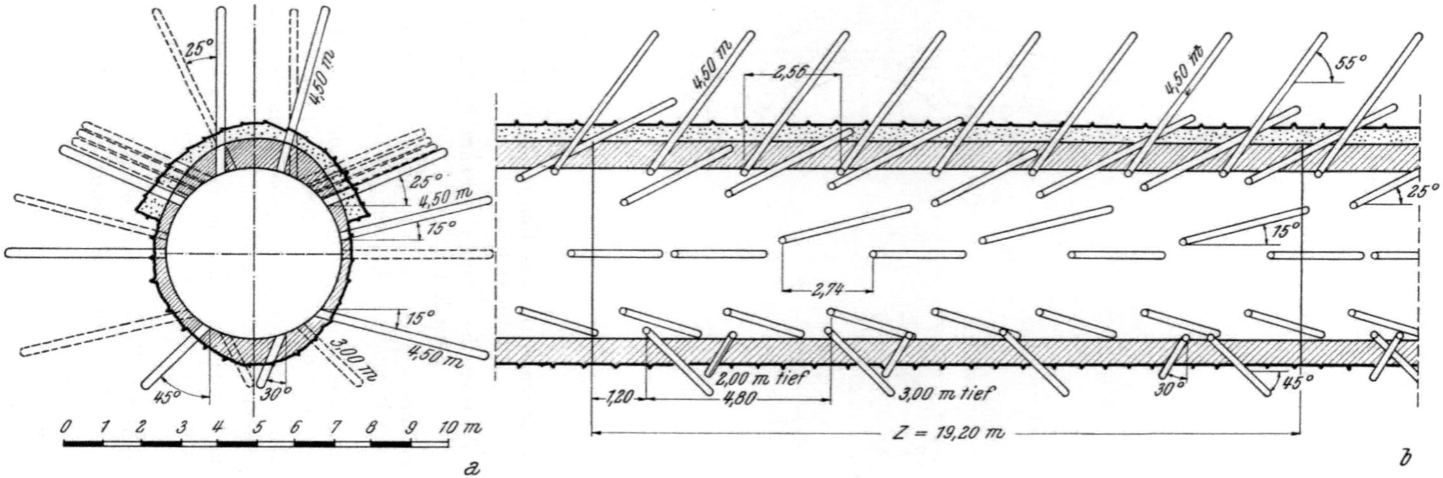

Abb. 4. Anordnung der Injektionsbohrlöcher im Reisach-Stollen
a Querschnitt; *b* Längsschnitt; *Z* Betonierungszone

Arrangement of the grouting boreholes in the Reisach tunnel
a cross section; *b* longitudinal section; *Z* zone of concreting

Disposition des forages d'injection pour la galerie Reisach
a coupe en travers; *b* coupe en long; *Z* zone du bétonnage

Man wird einwenden, daß alle plastischen Verformungen bereits von der Gebirgsauflast vorweggenommen sind, wobei von der Auflockerung beim Ausbruch angenommen sei, daß sie durch Kontaktinjektionen bereits hinlänglich kompensiert ist. Jedoch darf man sich kaum vorstellen, daß im Gebirge eine gleichmäßige Druckverteilung herrscht; es werden sich vielmehr gewölbeartige Verspannungen bilden, die Kräfte aus der Auflast werden nach den Partien höherer Festigkeit hinstreben, gleichsam als ob sich ein vielfältiges Stützliniensystem ausgebildet habe, in dessen Zwischenräumen noch genügend Raum zu plastischen Verformungen unter der zusätzlichen Beanspruchung durch den Stolleninnendruck geblieben ist. So betrachtet wird die Aufgabe darin zu suchen sein, die natürlichen Last- und Stützlinien auf das Bauwerk hinzulenken und den Gebirgswiderstand zu aktivieren.

Dazu sind große Kräfte notwendig, die man am wirtschaftlichsten mit hydraulischen Mitteln, mit Einpressungen von Zementsuspensionen ausüben kann. Ob dies zwischen zwei Betonringen wie bei der Kernringbauweise nach Kieser, oder hinter der Auskleidung mittels Plastikschläuchen wie beim Verfahren der TIWAG, oder aus Bohrlöchern in einem tieferen Bereich wie bei dem hier behandelten Injektionsverfahren erfolgt, läuft immer darauf hinaus, einen inneren Bereich unter Druck vorzuspannen und die Reaktionskräfte nach außen auf das umgebende Gebirge abzustützen. Wie sich Aktion und Reaktion — Druck auf eine Innenzone etwa vom Ausmaß der Bohrlochtiefe einerseits, Reaktion im umgebenden Gebirge anderseits, bei der Bohrlochinjektion vermutlich abspielen, ist in Abb. 3 schematisch veranschaulicht.

Das Bohrlochvorspannungsverfahren, wie es die Obag mit der Bauunternehmung Alfred Kunz & Co. zuerst in Reisach und dann im Weinbergstollen entwickelt hat, ist wiederholt im Schrifttum, besonders eingehend in zwei Buchveröffentlichungen der OBAG[1] dargestellt worden, soweit sich eine solche vorwiegend auf handwerklichen Vorteilen beruhende Bauweise überhaupt beschreiben läßt. Seine einzelnen Arbeitsgänge sollen daher hier nur kurz aufgezählt werden:

a) vorausgehende sorgfältige Kontaktinjektion;

b) Ansetzen der Bohrlöcher rings um die Stollenröhre normal zur Hauptkluftrichtung, damit möglichst viele Klüfte erfaßt werden (Abb. 4);

c) Durchspülen der Bohrlöcher mit Wasser unter hohem Druck, bis sie untereinander Verbindung bekommen; Zugabe geeigneter, tonige Kluftfüllungen auflösender Mittel, wobei sich in Reisach Rei bewährt hat;

d) Verwendung von besonders feingemahlenem Zement, Mischung in hochtourigen Mischern;

e) *gleichzeitiges Verpressen* tunlichst aller Bohrlöcher rings um den Stollen in rund 10 m langen, jeweils übersetzten Zonen.

Soweit in kurzen Stichworten das Ausführungsrezept. Man kann sich denken, daß es den jeweiligen Gebirgsverhältnissen angepaßt werden muß und daß gerade die Anpassungsfähigkeit einen Vorzug darstellt; ferner, daß die handwerklichen Kniffe bzw. die Erfahrung des Personals von ausschlaggebender Bedeutung sind und daß noch genug Spielraum zur Vervollkommnung und Weiterentwicklung besteht.

Was im Gebirge vorgeht, kann man nicht beobachten und nicht unmittelbar messen. Man kann aber die Wirkung der Maßnahmen an der Verkürzung des Umfanges der inneren Stollenlaibung feststellen. Dafür hat Dr. Glötzl, Karlsruhe, ein zweckmäßiges Meßverfahren entwickelt[1], mit dem man während der Arbeit, d. h. beim Verpressen Zone für Zone unter Kontrolle hält, also nicht nur einzelne Meßpunkte oder Meßquerschnitte beobachtet, sondern jeden Injektionsabschnitt Schritt für Schritt über die ganze Stollenlänge beurteilen kann. Und darin liegt wohl ein weiterer Vorzug des Verfahrens, abgesehen davon, daß der Zusammenhang zwischen dem Auskleidungsbeton und dem Gebirge durch keinerlei Fremdmaterialien gestört ist. Scheint der beobachtete Effekt nicht ausreichend, dann kann das Verfahren beliebig oft wiederholt werden, nicht nur beim Bau, sondern irgendwann einmal später, falls die Vorspannung nachlassen und eine Sanierung angemessen erscheinen sollte.

Das könnte zum Beispiel der Fall sein, wenn der Gesamtsickerverlust über das vertretbare Maß ansteigt, es sei denn, daß sich bei der Nachschau nur ein örtlicher Defekt herausstellt. Welcher Sickerverlust jeweils vertretbar ist, dafür gibt es keinen absoluten Maßstab, das hängt durchaus von den geologischen Ver-

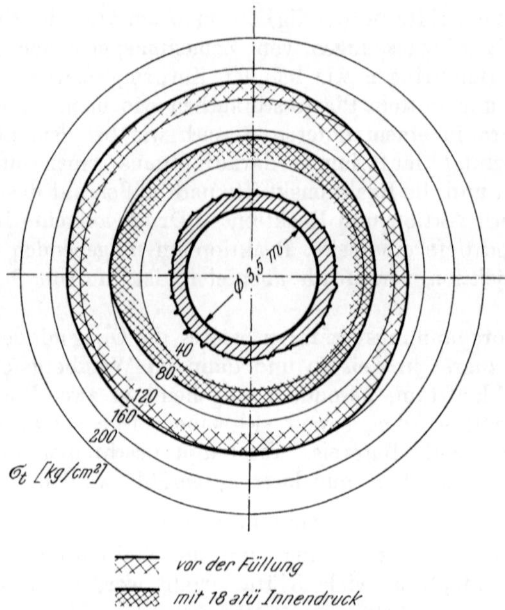

Abb. 5. Bei der Vorspanninjektion in der Betonauskleidung des Weinberg-Stollens erzielte tangentiale Druckspannungen σ_t

Compressive tangential stresses σ_t, attained by prestress grouting in the concrete lining of the Weinberg tunnel

Contraintes tangentielles de compression σ_t obtenues par les injections de précontrainte dans le béton de la galerie Weinberg

hältnissen ab. In Reisach hätte man vielleicht einen Abbau der Stabilität durch Freispülen toniger Klüfte zu befürchten, daher wurde eine möglichst vollkommene Dichtheit angestrebt. Am Wasserspiegel im Vertikalschacht läßt sich der Verlust in Betriebspausen recht genau messen; er beträgt bei insgesamt 40 000 m² Laibungsfläche 1½ l/s, d. i. 0,04 l/s je 1000 m². Der Verlust ist energiewirtschaftlich natürlich bedeutungslos, macht aber immerhin etwa 100 m³ im Tag aus, genug, um Schaden anzurichten, wenn er auf wenige Stellen konzentriert austräte.

Man will deshalb wenigstens an einigen Stellen laufend beobachten, ob und wie sich die erzielte Druckvorspannung hält. Zu diesem Zweck sind im Weinbergstollen Meßquerschnitte mit fernmeldenden Glötzl-Druckgebern ausgerüstet. Abb. 5 zeigt ein Diagramm der Druckspannungen, wie es bei der ersten Füllung des Stollens abgelesen wurde. Vor der Füllung sind tangentiale Vorspanndrücke bis

150 kg/cm², im Mittel etwa 120 kg/cm² erreicht. Dem entspricht bei 0,40 m starker Auskleidung und einem E_b für noch jungen Beton = 200 000 kg/cm² eine Halbmesserverengung um 1,2 mm (im Reisachstollen wurden bis 3 mm beobachtet), mithin ein Maß, das die eingangs erwähnte zulässige Halbmessererweiterung um ein Vielfaches übersteigt. Nach der Füllung ist der Vorspanndruck erwartungsgemäß um 60 kg/cm² zurückgegangen, aber eine bedeutende Reserve geblieben. Leider gestatten die heutigen Ablesungen infolge zwischenzeitlicher Überholung der Geräte

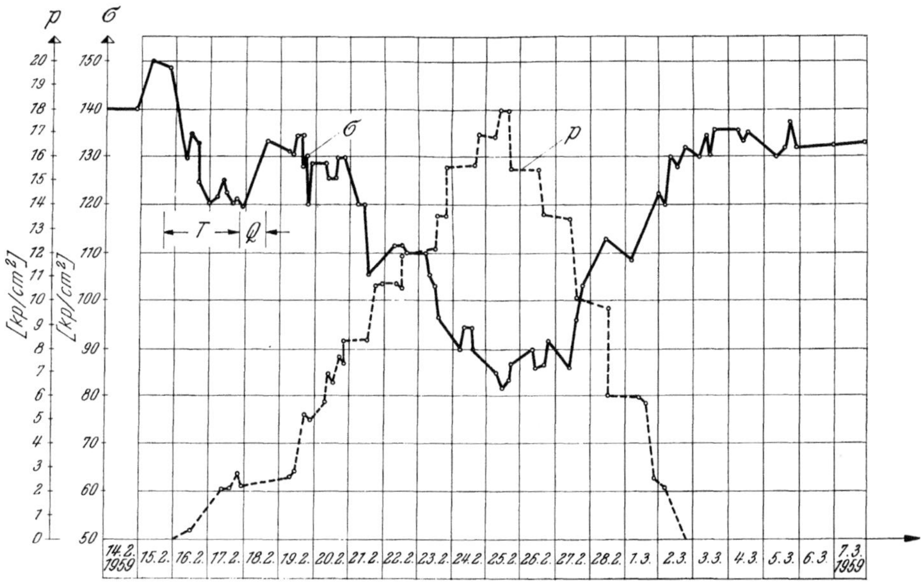

Abb. 6. Tangentialer Vorspanndruck σ im Auskleidungsbeton des Weinberg-Stollens am Geber 26 während einer Füllung und Leerung des Stollensystems

p Wasserinnendruck im Meßquerschnitt; T Einfluß der Abkühlung; Q Einfluß des Quellens und der Temperatur

Tangential prestressing pressure σ in the concrete of the lining of the Weinberg tunnel at the transmitter 26 during filling and emptying of the tunnel system

p internal water pressure in the measuring profile; T influence of cooling; Q influence of swelling and temperature

Précontrainte tangentielle σ dans le béton de la galerie Weinberg au point de mesure 26 pendant le remplissage et la vidange de la galerie

p pression d'eau intérieure dans la section de mesure; T influence du refroidissement; Q influence du gonflement et de la température

keine unmittelbaren Zahlenvergleiche; aber es wird über Jahre hinweg ein konstanter Zustand mit genügender Vorspannreserve beobachtet.

Es verdient erwähnt zu werden, daß Abb. 5 von einer Probefüllung mit 18 atü (statt 15 atü Betriebsdruck) stammt und daß diese Füllung im Winter bei nur 2° C Wassertemperatur erfolgt ist. Der Einfluß der Temperatur geht aus der zeitlichen Darstellung des Druckauf- und -abbaues während der Füllung und Leerung (Abb. 6) hervor. Das Füllwasser nahm aus der höheren Bergtemperatur Wärme auf; Erwärmung bringt hier infolge der Behinderung der Ausdehnung nicht Druckabbau, sondern Drucksteigerung. Anderseits kommt das Füllen mit kaltem Wasser einer Erhöhung des Innendruckes, hier um 3 bis 4 atü, gleich, eine beachtliche, unerwünschte Begleiterscheinung.

Voraussetzung für diese Temperaturauswirkungen ist eine entsprechende Vergütung des Gebirges durch die Injektionen, die ihren Ausdruck im schließlich erzielten E_{geb} findet. Die Umstände gestatteten es, bei der Probefüllung des Weinbergstollens die gesamte Weitung der Stollenröhre mit der erforderlichen Genauigkeit festzustellen[4] und daraus $E_{\text{geb}} = 180\,000$ kg/cm² zu ermitteln. Für den Reisach-Stollen hat man aus der Reflexionszeit der Druckstöße beim Abschalten der Maschinen auf ein dynamisches $E_{\text{geb}} = 240\,000$ kg/cm² schließen können.

Es ist verlockend und läßt gewisse Schlüsse zu, die Injektionen gewissermaßen quantitativ auszuwerten. Im Reisachstollen wurden — allein für die Vorspanninjektionen — je 1 lfd. m Stollen 26,3 m Bohrlöcher von rund 4 cm Weite gebohrt. Sie stellen einen Hohlraum von 33 l dar, in den 425 l Zement (ohne Wasser und nach Abzug aller Verluste) verpreßt wurden, mithin 13 mal der Bohrlochinhalt. Diese 425 l entsprechen übrigens zufällig dem Inhalt eines 2,5 cm weiten Spalt-

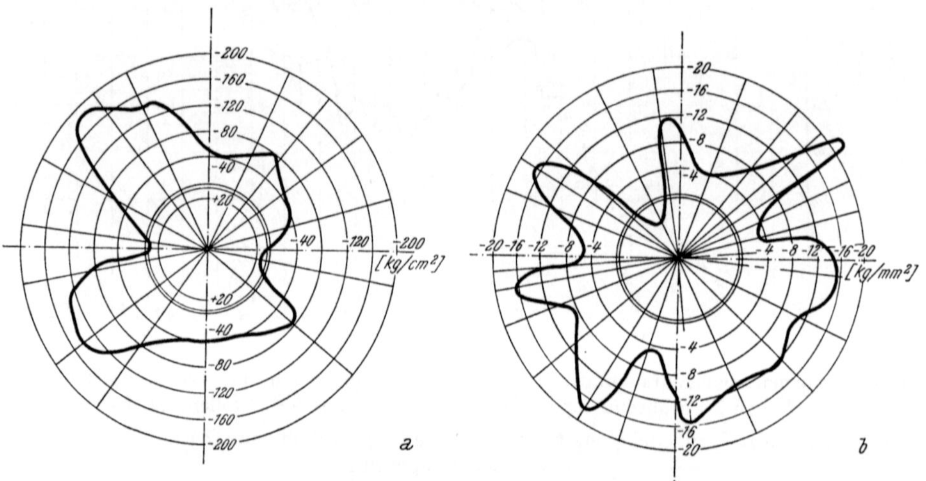

Abb. 7. Diagramm der in Spannung umgerechneten Oberflächendehnungen in einem Querschnitt des Reisach-Stollens während der Injektionsvorspannung (*a*) im Vergleich zu einem Beulversuch an einem Stahlrohrmodell nach Sulzer (*b*)

Diagram of the surface tensions converted into strains, in a profile of the Reisach tunnel during grouting prestressing (*a*) compared with a swelling test at a steel tube model acc. to Sulzer (*b*)

Graphique des contraintes calculées d'après les extensions superficielles dans une section de la galerie Reisach pendant l'injection de précontrainte (*a*), comparées à un essai de flambage d'un tube d'acier modèle d'après Sulzer (*b*)

rings nach Kieser, sind hier jedoch ein Mittelwert aus der ganzen Stollenlänge, innerhalb deren sich die Verpressung den wechselnden Gebirgsverhältnissen anpaßt. Unterstellt man, daß sich die 425 l (das Schwindmaß beim Abbinden braucht man bei dieser quantitativen Abschätzung nicht zu berücksichtigen) auf zahlreiche Verbindungskanäle zwischen den Bohrlöchern verteilen und schätzt man deren Oberfläche unter Berücksichtigung der Schrägrichtung der Bohrlöcher mit 100 000 cm² ab, dann erhält man bei 40 atü Pumpendruck eine Gesamtkraft von 4000 t. Eine so primitive Rechnung will nicht allzu ernst genommen werden; es ist aber immerhin verblüffend, daß das Ergebnis mit der Größenordnung der Innendruckkräfte zuzüglich eines wünschenwerten Sicherheitszuschlags recht gut übereinstimmt.

Es bleibt noch die Frage, wie die Auskleidung auf den hohen Außendruck der Injektionen reagiert. Man darf ja nicht annehmen, daß sich die Umfangsverkürzung ganz gleichmäßig auf den Umfang verteilt. Wie ungleichmäßig sich das in der Tat auswirkt, geht aus Abb. 7a hervor. Das Bild ähnelt überraschend dem in Abb. 7b wiedergegebenen Beuldiagramm eines Stahlrohres unter Außendruck, in dem ein Teilkreis 4 kg/mm^2 entspricht. Man erkennt im Diagramm der Betonauskleidung Streuungen zwischen 170 kg Druck und 20 kg Zug, letzteres bereits ein etwas bedenklicher Wert. Es gab seinerzeit Stimmen, die bezweifelten, ob sich die Betonröhre analog dem Stahlrohr verhalten und unter dem Innendruck wieder ausbeulen würde, mit anderen Worten, ob die bei der Verpressung entstandenen Zugspannungen durch den Zug aus Innendruck abgebaut würden. Das ist aber einwandfrei der Fall.

Wo liegen nun die Anwendungsgrenzen der Injektionsvorspannung mittels Bohrlöchern? Einerseits wohl bei jenem Injektionsdruck, dem die Auskleidung noch ohne Risse gewachsen ist; durch die Sorgfalt der voraufgehenden Kontaktinjektion muß verhindert werden, daß der Vorspannungspumpendruck größere Flächenbereiche erreicht. Anderseits bei der Aufnahmefähigkeit des Gebirges, für die es zwei Extremfälle gibt: Großklüfte, die sich auch durch Mörteleinpressungen nicht schließen lassen und (im Gegensatz dazu) toniges Gebirge, in dem keine Spülungen zur Steigerung der Aufnahmefähigkeit gewagt werden können. Aber in derartigem Gebirge mit entsprechend niedrigem E-Modul verbietet sich ein Druckstollenbau mit hohem Betriebsdruck wohl von selbst. Kleinere stark verwitterte Bereiche hingegen konnten in Reisach durchaus bewältigt werden. Schließlich bestimmt, wie bei allen technischen Maßnahmen, auch der wirtschaftliche Aufwand die Brauchbarkeit einer Bauweise. Er hängt hier von den Bohrkosten und von der Art und Weise, wie der Aufwand an Injektionsgut verrechnet wird, ab. Man kann sagen, daß sich die Kosten der Vorspanninjektionen im Reisach- und Weinbergstollen um 20–25 % der Gesamtbaukosten bewegten. Das ließ das angewendete Verfahren angesichts des Vorteils, mit nur einer Auskleidung auszukommen und notfalls das Verpressen zu einem späteren Zeitpunkt wiederholen zu können, recht vorteilhaft erscheinen. Es hat sich jedenfalls als eine Bauweise bewährt, die unter bestimmten Gebirgsverhältnissen — und eine derartige Einschränkung wird sich wohl jedes Verfahren gefallen lassen müssen — den Anwendungsbereich des unbewehrten Betondruckstollens über die bis dahin angenommenen Grenzen hinaus bedeutend erweitert hat.

Wenn es auch so aussieht, als ob der Ausbau von Wasserkräften, wenigstens in Europa, allmählich zu Ende geht, so ist das doch in manchen außereuropäischen Ländern noch nicht abzusehen. Solange aber Wasserkräfte ausgebaut werden, bleiben auch die Probleme des Druckstollenbaues aktuell. Daher darf man ihnen im Kreise der Felsmechaniker nach wie vor einige Aufmerksamkeit widmen; alles, was mit ihnen zusammenhängt, bildet für die Felsmechanik ein dankbares Beobachtungsfeld.

Literatur

[1] Das Pumpspeicherwerk Reisach-Rabenleite. Das Pumpspeicherwerk Tanzmühle. Selbstverlag der Energieversorgung Ostbayern AG, Regensburg.

[2] Hautum, F.: Der Druckstollen des Pumpspeicherwerkes Reisach-Rabenleite. VDI-Zeitschrift, Heft 5, 1957.

[3] Naber, G.: The Jansen Pumped Storage Scheme. Water Power, Heft 7 und 8, 1960.

[4] Hautum, F. und G. Naber: Beobachtungen beim erstmaligen Füllen von Druckstollen mit hohem Innendruck. Schweizerische Bauzeitung, Heft 6, 1960.

[5] Hautum, F.: Die Pumpspeichergruppe Jansen. Die Wasserwirtschaft, Heft 2, 1963.

[6] Hautum, F.: Das Pumpspeicherwerk Tanzmühle. Deutsche Bauzeitschrift, Heft 8, 1963.

[7] Hautum, F.: High Pressure Tunnels. Water Power, Heft 6, 1967.

[8] Hautum, F.: Zur Frage der Überdeckung von Druckstollen. Felsmechanik und Ingenieurgeologie, Suppl. IV, 1968.

[9] Lauffer, Dr.: Vorspanninjektionen für Druckstollen. Der Bauingenieur, Heft 7, 1968.

Anschrift des Verfassers: Dipl.-Ing. Fritz Hautum, D-8 München 71, Makartstraße 36.

Rock Mechanics, Suppl. 1, 97—123 (1970)

Die Anwendung des Gefrierverfahrens beim Ausbau eines Stollens in einer schwierigen Gebirgsstrecke

Von

O. J. Rescher

Mit 21 Abbildungen

(Eingegangen am 18. März 1969)

Zusammenfassung — Summary — Résumé

Die Anwendung des Gefrierverfahrens beim Ausbau eines Stollens in einer schwierigen Gebirgsstrecke. Die ersten Anwendungen des Gefrierverfahrens für den Schachtausbau in wasserführenden und nicht standfesten Deckgebirgsschichten liegen schon einige Jahrzehnte zurück. Seither konnte die Ausbautechnik bei der Errichtung zahlreicher Gefrierschächte wesentlich verbessert werden. Weit weniger bekannt und auf Erfahrungen begründet ist die Anwendung der Gefriertechnik bei schwierigen Gebirgsstrecken im Stollen- und Tunnelbau.

Im Zusammenhang mit dem Ausbau des Stollensystems für die Zuleitung zum Becken des Pumpspeicherwerks Hongrin-Léman (Schweiz) ergab sich nach einem Wassereinbruch im Stollen die Notwendigkeit, das Gefrierverfahren auf eine Strecke von 60 m in zermalmter, stark wasserführender Rauhwacke, bei einem Bergwasserdruck von 10 kg/cm^2 und einer Überlagerungshöhe von rund 300 m, heranzuziehen. Die Durchführung der Bauarbeiten, die derzeit noch in vollem Gange sind, war verbunden mit der Abklärung der besonderen geologischen Verhältnisse, der felsmechanischen Beurteilung des Gebirges und mit zahlreichen Problemen hinsichtlich der Planung der Gefrieranlage bei waagrechter Anordnung der Kühlrohre als auch der Bemessung und baulichen Ausbildung eines wasserdichten Stollens.

Es wird über die Ausbautechnik und die bisher gesammelten Beobachtungen und Erfahrungen berichtet. Die Schwierigkeiten für theoretische Untersuchungen liegen darin, daß das gefrorene Gestein sich in keiner Weise elastisch verhält und unter der Einwirkung des Gebirgsdruckes kriecht, wobei sämtliche Parameter temperatur- und zeitabhängig sind.

Die Berechnung der statischen Beanspruchung des Frostmantels während der Abbrucharbeiten und der Stollenauskleidung beruhen zwangsweise auf Annahmen, die mit einer gewissen Unsicherheit hinsichtlich der Größe und Richtung der wirkenden Kräfte verbunden sind. Der Einbau von Meßgeräten (Ziel- und Setzbolzen, Druckmeßdosen und Temperaturfühlern) hat zum Zweck das Verhalten des Bauwerks beim Ausbau und nach Inbetriebnahme zu überprüfen. Die Meßergebnisse werden auch dazu beitragen, für künftige, ähnliche Bauwerke bessere Grundlagen für die Bemessung zu schaffen. Infolge der Aktualität des Falles kann darüber erst zu einem späteren Zeitpunkt berichtet werden.

Application of Refrigeration during Construction of an Adduction Gallery in Difficult Ground. The first applications of refrigeration techniques, for driving shafts through water-bearing ground of bad holding qualities, were carried out several decades ago. Since then this technique has been used for the construction of many shafts, but one finds only very few recorded examples of refrigeration being used for driving tunnels or galleries, in difficult ground.

During the construction of the adduction gallery network for the Hongrin-Léman Hydro-Electric Development (Pump-Turbine system) in Switzerland, it was found necessary, after severe flooding, to fall back on the refrigeration process in order to pass through a zone, 60 metres across, of water-bearing "cornieules" (crushed yellow honeycomb dolomite), under a water pressure of 10 kg/cm^2, approximately 300 metres below the surface.

In order to carry out this work, actually still under construction, it was necessary to examine very carefully the geological and geomechanical conditions and properties; problems involving the methods of installing and operating the refrigeration equipment, due to freezing elements being installed horizontally, as well as those concerning the dimensioning and construction of a water-tight gallery in frozen ground.

This article describes the methods used, also the experiences gained during the construction of that part of the gallery already built.

The difficulties, from the design point of view, are due to the fact that the frozen ground behaves as a non-elastic medium subject to creep under the action of the surrounding rock mass, with all the design parameters being dependent on both temperature and time.

The calculation of the stresses in the frozen earth mass during excavation, and in the lining of the gallery, are, of necessity, based upon certain hypotheses which are to some extent inaccurate, in regard to the direction and size of the forces in question. The positioning of measuring devices (set points, pressure gauges, temperature gauges) is with the object of checking the behaviour of the structure both during construction and after it is put into service.

The results obtained from these measurements, and the experiences gained during the construction, will contribute towards the establishment of a better basis for calculation of similar works.

Due to the construction not yet being completed, it is not possible to give more detailed information on this subject, at the present time.

Application de la congélation lors de la construction d'une galerie dans un terrain difficile. Les premières applications de la congélation, pour la constructions de puits situés dans des terrains aquifères et de mauvaise tenue, remontent déjà à quelques décennies. Depuis lors, la technique de la congélation a été mise au point à l'occasion de la réalisation de nombreux puits. Par contre, on dispose de peu d'expériences dans ces techniques, pour les tunnels et galeries en terrain difficile.

Dans le cadre de la réalisation du réseau des galeries d'adduction de l'aménagement de pompage et turbinage Hongrin-Léman (Suisse), il fut nécessaire, après une irruption d'eau importante, de recourir au procédé de congélation pour traverser un tronçon de 60 m dans des cornieules broyées et aquifères, sous une pression d'eau de 10 kg/cm^2 et une couverture de 300 m environ.

L'exécution des travaux de construction, actuellement encore en cours, exigeait une étude approfondie des conditions géologiques et géomécaniques, des problèmes concernant l'élaboration du projet de l'installation de congélation, caractérisée par des congélateurs disposés horizontalement et de ceux concernant le dimensionnement et la construction d'une galerie étanche dans un terrain gelé. Le présent article expose la méthode d'exécution, ainsi que les expériences faites jusqu'à ce jour, lors de la construction du tronçon de galerie réalisé.

Les difficultés pour des études théoriques sont dues au fait que le terrain gelé se comporte d'une manière non élastique et présente des effets de fluage sous l'action du massif rocheux; de plus, tous les paramètres dépendent de la température et du temps.

Le calcul statique de la sollicitation du corps de congélation durant les travaux d'excavation et de revêtement de la galerie repose nécessairement sur des hypothèses qui sont liées à une certaine incertitude à l'égard de la grandeur et de la direction des forces agissantes. La mise en place d'appareils de mesure (cibles, pressiomètres, jauges de température) a pour but de contrôler le comportement de l'ouvrage pendant la construction et après la mise en exploitation.

Les résultats de mesure et les expériences faites contribueront à améliorer les bases de dimensionnement pour des ouvrages semblables.

L'actualité du cas ne permet pas de fournir des renseignements plus détaillés à ce sujet, déjà maintenant.

1. Einleitung

Bei der Durchführung der Bauarbeiten für den Ausbruch des Hauptstrangs der Zuleitungen Ost des Pumpspeicherwerks Hongrin-Léman[2,3] ergaben sich in ihrem Ausmaß nicht vorhergesehene Schwierigkeiten. Dieser Stollen mündet praktisch am Ende des Staues (höchster Stauspiegel 1255,00 m) auf Kote 1250,00 m, im Tal des Hongrinbaches Pâquier-Clavel in das Speicherbecken. Es handelt sich um einen Freispiegelstollen üblicher Form, Querschnitt 5 bis 8 m², Langsgefälle 3 ‰.

Aus der Gesamtanordnung des Stollensystems ergab sich die Notwendigkeit, den Hauptstrang durch das Massif des Mont d'Or zu führen (Abb. 1 und 2). Der

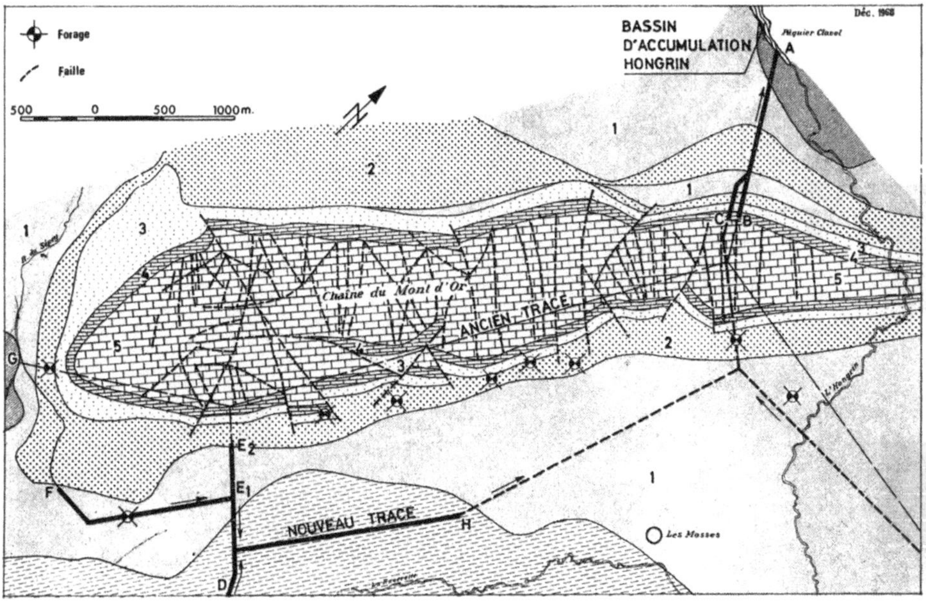

Abb. 1. Chaîne du Mont-d'Or — Lageplan der Zuleitungen Ost (nach J. Norbert, Geologe, Lausanne)

Dichter Fels: *1* Tonschiefer mit Kalksandstein; *2* Anhydrit und Gips. Durchlässiger Fels: *3* zermalmte Rauhwacke; *4* stark zerklüfteter Dolomit und Dolomitenkalk; *5* zerklüfteter Kalkstein

Chaîne du Mont d'Or — Plan of galleries, East adduction

Non water-bearing rock: *1* Clayey schist with sandy-limestone; *2* Anhydrite and gypsum. Water-bearing rock: *3* "Cornieules" (crushed yellow honeycomb dolomite); *4* Dolomitic limestone and badly fractured dolomite; *5* Fissured limestone

Chaîne du Mont d'Or — Situation des adductions Est

Roches étanches: *1* Schiste argileux à niveaux gréso-calcaires (flysch); *2* Anhydrite et gypse. Roches aquifères: *3* Cornieules broyées; *4* Calcaires dolomitiques et dolomies très fracturées; *5* Calcaires fissurés

geologische Aufbau dieser Gebirgskette und seine besondere tektonische Gliederung gaben am 19. Juni 1965 Anlaß zu einem Wassereinbruch im Stollen. Auf Grund einer eingehenden Untersuchung der vorliegenden Verhältnisse wurde zur Durchfahrung einer schwierigen Strecke von etwa 60 m in zermalmter, stark wasserführender Rauhwacke das Gefrierverfahren herangezogen. Mit der Einrichtung der

Gefrieranlage wurde im Mai 1967 begonnen. Die Arbeiten sind derzeit noch im vollen Gang und werden vermutlich insgesamt zwei Jahre in Anspruch nehmen.

Über die Planung, die Ausbautechnik und die bisher gesammelten Beobachtungen und Erfahrungen soll im folgenden berichtet werden.

2. Vorarbeiten nach dem Wassereinbruch

Mit dem Ausbruch des Stollens von Pâquier-Clavel aus wurde im September 1964 begonnen. Die Durchörterung des Gebirges auf eine Länge von 1170 m verlief ohne besondere Vorkommnisse und Schwierigkeiten bis zum Tag des Wassereinbruchs (19. Juni 1965) bei einer Überlagerungshöhe von rund 300 m. Der Ein-

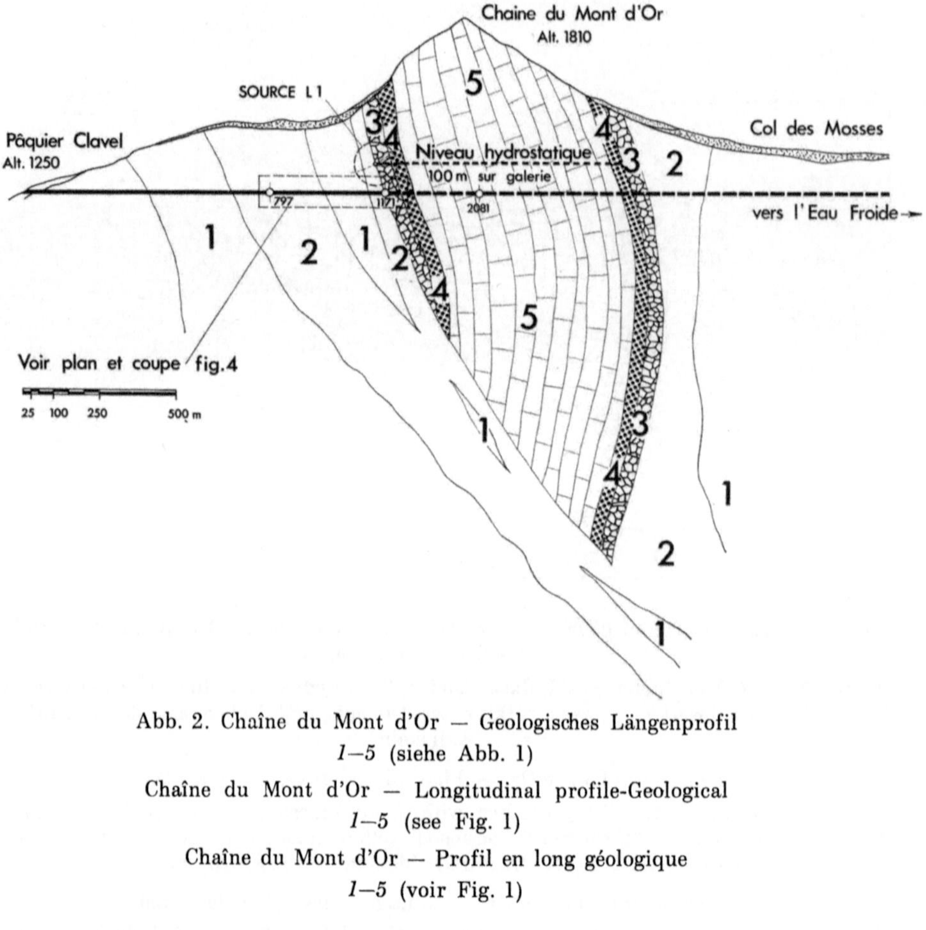

Abb. 2. Chaîne du Mont d'Or — Geologisches Längenprofil
1—5 (siehe Abb. 1)

Chaîne du Mont d'Or — Longitudinal profile-Geological
1—5 (see Fig. 1)

Chaîne du Mont d'Or — Profil en long géologique
1—5 (voir Fig. 1)

bruch einer Wassermenge von ungefähr 1 m³/sec unter hohem Druck verlief glücklicherweise langsam genug, um den Grubenarbeitern nach dem Sprengen, welches den Einbruch auslöste, Zeit zu geben, den Stollen in Eile zu verlassen.

In den darauffolgenden Tagen konnte festgestellt werden, daß die Wassermenge abnahm, jedoch starken Schwankungen unterworfen war. Dies zeigte deutlich auf einen wiederholten Vorgang von Wassereinbruch und Selbstdichtung im Gebirge hin.

In diesem Zusammenhang konnte auch das Versiegen einer Quelle (Ll, Abb. 2) im Bereich des Mont d'Or beobachtet werden. Das Wasser führte anfänglich nur feines Material mit sich, grobkörnige Anteile folgten erst nach etwa 24 Stunden. Ferner stellte sich heraus, daß das Bergwasser nicht mehr von der Stollenbrust, wo der Wassereinbruch erfolgte, kam, sondern etwa 70 m davon entfernt vom Stollenscheitel.

An der Sohle des Stollens lagerte sich grobes Material an; nach einer Woche war der Stollen auf etwa 100 m vom Einbruch entfernt völlig verstopft. Die Wasser-

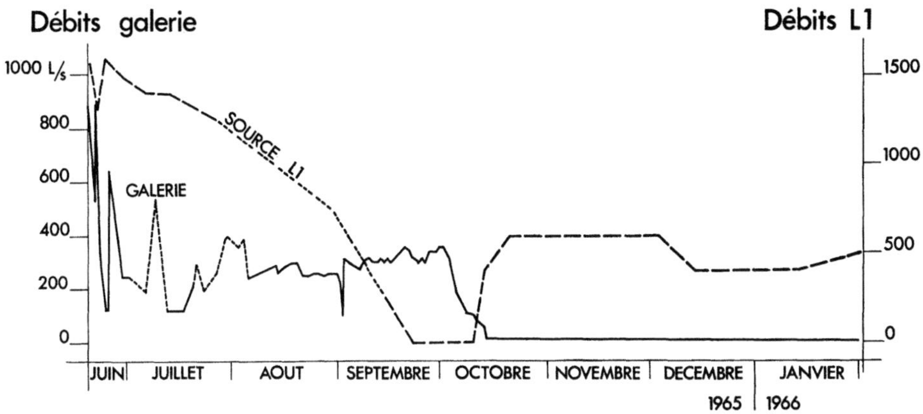

Abb. 3. Zeit-Wassermengen-Diagramm für den Stollen und die Quelle *L 1*
Time-flow graphs for the gallery and spring *L 1*
Diagramme débit-temps pour la galerie et la source *L 1*

menge im Stollen stellte sich in den folgenden Monaten auf den Mittelwert von 300 l/sec ein und sank im Oktober 1965 rasch auf den stationären Wert von einigen Sekundenlitern ab (Abb. 3).

Als die Arbeiten wieder aufgenommen werden konnten, ergab sich, daß es unwirtschaftlich war, das auf etwa 300 m im Stollen abgelagerte Material auszuräumen.

Aus diesem Grund wurde die Linienführung des Stollens nach 850 m Vortrieb geändert und ein Parallelstollen, 70 m von der ursprünglichen Stollenachse entfernt, in Angriff genommen, (Abb. 4). Von diesem Stollen aus wurden Sondierbohrungen vorgenommen, um die Kontaktzone mit den wasserführenden Schichten abzugrenzen (Abb. 5) und Angaben über den Aufbau des Gebirges über diese Zone hinaus zu erhalten. Ferner sollte festgestellt werden, ob durch eine Behandlung mit Injektionen eine Dichtung und Verfestigung des stark wasserdurchlässigen Felsens erreicht werden konnte.

Die Sondierbohrungen mußten unter schwierigen Bedingungen bei einem Wasserdruck von 10 kg/cm^2 durchgeführt werden; eine Kernbohrung von etwa 260 m Länge ergab ein deutliches Bild von der Zusammensetzung des Gesteins. Die Versuche, die wassergesättigte Zone hinter dem Kontakt, bestehend aus Rauhwacke, mit Injektionen zu dichten und zu verfestigen, scheiterten.

3. Geologische Verhältnisse

Deutlich lassen sich zwei Formationen unterscheiden (Abb. 1, 2 und 4)[4]:

— die stark wasserführende und durchlässige keilförmige Schuppe des Mont d'Or, im unteren Teil eingebettet in dichtem Fels

— die dichte Einbettung (Bergwasserträger) aus schiefrigem Gestein mit Zwischenlagen von Kalksandstein (Flysch) und Gips-Anhydrit (Trias).

Infolge dieses besonderen geologischen Aufbaus bildete sich im Inneren der Schuppe, welche eine Länge von etwa 5 bis 6 km und eine Breite von ungefähr 1 km aufweist, ein Bergwasserspeicher aus, dessen Inhalt mit einigen Millionen Kubikmetern Wasser geschätzt werden kann. Damit erklärt sich die regelmäßige Wasserführung der Quellen im Bereich des Mont d'Or.

Bei der Durchörterung des Gebirges wurde der Bergwasserspeicher ungefähr 100 m unter dem Wasserspiegel angefahren. Der starke Wasserdruck, das bedeutende Wasservolumen, sowie der geologische Aufbau der Schuppe selbst, im besonderen der mit dem dichten Fels im Kontakt befindlichen etwa 50 bis 60 m dicken, steil aufgerichteten Schicht aus Rauhwacke, stellte die Planung und Bauausführung

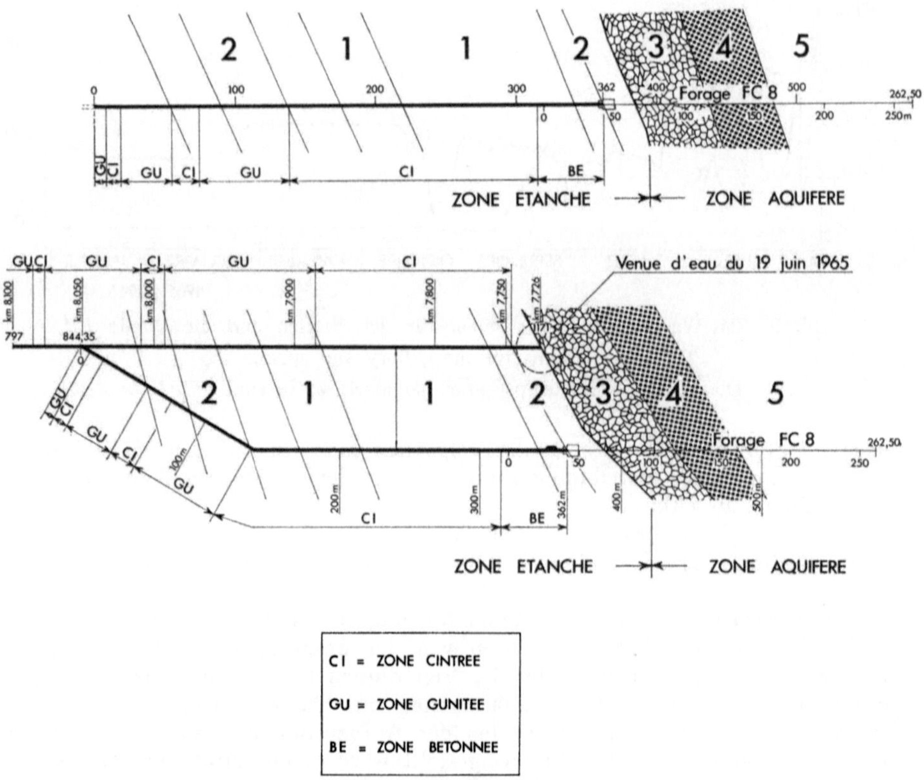

Abb. 4. Lageplan und Längsschnitt des Stollens im Bereich der Rauhwacke

1–5 siehe Abb. 1

Plan and longitudinal section of the gallery in the "cornieules" zone (zone of crushed yellow honeycomb dolomite)

1–5 see Fig. 1

Situation et profil en long de la galerie dans la zone des cornieules broyées

1–5 voir Fig. 1

für diesen Stollen vor schwierige Aufgaben. Durch tektonische Kräfte wurde diese Rauhwacke vollkommen zermalmt. Bei Bohrungen konnte nur ein sandig-lehmiger Brei, hin und wieder mit Felsbrocken vermischt, erhalten werden.

Die wesentlichen Schwierigkeiten für den Ausbau des Stollens in diesem Bereich ergaben sich aus dem Phänomen des Ausfließens von dem in Karstgängen abgelagerten, wenig verdichteten Feinmaterial (Lehm und Feinsand) und dem damit verbundenen Scheitern der Versuche durch Injektionen eine Verfestigung des Gesteins zu erzielen. Dieses Feinmaterial wurde beim Wassereinbruch auch als erstes abgeführt, gefolgt von gröberem Material infolge fortschreitender Erosion.

Die Baudurchführung mit Hilfe einer Drainierung der Störungszone mußte von vornherein ausgeschlossen werden. Auch die Lösung mit einem Schildvortrieb wurde nach eingehender Prüfung als zu unsicher aufgegeben, so daß schließlich das

Abb. 5. Modell der Sondierbohrungen; Kontaktfläche Anhydrit-Rauhwacke (Photo Germond, Lausanne)

Model of the trial borings: contact surface anhydrite-"cornieules"

Maquette des sondages de reconnaissance; contact anhydrite-cornieules

Gefrierverfahren als einzig brauchbare Lösung übrigblieb, da eine Umgehung dieser Störung für den Hauptstrang des Stollensystems Ost nicht möglich war. Die Anwendbarkeit des Gefrierverfahrens erschien erfolgversprechend, da der Nachweis erbracht werden konnte, daß im Bergwasserspeicher im Bereich der Störungszone keine Strömung vorhanden ist.

An die Schale der Rauhwacke schließt sich eine weitere aus Dolomit, in der Stärke von 40 bis 50 m, an. Hinsichtlich seiner Standfestigkeit ist dieser der Rauhwacke ähnlich, da auch er einen starken Anteil zermalmten Materials enthält und ebenfalls zum Ausfließen neigt. Injektionsversuche zur Dichtung und Verfestigung ergaben allerdings befriedigende Ergebnisse.

Der Kern der Schuppe des Mont d'Or ist aus kompaktem, jedoch stark zerklüftetem Kalkstein zusammengesetzt. Eine gute Standfestigkeit des Ausbruchs scheint in dieser Zone gesichert, Injektionen zur Dichtung dürften allerdings erforderlich sein. Es ist zu hoffen, daß die zweite Durchquerung der Rauhwacke etwa 800 m weiter mit weniger aufwendigen Methoden erreicht werden kann.

Diese Erkenntnisse führten allerdings dazu, die ursprünglich geplante Linienführung der Zuleitungsstollen von den Wasserfassungen her so abändern, daß sie der Schuppe des Mont d'Or mit Sicherheit ausweicht und trockenen Fels, wenn auch mit geringer Standfestigkeit, durchquert (Abb. 1).

4. Geomechanische Untersuchungen

Aus dem Vorhergesagten geht hervor, daß ungestörte Probekörper der Rauhwacke vor Beginn der Ausbruchsarbeiten nicht entnommen werden konnten. Die im folgenden beschriebenen geomechanischen Aufschlüsse über die Rauhwacke in der Störungszone standen bei der Planung der Gefrieranlage und des gepanzerten Stollens nicht zur Verfügung. Die Untersuchung von Probekörpern begann, als der Ausbruch nach Durchörterung des Anhydrits in die Rauhwacke vorgedrungen war (Abb. 6). Sie hatte zum Zweck allgemeine Angaben über die Gefügeverhältnisse,

Abb. 6. Übergang Anhydrit-Rauhwacke im Gefrierstollen (Photo Germond, Lausanne)
1 Rauhwacke, Oberfläche gereinigt; *2* Rauhwacke, Oberfläche vereist; *3* Anhydrit, Oberfläche gereinigt; *4* Anhydrit, Oberfläche vereist

Contact surface, anhydrite-"cornieules", in frozen ground
1 "Cornieules", clean surface; *2* "Cornieules", frozen surface; *3* Anhydrite, clean surface; *4* Anhydrite, frozen surface

Contact anhydrite-cornieules, en terrain gelé
1 Cornieules; *2* Cornieules givrées; *3* Anhydrite; *4* Anhydrite givrée

physikalische und geomechanische Eigenschaften der Rauhwacke zu erhalten, um die getroffenen Annahmen, namentlich für die Druck- und Scherfestigkeit und die Kriecheigenschaften in Abhängigkeit von der Temperatur überprüfen zu können.

Danach ergab sich folgendes Bild über den Aufbau der aus verschiedenen Gesteinen zusammengesetzten Störungszone.

– Rauhwacke mit Zellen und Hohlräumen, die sich wie ein weicher Fels verhält

– umgebildete Rauhwacke in grobkörniger Form oder Dolomit mit mehr oder weniger feinkörnigem, nicht bindigem Material (Sand, Feinsand)

– stark bröckeliger Fels mit geringem Anteil von Sand und Kies

– in Spalten oder karstigen Hohlräumen abgelagerter Lehm.

Die ermittelten Werte des Raumgewichts der Festsubstanz, im Durchschnitt 2,8 t/m^3, sind höher als die, welche dem Kalkstein entsprechen, und deuten somit auf die Gegenwart schwerer Mineralien, wie Magnesium, hin.

Tabelle 1. **Druckfestigkeit in Kilogramm pro Quadratzentimeter in Abhängigkeit von der Temperatur und der Belastungsgeschwindigkeit**

Temperatur	Belastungsgeschwindigkeit		
	5 mm/min	1 mm/min	0,2 mm/min
-28^0	99	—	—
-17^0 bis -18^0	80	53	20
-13^0	62	45	12
-7^0 bis -8^0	51	21	10
-4^0 bis -5^0	41	—	9

Die Probekörper wurden an Ort und Stelle in einem tragbaren, thermisch isolierten Behälter untergebracht, die Untersuchungen selbst im Laboratorium durchgeführt. Raumgewicht und Wassergehalt sind stark veränderlich.

Die erhaltenen Werte von 39 Probekörpern entsprechen einem mehr oder weniger dicht gelagerten Boden ($w = 7$ bis $22\,^0/_0$, $\gamma = 2{,}04$ bis $2{,}37$ t/m^3).

Die Bestimmung der Fließgrenze nach Atterberg ergab, daß die Bodenproben unerhört wasserempfindlich, praktisch nicht bildsam sind und sich ähnlich wie Schlamm oder Feinsand verhalten ($w_p = 12\,^0/_0$).

Die *Druckfestigkeitsversuche* (34 zylindrische Prüfkörper; Mittelwerte der Abmessungen: ϕ 7 cm, $H = 15$ cm) zeigten deutlich die Abhängigkeit der Ergebnisse von der Zusammensetzung der Probekörper, dem Gefrierzustand und besonders von der Belastungsgeschwindigkeit.

Die Versuchsreihen, durchgeführt mit Belastungsgeschwindigkeiten von 5 mm/min, 1 mm/min und 0,2 mm/min und verschiedenen Temperaturen ($t = -28^0$, -18^0, -10^0, -8^0, -4^0 C), führten zu den in Tabelle 1 zusammengefaßten Mittelwerten der Druckfestigkeit.

Auf Abb. 7 ist für vergleichbare Probekörper die Druckfestigkeit bei $t = -18^0$C in Abhängigkeit von der Belastungsgeschwindigkeit dargestellt. Im allge-

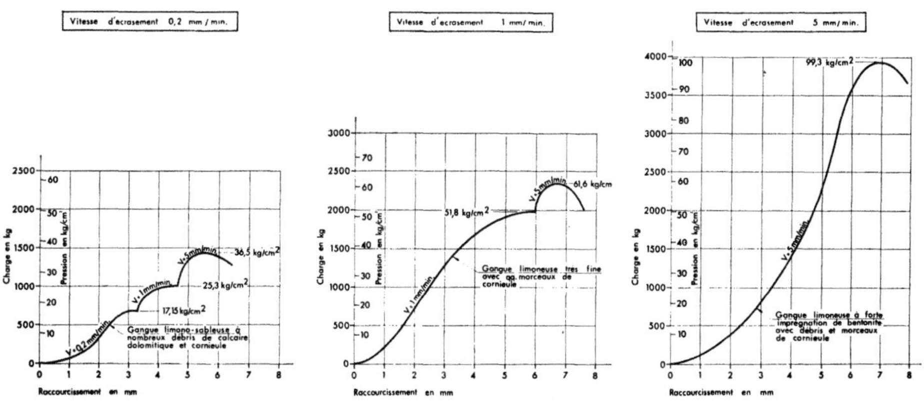

Abb. 7. Druckfestigkeitsversuche (Laboratoire H. B. de Cérenville, Lausanne)
Last-Zusammendrückungsdiagramme, für verschiedene Belastungsgeschwindigkeiten bei $t = -18^0$C

Compression tests
Load-Deformation graphs, for variable rates of loading, $t = -18^0$C

Essais de compression
Diagrammes charge-raccourcissement, vitesse d'écrasement variable, $t = -18^0$C

meinen ist die Druckfestigkeit umso höher, je felsiger das Gestein und je tiefer die Temperatur.

Diese Zahlenwerte lassen den Einfluß der Belastungsgeschwindigkeit auf die Druckfestigkeit erkennen. Die Festigkeitswerte für kleine Belastungsgeschwindigkeiten kommen den Grenzwerten der Druckspannungen aus der Versuchsreihe für Kriechen nahe. Die Durchführung der Versuche mit kleinen Belastungsgeschwindigkeiten unter 0,2 mm/min ist schwierig.

Die *Scherversuche* mit Volumsänderung, ausgeführt bei -7^0 bis -8^0 C, ergaben normale Werte für die innere Reibung, ähnlich wie für körnige Böden. Die Werte für die Kohäsion bestimmt an drei Probekörpern lagen ziemlich hoch und

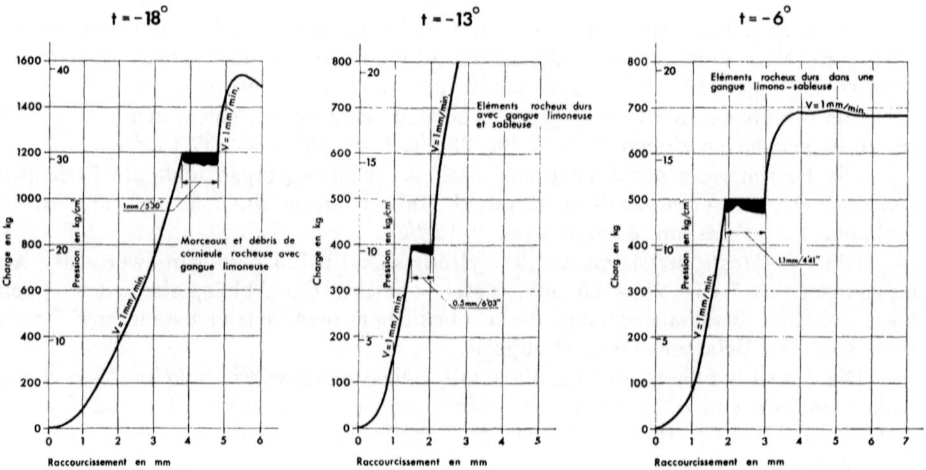

Abb. 8. Kriechversuche (Laboratoire H. B. de Cerenville, Lausannne)
Last-Zusammendrückungsdiagramme bei $t = -18^0$, -13^0 und -6^0 C und einer Belastungsgeschwindigkeit von 1 mm/min

Creep tests
Load-Deformation graphs, $t = -18^0$, -13^0 and -6^0 C, rate of loading = 1 mm/min

Essais de fluage
Diagrammes charge-raccourcissement, $t = -18^0$, -13^0 et -6^0 C, vitesse d'écrasement 1 mm/min

würden bei tieferen Temperaturen noch zunehmen ($\varphi = 30^0$ bis $42{,}5^0$; $c = 0{,}7$ bis 1,0 kg/cm²). Scherversuche ohne Volumsänderung konnten nicht durchgeführt werden, da die Prüfkörper der Belastung nicht standhielten, ohne ihr Volumen beim Auftauen zu verringern.

Die *Kriechversuche* wurden ebenfalls mit zylindrischen Probekörpern bei verschiedenen Temperaturen ($t = -18^0$, -13^0, -6^0 C) durchgeführt. Abb. 8 zeigt drei charakteristische Last-Zusammendrückungsdiagramme dieser Versuchsreihe. Zur Bestimmung der Kriechdehnung wurde die Verkürzung und die Dauer der Laststufe mit konstanter Belastung gemessen. Die verhältnismäßig geringe Anzahl der Probekörper (30 Probekörper) für Versuche dieser Art und die Schwierigkeit gleichartige Gesteinsproben zu erhalten, erlaubten es nicht, ein verläßliches Diagramm der Kriechdehnung in Abhängigkeit zum Reziprokwert der Spannungen zu zeichnen. Aus diesem Grunde wurden die Ergebnisse tabellarisch zusammengefaßt (Tabelle 2). Es war schwierig einen Spannungswert zu ermitteln, unterhalb von welchem kein Kriechen stattfindet. Es scheint, daß die Kriechdehnung nur bei ganz

Tabelle 2. Kriechdehnung in Prozent pro Minute in Abhängigkeit von der Temperatur und der Spannung

Spannungen in kg/cm²			Kriechdehnung Prozent pro Minute
$t = -18^0$	$t = -13^0$	$t = -6^0$	
8,1	7,1	3,4	10^{-4}
6,5	6,0	2,8	10^{-5}
5,4	5,2	2,3	10^{-6}
4,7	4,6	2,0	10^{-7}

geringen Druckspannungen, in der Größenordnung von einigen kg/cm², vernachlässigbar klein wird.

Die Ergebnisse der Versuche waren hinreichend, um über das mechanische Verhalten der Rauhwacke in der Störungszone einen Überblick zu erhalten. Sie lassen einen Gefügezusammenbruch ohne deutliche Anzeichen unwahrscheinlich erscheinen, da das Gestein bei raschen Formänderungen verhältnismäßig hohe Festigkeitswerte erreicht und kleine Werte nur mit langsamen, sichtbaren Formänderungen verbunden sind. Eine gewisse Gefahr besteht allerdings bei geringen Gefriertemperaturen und hoher Belastung.

5. Allgemeine Angaben über den Gefrierstollen

5.1 Abmessungen des Stollens

Im Hinblick auf gewisse Unsicherheiten betreffend die Krafteinwirkungen auf den Stollen im Bereich der Rauhwacke und den Anschlußzonen wurde als Profilform

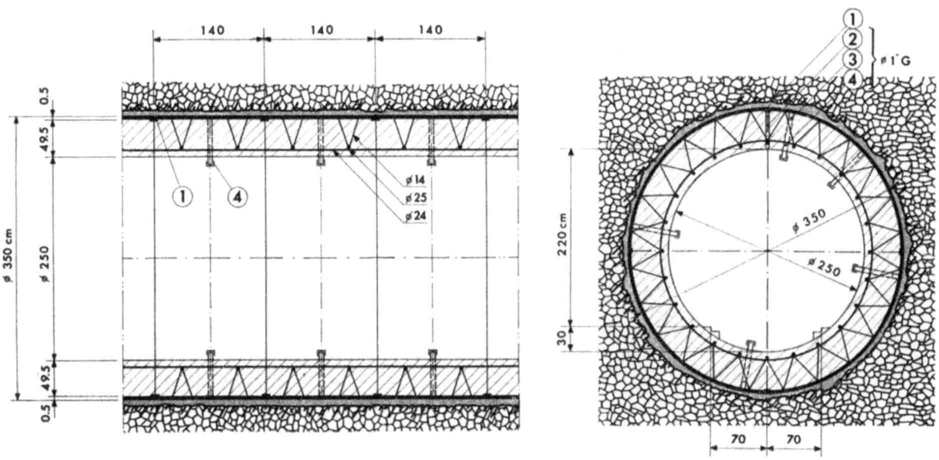

Abb. 9. Regelquerschnitt des Gefrierstollens

1 Schweißnaht; *2* Rohr für Injektionen im Stollenscheitel zwischen Blechauskleidung und Beton; *3* Rohr für Injektionen im Spalt zwischen Blechauskleidung und gefrorenem Gestein; *4* Verlängerung des Injektionsrohrs für Nachinjektionen im Spalt beim Auftauen

Typical section of the gallery

1 Welding; *2* Pipe for injection of packing at the crown of the gallery; *3* Pipe for injection of infilling between the plating and the frozen ground; *4* Pipe for reinjection after thawing out of the ground

Profil-type de la galerie

1 Soudure; *2* Tube pour injection de bourrage; *3* Tube pour injection de remplissage entre blindage et terrain gelé; *4* Tube prolongé pour réinjection après dégel du terrain

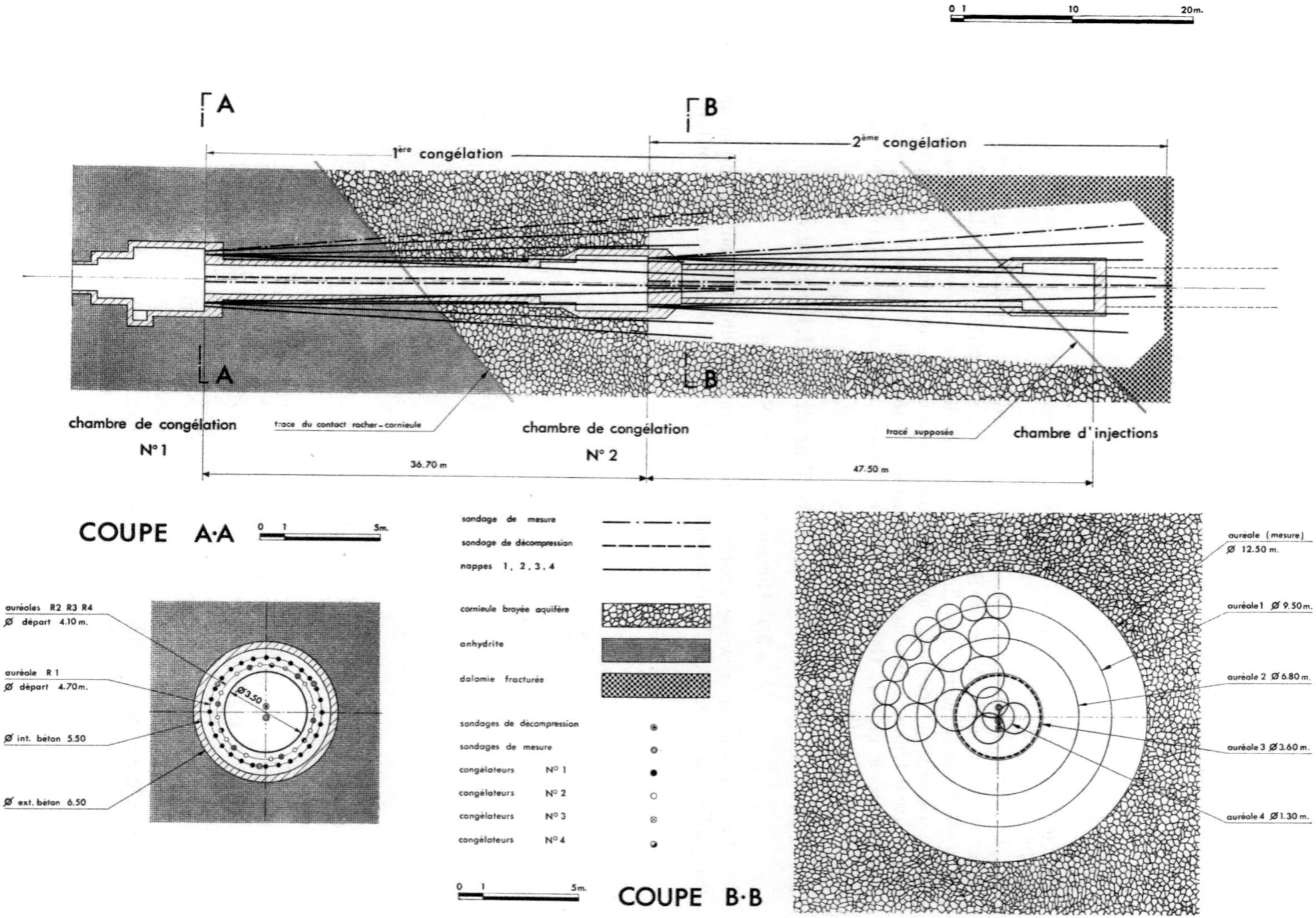

Abb. 10. Schematische Darstellung des Gefriervorgangs in 2 Etappen (nach Dokument SIF-Foramines)

Schematic representation of ground freezing in 2 stages

Représentation schématique de la congélation en 2 étapes

ein kreisförmiger Querschnitt gewählt. Es erwies sich als erforderlich, den Stollen infolge des selentischen Bergwassers (bis 2 g Sulfat pro Liter Wasser) unter hohem Druck wasserdicht auszukleiden. Der lichte Stollendurchmesser beträgt 2,50 m, die Dicke der Betonauskleidung 0,50 m, so daß sich für dünnwandige Panzerung ein Außendurchmesser von 3,50 m ergibt (Abb. 9). Die Länge der gepanzerten Strecke wird ungefähr 85,0 m betragen.

5.2 Kennziffern der Ausbaumaterialien

Stahlblech

Die 1400 mm breiten Blechringe bestehen aus vier Segmenten. Als Material hierfür wurden Stahlbleche St 37,2 in der Stärke von 5 mm gewählt. Da der Blechauskleidung während der Ausbruchsarbeiten auch die Rolle einer Aussteifung zugedacht ist, wurde jeder Ring mit einer Rundstahlgitterversteifung (St 37) verstärkt.

Die Bleche wurden im Stollen von innen mit einer Decklasche elektrisch verschweißt. Die Zugfestigkeit der Bleche wird mit 37 kg/mm^2, die Fließfestigkeit mit 24 kg/mm^2, die Wichte mit 7,85 kg/dm^3 und der Elastizitätsmodul mit $2{,}1 \cdot 10^6$ kg/cm^2 angegeben. Die Wärmedehnzahl beträgt $12 \cdot 10^{-6}/^0$C; für die Schweißnähte durchgeführte Versuche ergaben befriedigende Resultate.

Beton

Die Betonzusammensetzung wurde auf Grund von Versuchsergebnissen im Laboratorium so gewählt, daß folgende Forderungen erfüllt waren: hohe Druckfestigkeit, Wasserdichtheit, gute Verarbeitbarkeit für eine Betonpumpe vom Typ Aliva, günstige Temperaturentwicklung im Gefrierstollen, Beständigkeit gegen nicht völlig anzuschließende Einwirkung von selentischen Wässern.

Namentlich die vorletzte Anforderung führte dazu, einen Schmelzzement, Lafarge de Fos-sur-Mer, zu verwenden, welcher in 24 bis 48 Stunden die Festigkeitseigenschaften eines Portlandzements von 7 bis 28 Tagen erreicht, zu verwenden. Somit ergab sich folgende Mischung mit 300 kg Zement pro m^3 Frischbeton

Feinsand	0— 3 mm	32,9 %
Grobsand	3— 8 mm	20,2 %
Kies	8—15 mm	6,1 %
Grobkies	15—30 mm	40,8 %

Der Beton wurde mit mindestens +20^{0}C eingebracht, gepumpt und gerüttelt. Anmachwasser und Zuschlagstoffe wurden vorgewärmt. Die Streuung der Festigkeitswerte war ziemlich hoch. Die Mindestdruckfestigkeit nach 28 Tagen betrug 420 kg/cm^2. Die Wichte eines Probekörpers des Bauwerkes betrug 2,42 t/m^3.

Injektionsgut

Um eine Auflockerung des gefrorenen Gesteins möglichst zu verhindern, wurde nach dem Versetzen der Panzerung der Spalt zwischen Blechauskleidung und dem Ausbruch mit geringem Druck injiziert. Die Zusammensetzung des Injektionsguts war folgende:

Feinsand 0—0,2 mm	100 kg
Zement	50 kg
Bentonit	1 kg
Wasser	50 kg

6. Gefriereinrichtung

Da die Gefriertechnik für Stollen und Tunnel bei größerer Überlagerungshöhe nur selten, wenn überhaupt, zur Anwendung kam, wird der Gefriervorgang hier kurz beschrieben. Die wesentlichen Unterschiede zwischen Gefrierstollen und -schacht liegen in der Anordnung der Gefrierrohre, die beim Stollen horizontal, beim Schacht jedoch vertikal ist, und ferner in der Beanspruchung des Frostmantels.

Abb. 11. Jumbo mit 2 Bohrmaschinen in Arbeitskammer 1 (Photo Germond, Lausanne)
An der Stirnwand, versetzte Kühlrohre
Jumbo with two drills, in work chamber No. 1
At the front wall, the refrigeration pipes
Jumbo avec 2 perforatrices dans la chambre de travail 1
Dans la paroi du fond, départ des tubes de congélation

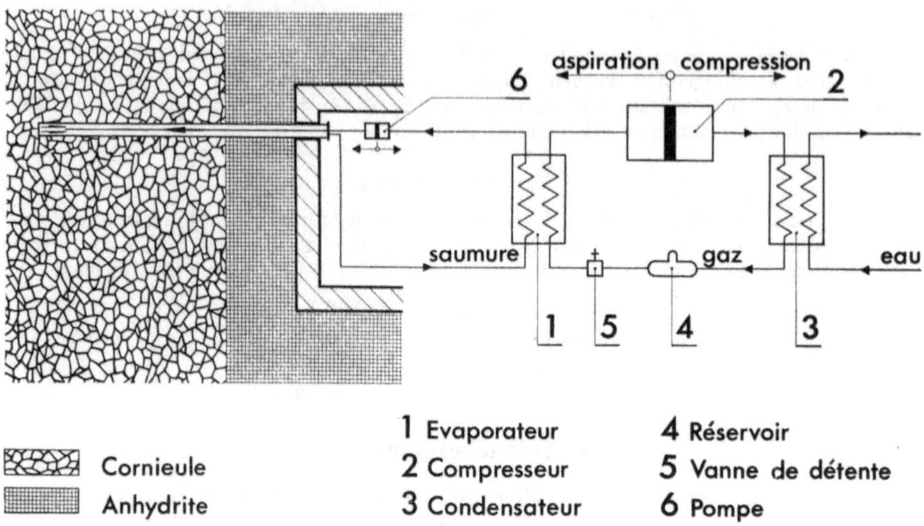

Abb. 12. Schema der Gefrieranlage
Schematic representation of the refrigeration system
Schéma de la congélation

Zur Überbrückung der Rauhwacke in der Stärke von etwa 50 m war es nicht möglich, mit einer Gefrieretappe das Auslangen zu finden. Zudem war es notwendig, die erste Arbeitskammer, von welcher die Kühlrohre ausgingen, genügend weit im Anhydrit vorzusehen, um jeden Gefügezusammenbruch des Gesteins infolge des Druckwassers zu vermeiden. Aus Gründen der Sicherheit wurde vor der ersten

Abb. 13. Stirnwand der ersten Arbeitskammer (Photo Germond, Lausanne)
Kühlrohre mit Zu- und Rückleitung; Gefrierzustand. In der Mitte Bohrlöcher für den Ausbruch des Stollens

Front wall of work chamber No. 1
Refrigeration pipes with supply and return headers; State of refrigeration. In the centre, drill holes for the excavation of the gallery

Paroi frontale de la chambre de travail 1
Tubes de congélation avec conduites d'amenée et de retour; Etat de congélation. Au centre, forages pour l'excavation de la galerie

Arbeitskammer eine Kammer mit einer Panzertür vorgesehen. Von der ersten Kammer wurden auch die Sondierbohrungen durchgeführt, um die Form der Kontaktflächen Anhydrit-Rauhwacke aufzufinden.

Die Anordnung der Kühlrohre für die beiden Etappen des Gefriervorgangs gehen aus Abb. 10 hervor[1, 5]. Nach Fertigstellung der Auskleidung des Stollens der ersten Etappe wird diese Strecke nicht mehr gekühlt und dann von einer zweiten Arbeitskammer, in der Rauhwacke gelegen, mit dem Gefriervorgang neuerlich begonnen. Die Länge des Frostmantels der zweiten Etappe hängt von der Form der Kontaktfläche Rauhwacke — geklüfteter Dolomit ab. Die entsprechenden Sondierbohrungen sind derzeit im Gang. Ferner muß eine dritte Arbeitskammer am Ende des zweiten Frostmantels vorgesehen werden, um von dort aus die notwendigen Injektionen im Dolomit vornehmen zu können.

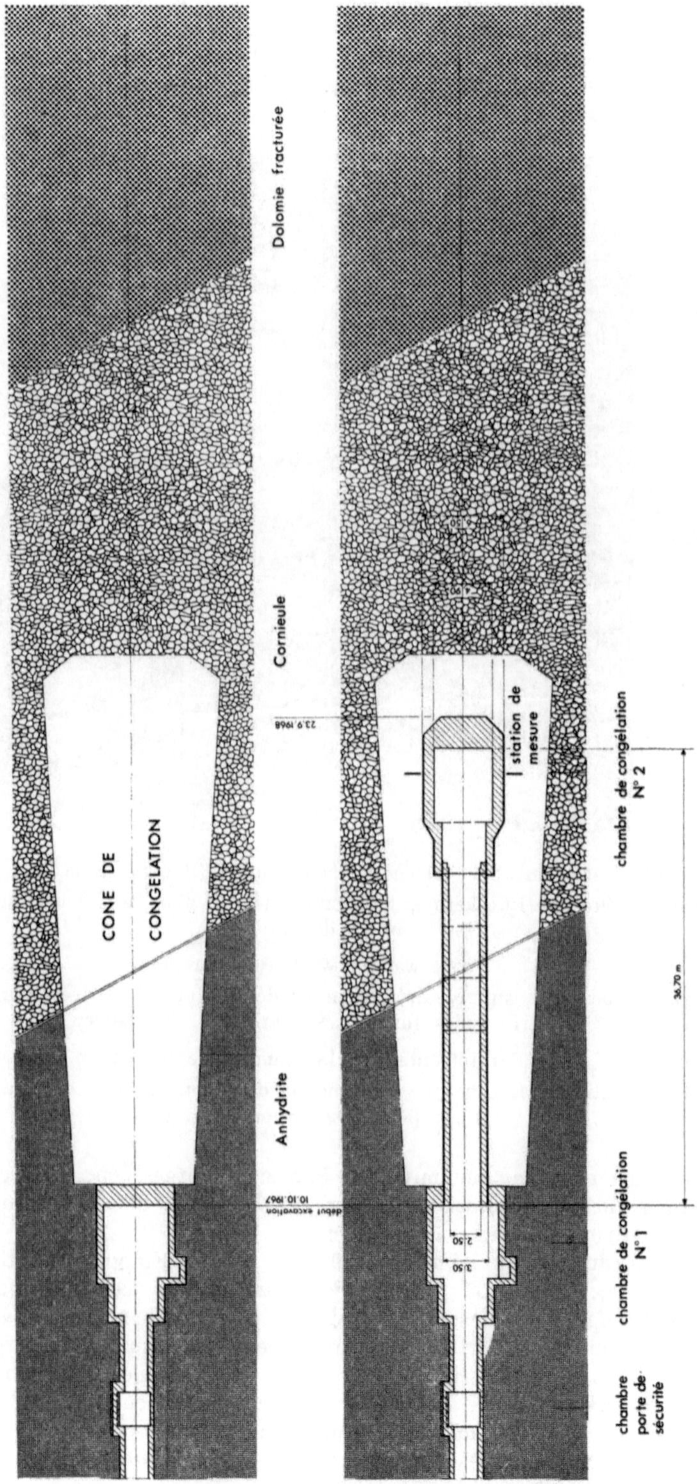
Dolomie fracturée
Cornieule
Anhydrite
CONE DE CONGELATION
23.9.1968
10.10.1967
début excavation
station de mesure
chambre de congélation N° 2
36.70 m
chambre de congélation N° 1
2.50
3.50
chambre porte de sécurité

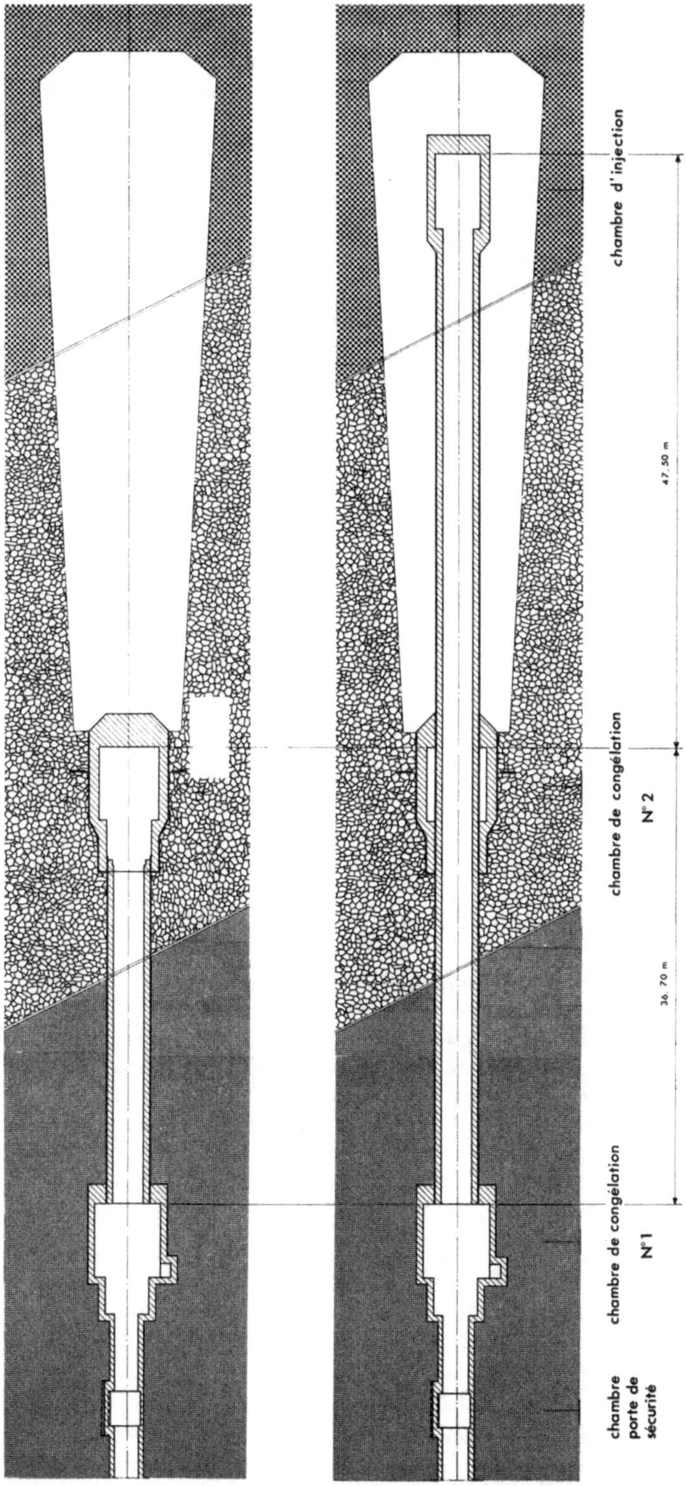

Abb. 14. Schematische Darstellung des Bauvorgangs
Schematic representation of the stages for driving the gallery
Schéma des étapes d'avancement

Die Gefrierrohre beider Etappen sind divergent angeordnet, so daß ein konischer Frostkörper entsteht. Zur Ausbildung der Frostwand am Ende der ersten Etappe, die dem Außendruck standzuhalten hat, sind einige Kühlrohre konvergent zur Stollenachse gerichtet. Kühlrohre, denen man beim Ausbruch begegnet, können unterbrochen und durch Verbindungsschläuche wieder in den Kreislauf eingeschaltet werden. In der Stollenachse wurde ein Meßrohr mit einem Temperaturfühler im Bereich der Stirnwand und ein perforiertes Stahlrohr zur drucklosen Abführung des Wassers beim Gefriervorgang vorgesehen. Letzteres erwies sich als unnötig.

Ferner wurden an der Außenwand des Frostkörpers 3 Meßrohre in der Länge von 42 m angeordnet, in welchen in gewissen Abständen Fühler zur Kontrolle der Gesteinstemperatur, in Abhängigkeit von der Entfernung zum Außenring der Kühlrohre, versetzt wurden. Diese betrug bei einer Entfernung vom Kühlrohr von 0,30 m nach 2 Monaten -20^0 und nach 12 Monaten -24^0; die entsprechenden Werte für einen Abstand vom Kühlrohr von 1,80 m sind -4^0, bzw. -10^0 C. Die Bohrungen selbst wurden von zwei Bohrmaschinen auf einem drehbaren JUMBO von der ersten Arbeitskammer aus vorgenommen (Abb. 11). Die Abweichungen der Bohrachsen mußten auf ein Minimum herabgesetzt werden. Zu diesem Zweck wurde eine entsprechende extensometrische Meßeinrichtung geschaffen, so daß sämtliche Bohrlöcher für die Kühlrohre (ϕ 3 3/4″) mit Abweichungen geringer als 0,50 m ausgeführt werden konnten.

Die erste Etappe ist mit 49 Kühlrohren, Länge 42 m ausgerüstet. Für die zweite Etappe sind Kühlrohre mit einer Länge von etwa 52 m vorgesehen.

Die Gefrierzentrale wurde in der nach dem Wassereinbruch aufgelassenen Strecke des Stollens untergebracht. Die vier Kältemaschinen benötigen 170 PS um ungefähr 200 000 Frigorien pro Stunde zu -20^0 zu liefern. Während der Ausbruchs- und Betonierarbeiten arbeitete die Gefrierzentrale nur mit 50 % ihrer Kapazität. Die Kühlflüssigkeit wird mit -28^0 C, in die Gefrierrohre eingeleitet.

Das Prinzip der Wirkungsweise der Gefrieranlage mit einem Doppelkreislaufsystem geht aus Abb. 12 hervor. Als Gas für den ersten Kreislauf wurde Ammoniak, für die Kälteflüssigkeit des zweiten Kreislaufs eine Chlorkalziumlauge mit einem Gefrierpunkt von -37^0 C verwendet. An der Stirnwand der ersten Arbeitskammer befinden sich zwei Verteilleitungen, eine für die Zuleitung und eine andere für die Rückleitung der Kälteflüssigkeit in den Kühlrohren (Abb. 13).

7. Durchführung der Bauarbeiten

Auf Abb. 14 sind die vier charakteristischen Bauetappen dargestellt. Wie ersichtlich, wurde mit dem, durch eine dünnwandige Blechaußenhaut wasserdichten Stollen von der ersten Arbeitskammer aus begonnen. Da man im Hinblick auf die Standfestigkeit des Eismantels mehr oder weniger auf die Erfahrung angewiesen war, wurde der Ausbruch im Inneren des Frostkegels abschnittsweise vorgenommen. Die erwähnte Abbildung zeigt auch die Grenzen der Betonierabschnitte an.

Grundsätzlich wurde dabei wie folgt verfahren:

— Ausbruch des gefrorenen Gesteins mittels Presslufthämmern auf eine bestimmte Länge. In der Rauhwacke meist auf 2,80 m, Länge von 2 Blechringen. Um Rißbildungen im Frostkörper zu verhindern, mußte die Anwendung von Sprengstoffen ausgeschlossen werden. Auch andere Abbruchsverfahren wurden versucht, aber, da wenig überzeugend, nicht angewandt.

— Versetzen der Blechringe und Schweißen von innen.

— Ringförmige Dichtung für den Spalt zwischen Blechauskleidung und Ausbruch im Frostkegel (Ursprünglich wurde die Dichtung mit Kunstharz versucht. Da dieser Versuch scheiterte, wurde schließlich eine Abdichtung durch einen Frostring hergestellt; der Nachteil eines beim Auftauen entstehenden kleinen Hohlraums mußte in Kauf genommen werden).

– Injektion des Spalts. Die Frage, ob das Erhärten des Injektionsgutes kurz nach der Einbringung oder erst beim nachfolgenden Betonieren der Auskleidung erfolgt, konnte zunächst nicht beantwortet werden. Grundsätzlich wäre es auch nicht nachteilig, wenn das Abbinden erst beim Auftauen erfolgen würde.

– Verlegung der Längsarmierung, (Box ∅ 24 mm); um eine kontinuierliche Längsarmierung zu erhalten, wurde diese anfänglich geschweißt, später überlappt verlegt).

– Betonieren der Betonauskleidung mit Lafarge-Zement.

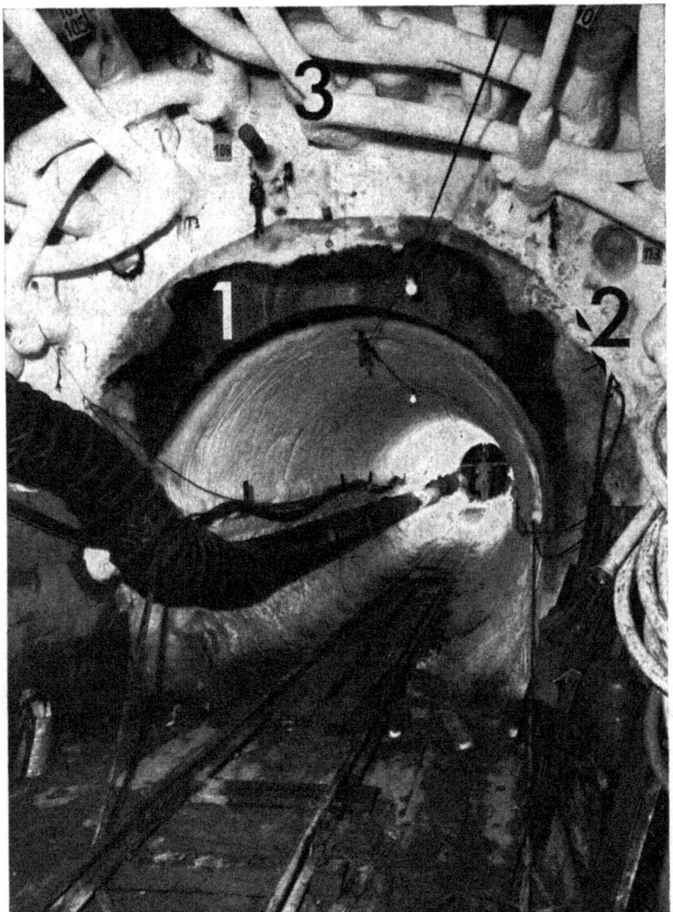

Abb. 15. Stollenabschnitt von Arbeitskammer 1 zu Arbeitskammer 2 (Photo Germond, Lausanne)

1 Beton; *2* Blechauskleidung; *3* Kühlrohre

Part of the tunnel, from work chamber No. 1 looking towards work chamber No. 2

1 Concrete; *2* Plating; *3* Refrigeration pipes

Tronçon de la galerie de la chambre de travail 1 vers la chambre de travail 2

1 Béton; *2* Blindage; *3* Tubes de congélation

Die vier charakteristischen Bauetappen können wie folgt beschrieben werden:

1. Gefrieretappe. Herstellung des Frostkörpers ausgehend von der ersten Arbeitskammer im Anhydrit.

2. Ausbruch im Schutze des Frostkörpers und Herstellung einer wasserdichten Auskleidung; Ausbildung einer Arbeitskammer in der Rauhwacke (Abb. 15 und 16). Besondere Dichtungsmaßnahmen am äußeren Umfang des Bauwerks beim Übergang Anhydrit-Rauhwacke, da der Anhydrit wasserlöslich ist.

3. Auftauen des ersten Gefrierabschnitts und Herstellung des Frostkörpers für die zweite Gefrieretappe.

4. Fortsetzung des Ausbruchs im Inneren des zweiten Frostkörpers und Verlängerung der wasserdichten Auskleidung bis in den Dolomit. Ausbildung einer

Abb. 16. Blick von Arbeitskammer 2 in Richtung Arbeitskammer 1

1 Blechauskleidung mit Versteifung; *2* Spaltdichtung durch Vereisung; *3* gefrorenes Gestein

View of work chamber No. 2, looking towards work chamber No. 1

1 Plating with stiffeners; *2* Sealing ring of ice to contain infilling; *3* Frozen ground

Vue de la chambre de travail 2 en direction de la chambre de travail 1

1 Blindage avec raidisseurs; *2* Bouchon de glace; *3* Terrain gelé

dritten Arbeitskammer für Injektionen zur Dichtung des Dolomits. Auftauen des Frostkörpers und Verbindung der wasserdichten Auskleidung im Inneren der zweiten Arbeitskammer.

Auf Grund der Erfahrungen im Bauabschnitt, Blechringe 1—22, konnte der Bauvorgang zur Erstellung der Arbeitskammer 2 beschleunigt durchgeführt werden. In diesem Sinne wurde der Ausbruch für die Kammer von Ring 23 bis zur Stirnwand in einem Arbeitsgang ohne Abstützung von innen vorgenommen (Abb. 17).

Um das Verhalten des Gesteins während der Arbeiten bis zum Betonieren überwachen zu können, wurden Meßbolzen sowohl an der Stirnwand als auch an der Mantelfläche des Ausbruchs versetzt. Es konnten keine nennenswerten Felsverschiebungen festgestellt werden. Der Ausbau der Arbeitskammer verlief somit reibungslos.

Ein besonderes Problem bildete die Stirnwand, welche vor Beginn der zweiten Gefrieretappe dem vollen Bergwasserdruck standhalten muß. Eine weitere Bedingung war die Dichtheit der Auskleidung der Arbeitskammer. Im Hinblick auf die not-

Abb. 17. Ausbruch Arbeitskammer 2 (Photo Germond, Lausanne)
Excavation of work chamber No. 2
Excavation de la chambre de travail 2

wendigen Bohrungen für die Kühl- und Beobachtungsrohre der zweiten Etappe durch die Stirnwand hindurch, die eine wesentliche Schwächung des Betonquerschnitts bewirken, da die Ausgangspunkte auf einem Kreisumfang liegen, mußte von einer Bewehrung in üblicher Art abgesehen werden. Aus diesem Grund wurde auch die Panzerung nicht über die Stirnwand gezogen und lediglich eine kreuzförmige Bewehrung an der Innenseite der 2,50 m dicken Wand verlegt.

Der Zeitaufwand für die bisher durchgeführten Arbeiten geht aus den folgenden Daten hervor:

Mai 1967	: Beginn der Vorarbeiten für die Einrichtung der Gefrierzentrale
22. Mai 1967	: Fertigstellung der ersten Arbeitskammer im Anhydrit
5. Juni 1967	: Beginn der Bohrungen zum Verlegen der Kühlrohre und Temperaturmeßrohre
9. Sept. 1967	: Beginn der ersten Gefrieretappe (in 4 Tagen auf -13^0; in 1 Monat auf -28^0 C)

10. Okt. 1967 : Beginn der Ausbruchsarbeiten
13. Dez. 1967 : Verlegen des ersten Blechrings der Panzerung
Sept. 1968 : Fertigstellung der zweiten Arbeitskammer
23. Sept. 1968: Abbau der Gefriereinrichtung in der ersten Arbeitskammer und Auftauen des Frostkörpers.

Dieser Zeitplan zeigt, daß zur Herstellung von rund 40 m wasserdichter Auskleidung vom Beginn des Gefrierens bis zum Auftauen 12 1/2 Monate benötigt wurden. Auf Grund der Erfahrungen wird für die beiden nächsten Bauetappen mit einem rascheren Arbeitsfortschritt gerechnet.

8. Grundlagen der Bemessung des Frostkörpers und der Stollenauskleidung

Nicht leicht sind im vorliegenden Falle die mit der Bemessung im Zusammenhang stehenden grundsätzlichen Fragen zu beantworten

— primärer Spannungszustand in der gebrächen Rauhwacke vor der Durchörterung im ungestörten Gebirge

— Außendruck auf dem zeitweiligen Ausbau, gebildet durch den Frostmantel und Frostschild

— Beanspruchung des dauernden Ausbaus (Panzerung und Betonauskleidung in Verbundbauweise).

Eine Beurteilung des primären Spannungszustandes (Eigenspannungszustand) in der Störungszone kann nur auf Grund einer Betrachtung des vorhandenen Gleichgewichtszustandes erfolgen. Die Rauhwacke, welche die keilförmige Schuppe des Mont d'Or umgibt, stellt eine schalenförmige Bruchzone dar (Abb. 18). Ohne Zweifel ist der Eigenspannungszustand der Schuppe durch tektonische Bewegungen und andere schwer abzuschätzende Kraftwirkungen stark beeinflußt.

In den Kontaktflächen der Schuppe mit der Rauhwacke wirken Stützkräfte über deren Größe und Richtung keine genaue Aussage gemacht werden kann, da die Verteilung der Normal- und Tangentialspannungen unter Berücksichtigung des Bergwasserdrucks entlang der Bruchflächen nicht angegeben werden kann. Es ist jedoch sicher, daß die Stützkräfte einen bestimmten Winkel mit der Normalen zur Bruchfläche nicht überschreiten können, wobei die Kohäsion zu berücksichtigen ist.

Man ersieht aus Abb. 18, daß in der betrachteten Trennfläche *AB* die horizontale Stützkraft-Komponente von der vertikalen vermutlich nicht sehr verschieden ist. Betrachtet man das Problem räumlich, so kommt der Annahme eines allseitigen Spannungszustandes (hydrostatischer Spannungszustand nach Heim) im vorliegenden Falle große Wahrscheinlichkeit zu.

Die Grundbelastung des Frostmantels und der Stollenröhre kann an Hand von Überlegungen unter Berücksichtigung der verschiedenen Bauphasen (Abb. 19) festgelegt werden.

In der *ersten Bauphase,* Herstellung des Frostkörpers, wird im betroffenen Bereich der Wasserüberschuß beim Gefrieren ausgepreßt. Der ungestörte Spannungszustand in der Umgebung des Frostkörpers dürfte dadurch kaum beeinflußt werden.

In der *zweiten Bauphase* hat nach dem Ausbruch der Frostmantel den Außendruck, Gebirgsdruck und hydrostatischen Druck, vorübergehend allein zu tragen, wobei allerdings zu bedenken ist, daß die Betonierabschnitte im Verhältnis zum Außendurchmesser des Frostmantels kurz sind, so daß bei seiner Beanspruchung Spannungen in der Längsrichtung ebenfalls eine Rolle spielen dürften. Der wirksame Gebirgsdruck hängt von der Nachgiebigkeit und damit von den Materialeigenschaften des gefrorenen Gesteins ab.

Bei der Bemessung des Frostmantels wurden auf Grund von Vergleichswerten mit gefrorenem Gestein ähnlicher Art Druckspannungen von 30 kg/cm^2 bei einer Temperatur von -15 bis -20^0 C als zulässig betrachtet. Dieser Wert fand bei den später durchgeführten geomechanischen Untersuchungen seine Bestätigung.

Im vorliegenden Fall konnten keine nennenswerten Formänderungen des Frostmantels während der zum Versetzen der Blechringe und des Betonierens der Auskleidung benötigten Zeit festgestellt werden. Im Hinblick auf den herrschenden

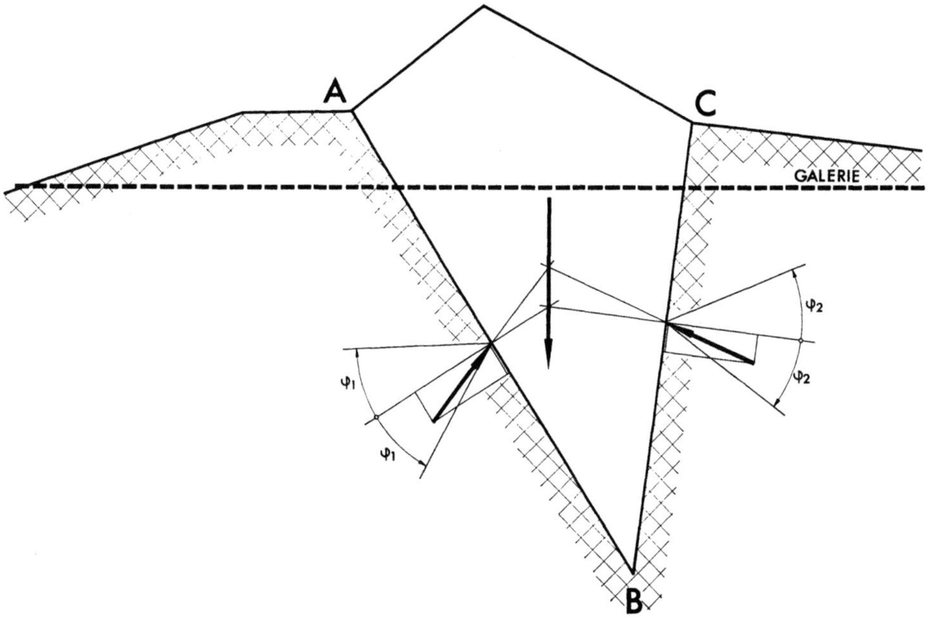

Abb. 18. Chaîne du Mont d'Or — Schematisches Längenprofil; Gleichgewichtszustand der Schuppe

Chaîne du Mont d'Or — Schematic representation of forces in the state of equilibrium

Chaîne du Mont d'Or — Profil en long schématique; Equilibre des forces

primären Spannungszustand scheint die Annahme eines gleichmäßig über den Umfang verteilten, zentrisch gerichteten Gesamtdrucks berechtigt.

Die *dritte Bauphase,* gekennzeichnet durch das Auffüllen des Spaltes zwischen Innenseite Frostmantel und Blechauskleidung mit Injektionsgut und durch das nachfolgende Betonieren der Auskleidung, dürfte die Belastungsannahmen der zweiten Bauphase nur geringfügig ändern, wenn man von den Faktoren Zeit und Wärmeentwicklung bei der Betonierung, lokalisiert auf eine verhältnismäßig kurze Strecke, absieht. Die Kräfte werden in dieser Phase vom Frostmantel und der Stollenauskleidung übernommen.

Eine wesentliche Umbildung des Spannungszustandes im Gestein tritt in der *vierten Bauphase* nach dem Auftauen des Frostmantels ein. Es ist nicht ausgeschlossen, daß sich Gesteinsbereiche, bei denen beim Gefrieren der Kontakt Korn zu Korn oder Block zu Block verloren ging, sich wie eine Flüssigkeit verhalten, bis dieser Kontakt wiederhergestellt ist. Die Grundbelastung setzt sich neuerlich aus Gebirgsdruck und hydrostatischem Druck zusammen; sie ist für den dauernden Ausbau maßgebend. In diesem Zustand kann eine ungleichförmige Verteilung der Grundbelastung über den äußeren Umfang aus Sicherheitsgründen bei der Bemessung nicht ausgeschlossen werden. Da der Wärmeaustausch auch nach Fertigstellung

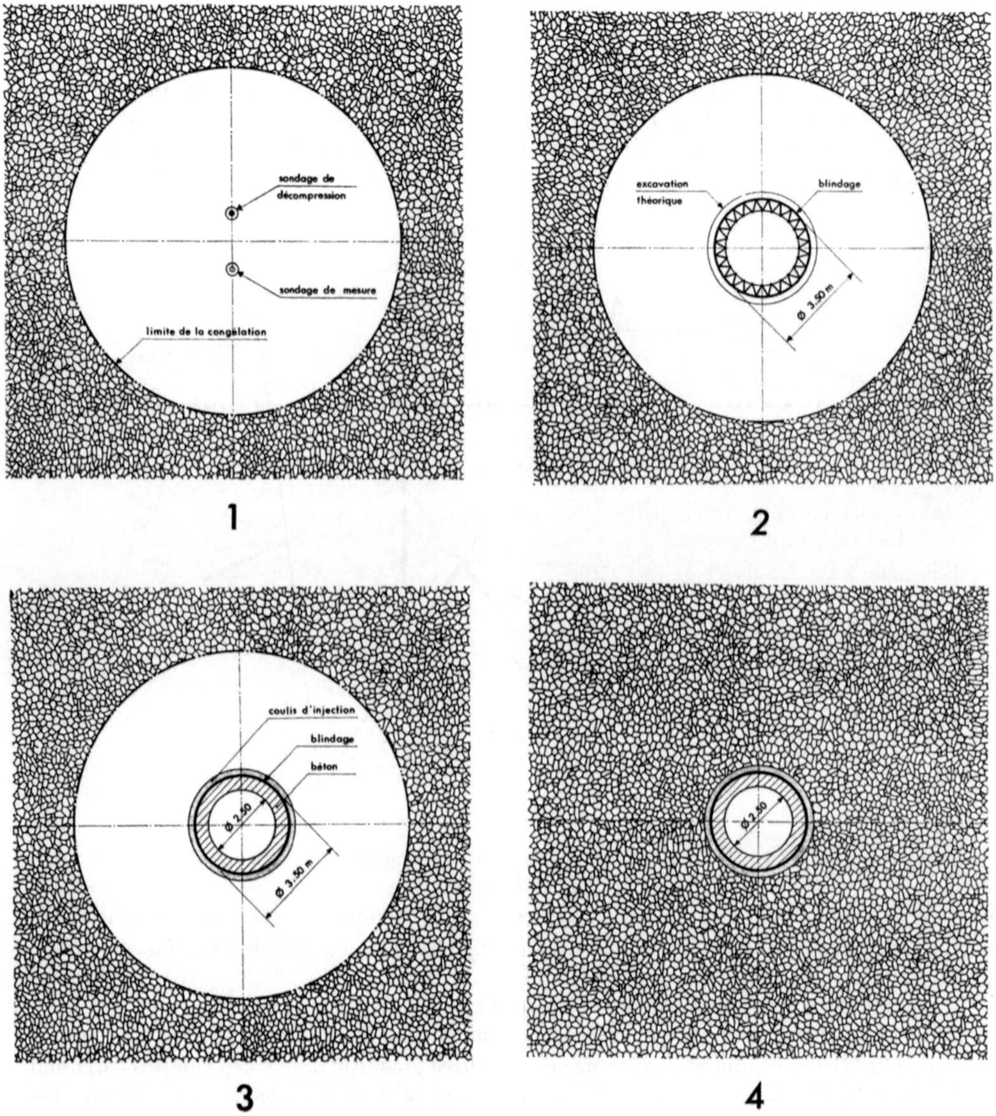

Abb. 19. Charakteristische Baustände — Stollenquerschnitte

1 Herstellung des Frostkörpers; *2* Ausbruch im Frostkörper, Versetzen der Blechauskleidung; *3* Spaltinjektion zwischen Blechring und gefrorenem Gestein, Betonieren der Auskleidung; *4* Auftauen

Characteristic stages of construction — Cross sections through the gallery

1 Refrigeration; *2* Excavation in frozen ground and placing of the plating; *3* Injection of the infilling between the plating and the frozen ground; concreting of the lining; *4* After thawing

Etats caractéristiques des travaux — Profils en travers de la galerie

1 Congélation; *2* Excavation en terrain gelé et pose du blindage; *3* Injection de remplissage entre blindage et terrain gelé, Bétonnage du revêtement; *4* Dégel

des Bauwerks nur langsam vor sich gehen kann, dürfte dieser Belastungszustand erst nach einer längeren Zeitspanne erreicht werden.

Die Stollenröhre als Bauwerk betrachtet ist an den Enden der Panzerung mehr oder weniger elastisch eingespannt. Da beim Ausbau des Gefrierstollens die Auflockerung des Gesteins weitgehend verhindert und der Wasserhaushalt nicht gestört wird, bleibt der lokale Eingriff ohne Wirkungen auf den Gleichgewichtszustand der Schuppe des Mont d'Or. Mit größeren zusätzlichen axialen Beanspru-

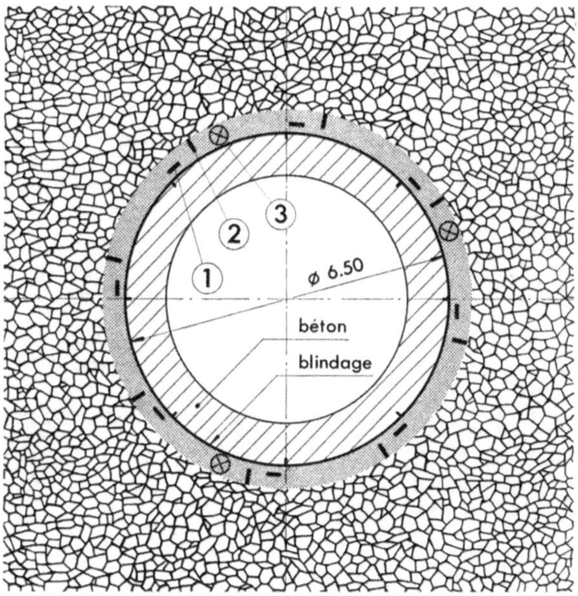

Abb. 20. Arbeitskammer 2 — Meßquerschnitt

1 Druckmeßdose, radial; *2* Druckmeßdose, tangential; *3* Temperaturfühler

Work chamber No. 2 — Measuring station

1 Radial pressure gauge; *2* Tangential pressure gauge; *3* Temperature gauge

Chambre de travail 2 — Station de mesure

1 Pressiomètre, radial; *2* Pressiomètre, tangentiel; *3* Jauge de température

chungen ist daher nicht zu rechnen. Solche treten nur bei ungleichem Verhalten der Einspannungen oder bei, in Achsrichtung, veränderlicher Grundbelastung auf. Dem Rechnung tragend wurde die Verbundwirkung zwischen Blechpanzerung und Beton durch die konstruktive Durchbildung sichergestellt und die Längsarmierung durchgehend angeordnet.

Alle diese Überlegungen wurden bei der Festlegung der Grundbelastung für die Bemessung des Frostmantels (vorübergehender Ausbau) und der wasserdichten Stollenauskleidung (dauernder Ausbau) berücksichtigt. Es soll darüber zu einem späteren Zeitpunkt im Zusammenhang mit den Meßergebnissen berichtet werden.

9. Meßeinrichtungen

Um der Gefahr eines Gefügezusammenbruchs des Frostkörpers während der Abbrucharbeiten begegnen zu können, wurden, wie bereits erwähnt, laufend Richtungs- und Höhenmessungen vorgenommen. Zur Beobachtung eventueller Bewegungen der

Stollenröhre beim Auftauen wurden an der Leibung der Auskleidung Ziel- und Setzbolzen in dem bereits hergestellten Abschnitt bis zur zweiten Arbeitskammer angebracht. Die an der Peripherie des Frostkörpers versetzten Temperaturfühler dienten zur Bestimmung seiner Abmessungen, insbesondere der vorhandenen Dicke des Frostmantels nach dem Ausbruch des Stollens. Ferner wurde eine Meßstation in der zweiten Arbeitskammer errichtet.

Es handelt sich um einen Meßquerschnitt, ausgerüstet mit Druckmeßdosen und Temperaturfühlern im Spalt außerhalb der Panzerung, zur Bestimmung des Außendrucks auf die Auskleidung in Abhängigkeit von Zeit und Temperatur. Die Anordnung der Druckmeßdosen zur Messung der radialen und tangentiellen Spannungen geht aus Abb. 20 hervor. Abb. 21 zeigt eine eingebaute Meßdose. Es ist vorgesehen,

Abb. 21. Versetzte Druckmeßdose (radial) im Spalt zwischen Panzerung und Frostmantel
Radial pressure gauge placed between the plating and the frozen ground
Pressiomètre (radial) posé entre le blindage et le terrain gelé

beim Ausbau des zweiten Abschnittes der Stollenröhre eine weitere Meßstation mit Druckmeßdosen und Temperaturfühlern einzurichten.

Über die Ergebnisse der Messungen soll nach Ablauf einer längeren Beobachtungsperiode berichtet werden. Interessanterweise konnte festgestellt werden, daß das Injektionsgut im Spalt hinter der Panzerung beim Betonieren der Auskleidung abbindet.

Es ist zu hoffen, daß die durchgeführten Messungen dazu beitragen werden, genauere Angaben über Größe und Richtung des Außendrucks auf die Stollenröhre zu erhalten und für künftige, ähnliche Bauwerke bessere Grundlagen für die Bemessung zu schaffen.

Literatur

[1] Barbedette, R.: Congélation des sols. Schweizerische Bauzeitung *86,* 91–95 (1968).

[2] C. E. T. P.: L'aménagement hydroélectrique Hongrin-Léman. Cours d'eau et énergie *58,* 225–233 (1966).

[3] Lambert, R. H.: Aménagement hydroélectrique Hongrin-Léman. Un aménagement de turbinage-pompage. Travaux *51,* 805 (1968).

[4] Norbert, J.: Aménagement hydroélectrique Hongrin-Léman: problèmes géologiques. Travaux *51,* 819 (1968).

[5] Pfister, I., J. Norbert, R. Barbedette und G. Potevin: Traversée sous congélation de 60 m de trias écrasé. Article en préparation; Congrès Mécanique des Sols, Mexico 1969.

Anschrift des Verfassers: Dozent Dr. Othmar J. Rescher, Compagnie d'Etudes de Travaux Publics SA, Rue Saint-Martin 7, CH-1003 Lausanne, Schweiz.

Das Referat

Über den Zusammenhang zwischen den Festigkeitshypothesen von Mohr und Griffith

von

H. Wagner

wurde in Heft 1/2-3 der Zeitschrift *Rock Mechanics* veröffentlicht.

Das Referat

Schubspannungsverteilung im Progressiven Bruch

von

L. Müller-Salzburg und H. Malina

wurde in Heft VI/4 der Zeitschrift *Felsmechanik und Ingenieurgeologie — Rock Mechanics and Engineering Geology* veröffentlicht.

Das Referat

Zur Entstehung der Deformationen in tertiären Braunkohlenbecken

von

J. Rybář

wird im Jahrgang 1970 der Zeitschrift *Rock Mechanics* veröffentlicht.

Das Referat

Deformationsmessungen in einem Stollen großen Durchmessers

von

G. Spaun

wird im Jahrgang 1970 der Zeitschrift *Rock Mechanics* veröffentlicht.

Rock Mechanics, Suppl. 1, 125—158 (1970)

Diskussionsbeiträge

Zu den Vorträgen Wagner* und Wolters

Dr. Dreyer: Herr Wagner hat auf den großen Unterschied hingewiesen, der zwischen der theoretischen Aussage und dem experimentellen Befund besteht. Diese Diskrepanz läßt sich verringern, wenn man den trennbruchbedingten einachsigen Zug- bzw. Druckversuch bei der Konstruktion der Mohrschen Schubbruch-Hüllkurve nicht mit einbezieht. So sollte anstatt der einachsigen Zugfestigkeit σ_z der Spannungskreis der hydrostatischen Zugfestigkeit σ_z^* benutzt werden, wobei stets $\sigma_z^* > \sigma_z$ ist.

Weiterhin ist zu bedenken, daß die analytische Beschreibung der Hüllkurve durch eine Leonsche Parabel oft nicht ausreicht und ein allgemeiner Potenzansatz notwendig wird. Herr Henning, der sich mit diesem Problemkreis seit langem intensiv beschäftigt und sich gleichfalls zu Wort gemeldet hat, wird hierzu Stellung nehmen.

Dr. Henning: Sind σ_1 und σ_3 die größte bzw. kleinste Hauptspannung, bei der ein Prüfkörper im triaxialen Druckversuch, einaxialen Druck- oder Zugversuch zu Bruch geht, so läßt sich der entsprechende Spannungskreis im üblichen $\sigma - \tau$-Diagramm mit

$$\sigma_0 = (\sigma_1 + \sigma_3)/2$$

und

$$r = (\sigma_1 - \sigma_3)/2 \tag{1}$$

als Mittelpunktkoordinate bzw. Radius konstruieren. Aus einer Anzahl von Versuchen (z. B. bei unterschiedlichem σ_3) an Prüfkörpern aus dem gleichen Gesteinsmaterial läßt sich eine funktionale Beziehung

$$\sigma_0 = \sigma_0 (r) \tag{2}$$

herleiten, die bei Anwendung einer angepaßten Ausgleichsrechnung durch ein Polynom n-ten Grades

$$\sigma_0 = a_0 + a_1 r + a_2 r^2 \dots a_n r^n \tag{3}$$

hinreichend genau beschrieben wird.

* Siehe H. Wagner: Über den Zusammenhang zwischen den Festigkeitshypothesen von Mohr und Griffith. Rock Mechanics, Vol. 1/2-3, 1969.

Die allgemeine Gleichung der Hüllkurve Mohrscher Spannungskreise ergibt sich aus der Gleichung der einparametrischen Kreiskurvenschar mit dem Scharparameter σ_0

$$G(\sigma, \tau, \sigma_0) = (\sigma - \sigma_0)^2 + \tau^2 - r^2(\sigma_0) = 0 \tag{4}$$

und

$$\frac{\partial G}{\partial \sigma_0} = 2(\sigma - \sigma_0) + 2 r r' = 0; \; r' = \frac{\partial r}{\partial \sigma_0} \tag{5}$$

durch Eliminierung des Parameters σ_0.

Aus Gl. (5) folgt

$$\sigma_0 = f(\sigma). \tag{6}$$

Die allgemeine Gleichung der Hüllkurve lautet dann

$$\tau = \pm \{r^2(f(\sigma)) - [\sigma - f(\sigma)]^2\}^{0,5}. \tag{7}$$

Will man σ und τ in Parameterform angeben, was bei Benutzung eines Polynoms zweiten und höheren Grades für Gl. (2) vorteilhaft ist, so erhält man aus Gl. (4) und (5)

$$r^2 r'^2 + \tau^2 - r^2 = 0$$

und damit

$$\tau = \pm r(1 - r'^2)^{0,5},$$

$$\sigma = \sigma_0 - r r'. \tag{8}$$

Aus Gl. (8) ist zu ersehen, daß bei $r' > 1$ für τ keine reelle Lösung mehr existiert.

Wählt man beispielsweise für Gl. (2) einen Ansatz in der Form

$$\sigma_0 = a_0 + a_2 r^2, \tag{9}$$

so erhält man für die Hüllkurvengleichung

$$\tau^2 = \frac{\sigma - a_0}{a_2} + \frac{1}{4 a_2^2} \tag{10}$$

bzw. mit

$$a_0 = \frac{A^2 - B}{2A} \quad \text{und} \quad a_2 = \frac{1}{2A} \tag{11}$$

$$\tau^2 = 2A\sigma + B, \tag{12}$$

d. h. eine Hüllkurvengleichung in Form der Leon-Parabel.

Durch eine einfache Rechnung läßt sich nachweisen, daß bei $\sigma_0 < \frac{1}{4a_2} + a_0$ $r' > 1$ wird und damit für τ keine reellen Lösungen mehr existieren.

Mit dem Geradenansatz

$$\sigma_0 = a_0 + a_1 r \tag{13}$$

für Gl. (2) erhält man die Coulomb-Mohrsche Bruchbedingung in der Form

$$\tau = \pm (\sigma - a_0)\left(\frac{1}{a_1^2 - 1}\right)^{0,5}, \tag{14}$$

die mit

$$-\frac{a_0}{(a_1^2-1)^{0,5}} = C; \quad \frac{1}{(a_1^2-1)^{0,5}} = \tan\varrho \tag{15}$$

in die bekannte Gleichung

$$\tau = \pm (c + \sigma \cdot \tan\varrho) \tag{16}$$

übergeht.

Bei der Auswertung eigener Versuche wurde für Gl. (2) ein Näherungspolynom

$$\sigma_0 = a_0 + a_1 r + a_2 r^2; \quad (r \geqq 0) \tag{17}$$

verwendet. Der Verlauf der Hüllkurve $\tau = \tau(\sigma)$ kann rechnerisch oder graphisch ermittelt werden (Henning-Zimmermann, 1968).

Die durch die Ausgleichsfunktion $\sigma_0 = \sigma_0(r)$ beschriebene Kurve des Bruchzustandes im $\sigma_0 - r$-Koordinatensystem (Abb. 1) ist wie $\tau = \tau(\sigma)$ eine charakteristische Festigkeitsgrenzkurve.

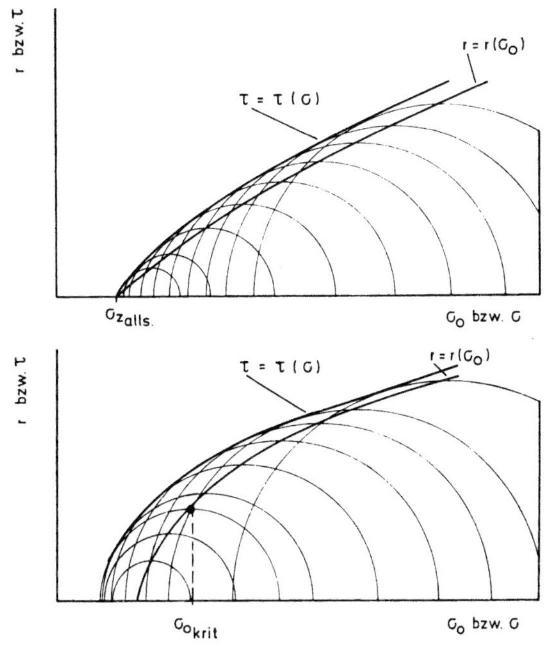

Abb. 1. Verlauf der Hüllkurve $\tau = \tau(\sigma)$ in Abhängigkeit von der Steigerung r' der Grenzkurve $r = r(\sigma_0)$ (schem.)

a Verlauf der Hüllkurve bei $r' < 1$; *b* bei $\sigma_0 < \sigma_{0\,\mathrm{krit}}$ ist $r' > 1$ und es ergeben sich für τ keine reellen Lösungen mehr

Für die Beschreibung des Verlaufs der Bruchhüllkurve $\tau = \tau(\sigma)$ eignet sich eine allgemeine Potenzgleichung der Form

$$\tau = \pm k (\sigma + \sigma_z^*)^m. \tag{18}$$

Darin sind k und m Parameter und σ_z^* die berechnete allseitige Zugfestigkeit eines Gesteins. In vielen Fällen stimmen σ_z^* und a_0 [s. Gl. (17)] mit guter Näherung überein.

Bei doppeltlogarithmischer Auftragung von $\tau = \tau(\sigma)$ für den Bereich positiver Normalspannungen erhält man für Kurven, bei denen im Ausgleichspolynom [Gl. (17)] $a_0 < 0$ ist, einen Verlauf, wie er in Abb. 2 schematisch dargestellt ist. Die nach Gl. (18) gesuchte Kurve $\tau = k \cdot \sigma^m$ verläuft als Gerade im Abstand $\sigma_z{}^*$ von der gekrümmten Kurve, da für diese ja willkürlich $\sigma_z{}^* = 0$ gesetzt wird.

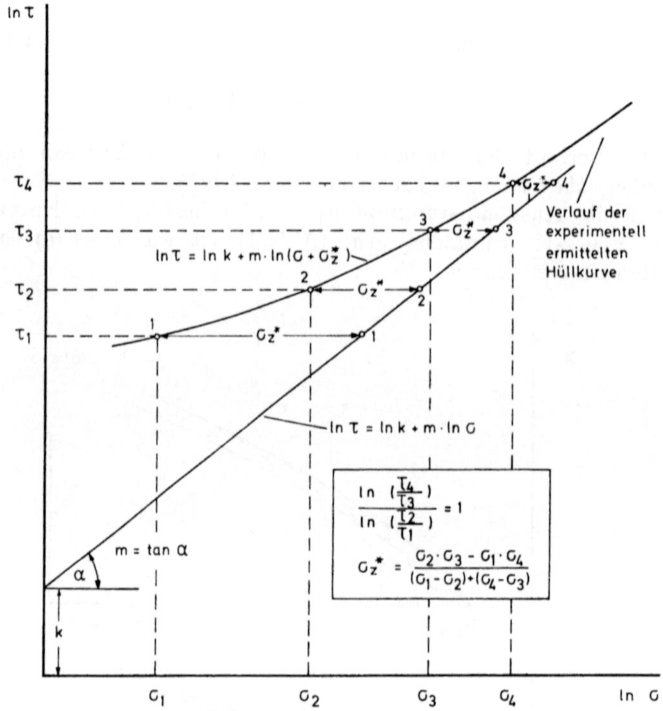

Abb. 2. Annäherung der Hüllkurve $\tau = \tau(\sigma)$ durch eine Potenzgleichung $\tau = k\,(\sigma + \sigma_z{}^*)^m$

Bei drei beliebig gewählten Werten von τ (z. B. τ_1, τ_3, τ_4) wird ein vierter Wert (τ_2) so errechnet, daß

$$\frac{\ln\left(\frac{\tau_4}{\tau_3}\right)}{\ln\left(\frac{\tau_2}{\tau_1}\right)} = 1 \qquad (19)$$

ist. $\sigma_z{}^*$ berechnet sich dann nach

$$\sigma_{z^*} = \frac{\sigma_2 \cdot \sigma_3 - \sigma_1 \cdot \sigma_4}{(\sigma_1 - \sigma_2) + (\sigma_4 - \sigma_3)},$$

wobei σ_i die zu τ_i gehörenden Werte (Abb. 2) sind. $\sigma_z{}^*$, m und k lassen sich somit rechnerisch sehr einfach ermitteln. Als Beispiel sind in Abb. 3 die Ergebnisse von ein- und triaxialen Druckversuchen sowie einaxialen Zugversuchen an trockenen Proben aus Kaolin mit unterschiedlicher wärmetechnischer Vorbehandlung (48 Stunden bei Temperaturen zwischen 105^0 und 600^0C) in Form der Grenzkurven

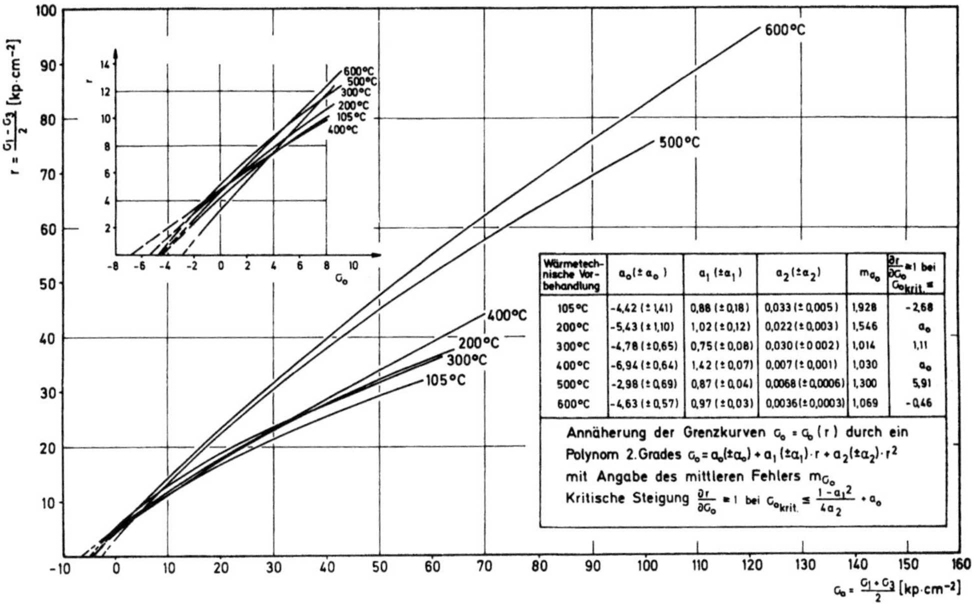

Wärmetechnische Vorbehandlung	$a_0 (\pm \alpha_0)$	$a_1 (\pm \alpha_1)$	$a_2 (\pm \alpha_2)$	m_{σ_0}	$\frac{\partial r}{\partial \sigma_0} \approx 1$ bei $\sigma_{0\,krit.} \approx$
105°C	-4,42 (± 1,41)	0,88 (± 0,18)	0,033 (± 0,005)	1,928	-2,68
200°C	-5,43 (± 1,10)	1,02 (± 0,12)	0,022 (± 0,003)	1,546	a_0
300°C	-4,78 (± 0,65)	0,75 (± 0,08)	0,030 (± 0 002)	1,014	1,11
400°C	-6,94 (± 0,64)	1,42 (± 0,07)	0,007 (± 0,001)	1,030	a_0
500°C	-2,98 (± 0,69)	0,87 (± 0,04)	0,0068 (± 0,0006)	1,300	5,91
600°C	-4,63 (± 0,57)	0,97 (± 0,03)	0,0036 (± 0,0003)	1,069	-0,46

Annäherung der Grenzkurven $\sigma_0 = \sigma_0(r)$ durch ein Polynom 2. Grades $\sigma_0 = a_0(\pm\alpha_0) + a_1(\pm\alpha_1) \cdot r + a_2(\pm\alpha_2) \cdot r^2$ mit Angabe des mittleren Fehlers m_{σ_0}

Kritische Steigung $\frac{\partial r}{\partial \sigma_0} \approx 1$ bei $\sigma_{0\,krit.} \approx \frac{1 - a_1^2}{4 a_2} + a_0$

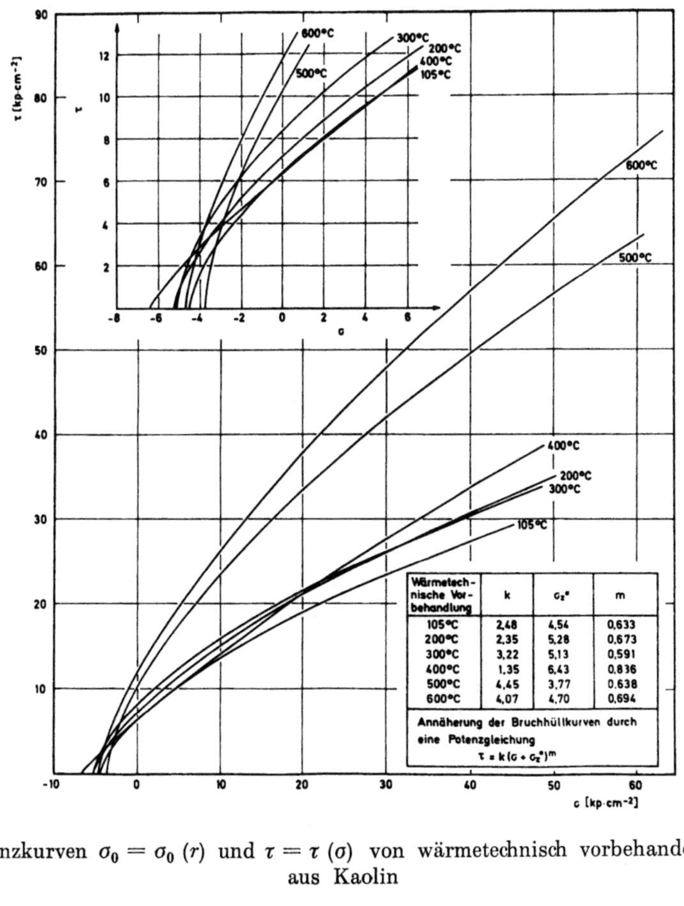

Wärmetechnische Vorbehandlung	k	σ_z^*	m
105°C	2,48	4,54	0,633
200°C	2,35	5,28	0,673
300°C	3,22	5,13	0,591
400°C	1,35	6,43	0,836
500°C	4,45	3,77	0,638
600°C	4,07	4,70	0,694

Annäherung der Bruchhüllkurven durch eine Potenzgleichung

$\tau = k(\sigma + \sigma_z^*)^m$

Abb. 3. Grenzkurven $\sigma_0 = \sigma_0(r)$ und $\tau = \tau(\sigma)$ von wärmetechnisch vorbehandelten Proben aus Kaolin

$\sigma_0 = \sigma_0 (r)$ und $\tau = \tau (\sigma)$ dargestellt. In Tab. 1 werden den experimentell bestimmten einaxialen Zugfestigkeiten σ_z der Kaolinproben die berechneten Werte der allseitigen Zugfestigkeit $\sigma_z{}^*$ und die Grenzkurvenkoeffizienten a_0 aufgrund eines Parabel- bzw. Geradenausgleiches der jeweiligen Meßwerte gegenübergestellt. Mit Ausnahme der

Tabelle 1. Vergleich zwischen den Grenzkurvenparametern a_0 des Ausgleichspolynoms 1. bzw. 2. Grades für $\sigma_0 = \sigma_0 (r)$, der berechneten allseitigen Zugfestigkeit $\sigma_z{}^*$ und der einaxialen Zugfestigkeit σ_z als Ergebnis der Auswertung von Triaxial- und Zugversuchen an wärmetechnisch vorbehandelten Proben aus Kaolin

Wärmetechnische Vorbehandlung	$\lvert a_0 \rvert$ (Gerade) ($kp \cdot cm^{-2}$)	$\lvert a_0 \rvert$ (Parabel 1) ($kp \cdot cm^{-2}$)	$\lvert \sigma_z{}^* \rvert$ ($kp \cdot cm^{-2}$)	$\lvert \sigma_z \rvert$ ($kp \cdot cm^{-2}$)
105° C	10,46	4,42	4,54	4,69
200° C	10,97	5,43	5,28	5,06
300° C	10,16	4,78	5,13	5,24
400° C	9,09	6,94	6,43	5,43
500° C	6,81	2,98	3,77	3,05
600° C	8,31	4,63	4,70	4,68

Werte für 105° C – und 300° C – vorbehandelte Proben sind die Meßwerte σ_z stets geringer als die theoretisch aus dem Bruchhüllkurvenverlauf berechneten Werte für die allseitige Zugfestigkeit $\sigma_z{}^*$. Die Koeffizienten a_0 der parabolischen Ausgleichskurven für $\sigma_0 = \sigma_0 (r)$ stimmen im Rahmen der in Abb. 3 angegebenen Genauigkeit ($\pm a_0$) befriedigend mit $\sigma_z{}^*$ bzw. σ_z überein. Erwartungsgemäß differieren die Koeffizienten a_0 der Ausgleichsgeraden für $\sigma_0 = \sigma_0 (r)$ und die Meßwerte σ_z erheblich.

Das hier nur in aller gebotener Kürze erläuterte Auswertungsverfahren für systematische Festigkeitsuntersuchungen an Gesteinsproben wird seit geraumer Zeit am Institut für Bergbau der TU Clausthal benutzt und hat sich zur Kennzeichnung der Festigkeit von Gesteinen (z. B. verfestigte Tone und Sande oder Braunkohle) zufriedenstellend bewährt.

Literatur

Henning-Zimmermann: Über die Ermittlung der Bruchhüllkurve von Gesteinen auf der Grundlage von Meßergebnissen. Bergbauwissenschaften *15* (1968), S. 129/133.

Prof. Sonntag: Zur dreiachsigen Zugfestigkeit möchte ich bemerken, daß dieser aus der Hüllkurve der Mohrschen Kreise rekonstruierte Wert nur dann größer ist als die einachsige Zugfestigkeit, wenn der Scheitelkrümmungskreis der Hüllkurve *kleiner* ist als der Mohrsche Spannungskreis der einachsigen Zugfestigkeit. Für den entgegengesetzten Fall hat Leon gezeigt, daß die Zugfestigkeit unabhängig von den übrigen Hauptspannungen bleibt, bis der Mohrsche Spannungskreis die Größe des Scheitelkrümmungskreises erreicht hat.

Dr. Dreyer: Dazu möchte ich bemerken, daß wir im Mineralogisch-Petrographischen Institut der TU Clausthal mehrachsige Zugversuche durchgeführt haben, die im Bericht über das 8. oder 9. Ländertreffen des IBG auszugsweise veröffentlicht worden sind.

Dr. Denkhaus: Herr Wagner hat die Mohrsche Festigkeitshypothese erwähnt. Mohr hat eine ältere Hypothese, wonach die größte Schubspannung die für die Festigkeit kritische Größe ist, erweitert durch die Erkenntnis, daß diese kritische

Größe nicht konstant ist, sondern vom Mittelwert $^1/_2\,(\sigma_1 + \sigma_3)$ der größten und kleinsten Hauptnormalspannung abhängt. Er hat gezeigt, daß man diese Abhängigkeit durch die Hüllkurve kritischer Mohrscher Kreise darstellen kann, aber keine Formel dafür gegeben und somit eigentlich keine Festigkeitshypothese aufgestellt. Tatsächlich kann man jede Festigkeitshypothese durch Mohrsche Hüllkurven darstellen. Ich halte das jedoch für umständlich und ziehe Grenzkurven in einem σ_1-σ_3-Diagramm (Abb. 4) vor. Weiterhin wird allgemein angenommen, daß die

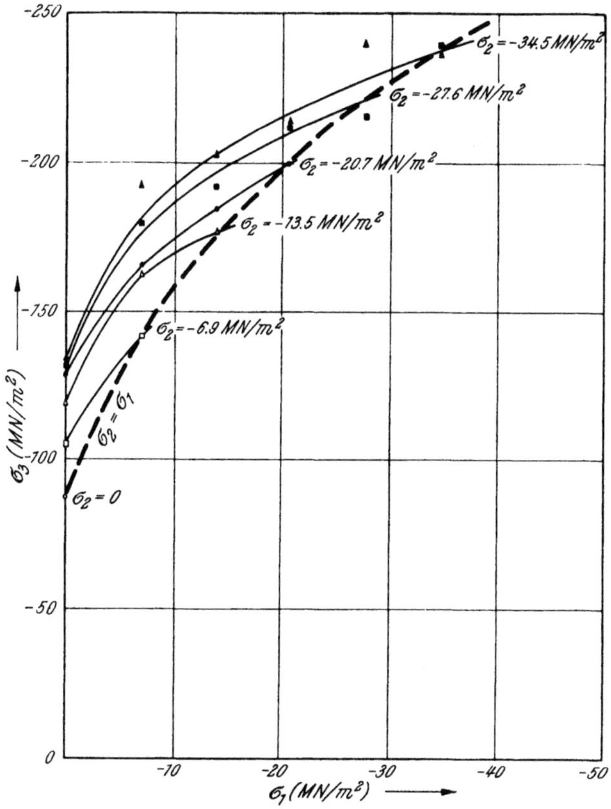

Abb. 4. Bruchfestigkeit eines Sandsteins bei mehrachsigem Druck

Hauptspannungen beim Bruch: σ_1 größte; σ_2 mittlere; σ_3 kleinste

Strength failure stress of a sandstone in multiaxial compression

Principal stresses at failure: σ_1 major; σ_2 intermediate; σ_3 minor

Résistance à la rupture d'un grès soumis à une compression à plusieurs axes

Contraintes principales au moment de la rupture: σ_1 majeure; σ_2 moyenne; σ_3 minime

mittlere Hauptspannung σ_2 keinen Einfluß auf die Bruchfestigkeit hat. Die in Abb. 1 dargestellten Versuchsergebnisse zeigen, daß diese Annahme irrig ist. Es wäre übrigens kaum möglich, diese Ergebnisse mit Hilfe Mohrscher Hüllkurven leichtverständlich wiederzugeben.

Herr Wagner hat angedeutet, daß die Griffithsche Hypothese nicht für die Bruchfestigkeit, sondern für den Beginn der Rißfortpflanzung gilt. Das stimmt, und in diesem Zusammenhang sollte darauf hingewiesen werden, daß man unter dem Begriff Festigkeit nicht nur Bruchfestigkeit, sondern jeden Übergang des Materials in einen anderen Zustand verstehen sollte, z. B. von überwiegend elastischem in überwiegend plastischen Zustand (Fließfestigkeit).

Es darf bei dieser Gelegenheit über einige Fortschritte in der Kenntnis des Verhaltens von Gestein unter Belastung berichtet werden, die im Südafrikanischen *National Mechanical Engineering Research Institute* gemacht wurden. Abb. 5 zeigt

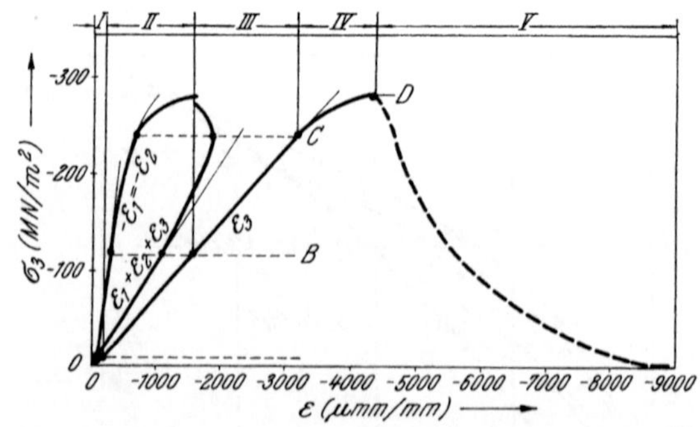

Abb. 5. Vollständiges Spannungs-Verformungs-Diagramm eines Quarzits bei einachsigem Druck

σ_3 einachsige Druckspannung; ε_3 axiale Zusammendrückung; $-\varepsilon_1 = -\varepsilon_2$ seitliche Dehnung; $\varepsilon_1 + \varepsilon_2 + \varepsilon_3$ volumetrische Verformung; ε Verformung

Bereiche: *I* Risse schließen; *II* linear-elastische Verformung; *III* stabile Rißfortpflanzung; *IV* instabile Rißfortpflanzung; *V* gebrochen

Übergangspunkte: *A* Risse geschlossen; *B* Rißfortpflanzungsbeginn; *C* kritischer Energieumsatz; *D* Bruch

Complete stress-strain diagram of a quartzite in uniaxial compression

σ_3 uniaxial compressive stress; ε_3 axial compressive strain; $-\varepsilon_1 = -\varepsilon_2$ lateral strain; $\varepsilon_1 + \varepsilon_2 + \varepsilon_3$ volumetric strain; ε strain

Regions: *I* cracks closing; *II* linear elastic deformation; *III* stable fracture propagation; *IV* unstable fracture propagation; *V* fractured

Transition points: *A* cracks closed; *B* fracture initiation; *C* critical energy release; *D* strength failure

Schéma complet des contraintes-déformations d'un quartzyte sous une compression monoaxiale

σ_3 contrainte de compression monoaxiale; ε_3 déformation de compression axiale; $-\varepsilon_1 = -\varepsilon_2$ déformation latérale; $\varepsilon_1 + \varepsilon_2 + \varepsilon_3$ déformation volumétrique; ε déformation

Régions: *I* fermeture des fissures; *II* déformation élastique linéaire; *III* propagation stable de la fracturation; *IV* propagation instable de la fracturation; *V* fracturé

Points de transition: *A* fissures fermées; *B* naissance de la rupture; *C* dégagement critique de l'énergie; *D* rupture

das Ergebnis von Versuchen mit allmählich gesteigertem einachsigen Druck an zylindrischen Proben in Form des vollständigen Spannungs-Verformungs-Diagramms; vollständig, weil der Versuch über den Bruch hinaus durchgefahren wurde. Bei kleinen Spannungen sind die Kurven konvex, bis der Druck die im Gestein enthaltenen kleinen Risse schließt. Dann folgt der Bereich linear-elastischen Verhaltens. Ein durch die von Walsh und Brace verfeinerte Griffithsche Hypothese gegebener Übergang ist gekennzeichnet durch den Beginn der Fortpflanzung der geschlossenen Risse; die axiale Verformungskurve bleibt geradlinig, wogegen sich die seitliche und damit auch die volumetrische Verformungskurve krümmen. In diesem Bereich wird ein Teil der Belastungsarbeit zur Rißfortpflanzung verbraucht, der andere wird weiterhin als elastische Energie in der Probe gespeichert. Die Rißfortpflanzung ist stabil, d. h. sie kann durch Stoppen der Drucksteigerung angehalten werden. Erreicht der erwähnte Energieumsatz einen kritischen Wert (Irwinsche Hypothese), so wird die Rißfortpflanzung instabil, d. h. sie kann durch Stoppen der Belastung oder gar Entlastung nicht mehr angehalten werden; sie entnimmt die erforderliche Arbeit der in der Probe aufgespeicherten elastischen Energie und führt mit der Zeit zum Bruch; die axiale Verformungskurve wird nichtlinear und die anderen beiden ändern ihre Krümmung stark. Der Übergangszustand entspricht der Dauerstandfestigkeit. Schließlich erreicht die Verformungskurve bei weiterer Drucksteigerung ein Maximum, die maximale Tragfähigkeit oder Bruchfestigkeit; die Probe geht vom Zustand eines (wenn auch geschwächten) Kontinuums in den eines Diskontinuums über. Wird der Probe weiterhin Belastungsarbeit zugefügt, so nimmt die Spannung (besser: Tragfähigkeit, Belastungswiderstand) mit zunehmender Verformung ab (Abb. 2). Mit einer handelsüblichen Prüfmaschine läßt sich diese abfallende Kurve jedoch nicht ermitteln, da die Maschine selbst elastisch ist und daher ein Teil der während des Versuchs (durch Pumpen) geleisteten Arbeit nicht der Probe zugeführt, sondern in der Maschine als elastische Energie gespeichert wurde. Bricht die Probe, so vermindert sich ihr Widerstand und erlaubt der Maschine, ihre aufgespeicherte Energie an die Probe abzugeben und diese schlagartig zu zerstören. Eine *steife* Prüfmaschine speichert jedoch während des Versuchs

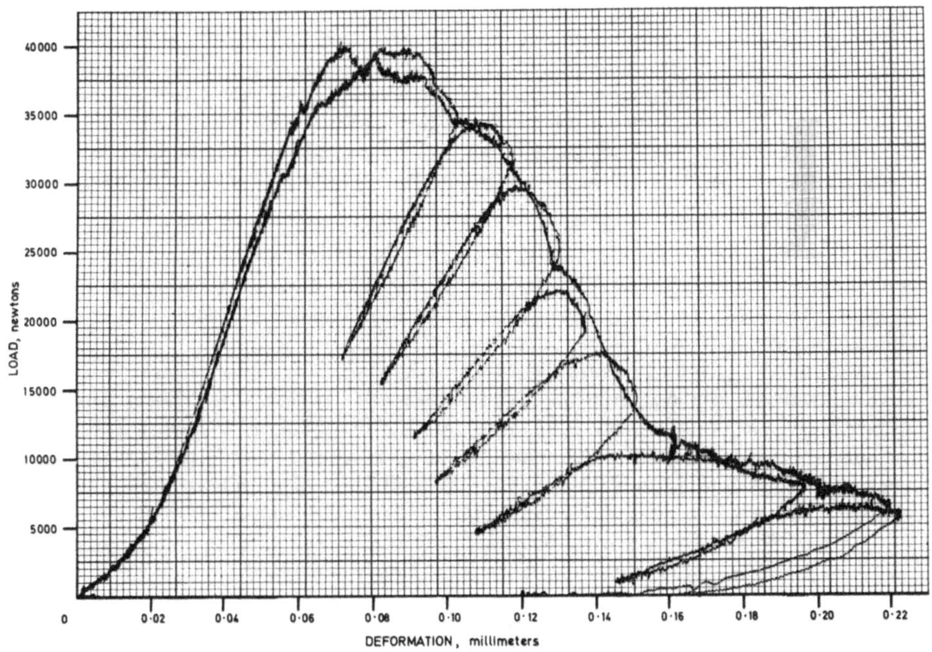

Abb. 6. Vollständige Spannungs-Verformungs-Kurven zweier Proben desselben Quarzits
Complete stress-strain curves of two specimens of the same quartzite
Courbes de contraintes-déformations complètes de deux échantillons du même quartzyte

keine Energie und erlaubt daher durch weitere Arbeitsleistung (Pumpen) der mit steigender Verformung abfallenden Tragfähigkeitskurve der Probe zu folgen und diese damit zu ermitteln (Abb. 2). Natürlich kann man keine unendlich steife Maschine bauen, es genügt jedoch, daß die Maschinensteifigkeit größer ist als die größte aus der negativen Neigung der Tragfähigkeitskurve zu ermittelnde Steifigkeit der Probe, die sich mit wachsender Verformung ändert (Abb. 2). Handelsübliche Maschinen haben eine Steifigkeit von etwa 88 MN/m, wogegen die südafrikanischen Versuche mit einer auf etwa 1000 MN/m versteiften Maschine gefahren wurden.

Abb. 6 zeigt zwei mit Hilfe eines X-Y-Rekorders automatisch aufgenommene vollständige Spannungs-Verformungs-Kurven. Die eine wurde ohne Unterbrechung durchgefahren, bei der anderen wurde im Bereich nach dem Bruch entlastet und wieder rückbelastet. Die Verformung kehrte stets zu den Ausgangspunkten zurück, die außerdem mit der anderen Kurve übereinstimmten. Daraus ist nicht nur zu schließen, daß die Kurve ein echtes Charakteristikum des gebrochenen Gesteins ist, sondern auch, daß gebrochenes Gestein teilweise elastisch ist.

Abb. 7 zeigt eine der Proben, die vor dem Versuch genau bearbeitete zylindrische Form hatte.

Abb. 7. Gebrochene Gesteinsprobe

Rock specimen after strength failure

Echantillon de roche après rupture

Die Versuche wurden auch auf mehrachsige Spannungszustände ausgedehnt, jedoch sei hier lediglich auf künftige Veröffentlichungen meiner Mitarbeiter verwiesen.

Die wichtigste Erkenntnis aus den beschriebenen Versuchen ist, daß man Probe und Prüfmaschine als ein System betrachten muß, und daß beide ihr Verhalten gegenseitig beeinflussen. Ersetzt man „Prüfmaschine" durch „Sohle und Firste" und „Probe" durch „Pfeiler" oder „Stoß", so wird die Bedeutung für den Bergbau angedeutet. Auch gebrochenes Gestein ist noch tragfähig und sogar teilweise elastisch, wie wir aus der Praxis ja ohnehin wissen.

Dr. Kutter: Eine kurze Bemerkung zur Verformung von Klüften: Am *Imperial College* in London wurde eine verhältnismäßig steife 100-Tonnen-Schermaschine gebaut. Die Spannungs-Verformungskurven, die damit an Porphyr-Proben erhalten wurden, sind zwar denen von Krsmanović (1964) ähnlich, zeigten aber doch ein überraschendes Ergebnis. Nach einer Verformung von 5 bis 10 mm fiel zwar der Scherwiderstand auf den Residualwert ab, stieg dann aber mit weiterer Verformung wieder etwas an, um erneut wieder abzufallen usw. Dieser wiederholte Anstieg des Scherwiderstandes kann vermutlich nur mit steifen Maschinen beobachtet werden. In einer weichen Maschine wird beim Abfall vom Höchst- zum Residualwert so viel Energie frei, daß die Rauhigkeiten der Scherfläche sofort abgeschert werden und somit ein erneuter Anstieg des Scherwiderstandes nicht möglich ist. In einer steifen Maschine bleiben bei niedrigen Normaldrücken die Rauhigkeiten zu einem großen Teil erhalten. Dasselbe dürfte auch in der Natur zutreffen.

Literatur

Krsmanović, D., and Z. Langof: Large Scale Laboratory Tests of the Shear Strength of Rocky Material. Felsmech. Ing. Geol. *Suppl. I,* 20—30 (1964).

Prof. Leussink: Ich glaube, wir sollten Herrn Denkhaus sehr dankbar sein, daß er auf die Wichtigkeit der Prüfmaschine hingewiesen hat. Ich meine aber, daß noch auf eine weitere, ich glaube mindestens so wichtige Eigenschaft unserer Prüfmaschinen hingewiesen werden muß: das ist die Endflächenreibung. Es wird von einaxialen Zug- und Druckversuchen gesprochen und es wird σ_1 usw. so angenommen, wie die Prüfmaschine es scheinbar in dem Prüfkörper einprägt. Ich würde gerne bei der Auswertung der gezeigten Versuche wissen, welche Garantie dafür übernommen werden kann, daß tatsächlich nur σ, σ_2 usw. in den Prüfkörper gelangt sind. Alle sogenannten Einaxialversuche sind, wenn man nicht ganz umständliche Eintragungsmechanismen dazwischenschaltet, in Wirklichkeit räumliche Druckversuche, weil durch Endflächenreibung Horizontalkräfte entstehen, die einen sehr großen Einfluß auf das gesamte Geschehen haben könnten. Wir sollten uns viel mehr darüber klar werden, wie dieser Einfluß die anderen Einflüsse, die hier zum Teil heraustheoretisiert werden, überspielt. Solange wir uns auf Versuche stützen und nicht ganz klar sind, daß tatsächlich in den Probekörpern auch nur die Spannungen vorhanden sind, die wir aufs Papier schreiben, solange werden alle Schlußfolgerungen mit einem sehr großen Unsicherheitsfaktor behaftet bleiben.

Dr. Natau: Während beim einachsig durchgeführten Belastungsversuch das Problem der Endflächenreibung [1], [2] in vielen Fällen durch ein genügend großes Schlankheitsmaß umgangen werden kann, ist dieser Weg bei einer mehrachsigen Prüfkörpereinspannung nicht mehr möglich. Hier werden zusätzlich die aufgebrachten Kräfte der einen (vertikalen) Beanspruchungsrichtung infolge der Endflächenreibung an den anderen (horizontalen) Druckplatten über diese um den Prüfkörper herumgeleitet, so daß die tatsächlich im mehrachsig eingespannten Prüfkörper herr-

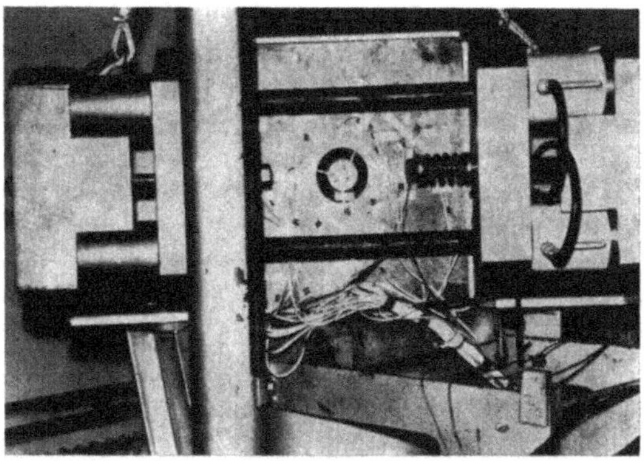

Abb. 8. Zweiachsig arbeitende Druckprüfmaschine (500/240 Mp) mit eingebautem Prüfkörper (610 mm × 610 mm × 112 mm)

Biaxial testing-machine (500/240 Mp) with installed specimen (610 mm × 610 mm × 112 mm)

Machine d'essais biaxiaux (500/240 Mp) avec échantillon de roche naturelle installé (610 mm × 610 mm × 112 mm)

schenden Spannungen nicht ohne weiters als bekannt vorausgesetzt werden können. Im Rahmen eines Forschungsprogrammes, das die zweiachsige Einspannung großer Prüfkörperplatten aus dioritischem Gestein vorsah (Abb. 8), haben wir dieses Problem untersucht und eine Lösung gefunden. Die wesentlichen Ergebnisse sind:

1. Durch Verwendung nachgiebiger Zwischenlagen aus Holzspanplatten zwischen Pressenplatte und Prüfkörper ist bei dem untersuchten Gestein ein ausreichend guter Ausgleich der Spannungsverteilung im Prüfkörper auch bei nur endlich genauer Endflächenbearbeitung (± 1 mm) möglich.

2. Die Spannungsverteilung weist bei Verwendung von Holzspanplatten als Zwischenlage in der Prüfkörpermitte nur noch ein wenig ausgeprägtes Maximum auf. Im interessierenden mittleren Prüfkörperbereich entsprechen die tatsächlich

herrschenden Hauptspannungen den von der Prüfungsmaschine angezeigten Flächenpressungen mit einer Genauigkeit von ± 3 %. Dabei nimmt die Streuung der Meßwerte zum Prüfkörperrand hin zu. Bei steigender Belastung wird die Streuung geringer.

3. Die durch die Endflächenreibung auch in der dritten (einspannungsfreien) Richtung auftretenden Schubspannungen sind vernachlässigbar klein. Sie betragen $\tau_{xy} = \tau_{yz} = -0{,}0039\ \sigma_x$.

Alle weiteren Ergebnisse sowie die theoretischen Grundlagen und Betrachtungen dieses Untersuchungsprogramms sind 1967 veröffentlicht worden.

Literatur

Everling, G.: Das Endflächenproblem beim Druckversuch. Bergbau-Archiv *22* (1961), S. 27–37.

Klaer, P.: Ermittlung der Grundlagen für ein Verfahren zur Bestimmung von Druckspannungen an Gesteinen mit Hilfe radioaktiver Strahlen. Bergbauwissenschaften *12* (1965), S. 473–489.

Natau, O.: Zur Frage der Herstellbarkeit definierter Spannungszustände in zweiachsig eingespannten Prüfkörperplatten aus natürlichem Gestein. Bergbauwissenschaften *14* (1967), S. 254–268.

Dr. Denkhaus: Ich stimme mit Herrn Leussink überein. Bei allen Festigkeitsversuchen darf man nicht vergessen, daß jede Probe ein Verband ist, in dem die Spannungsverteilung nicht gleichmäßig ist. Ein sogenannter einachsiger Druckversuch bringt nicht in jedem Teilchen der Probe einen einachsigen Druckspannungszustand hervor. Man kann dieses Problem nur umgehen, indem man Versuchdurchführung, Probengröße, Endflächenbeschaffenheit, Prüfmaschine usw. standardisiert und somit immerhin vergleichbare Werte erhält. Wir haben in Südafrika übrigens auch den Einfluß der Probengröße auf die Bruchfestigkeit der Kohle bis zur Probengröße über 2 m in situ untersucht und dabei auch die Spannungsverteilung in Kohlepfeilern gemessen, die natürlich nicht gleichmäßig ist. Die Zeit erlaubt nicht, näher hierauf einzugehen.

Ähnliches gilt für die Zugbruchfestigkeit von Gestein. In meinem Institut führen wir Zugversuche an Probestäben aus Quarzit und sogar aus Tonschiefer mit gutem Erfolg durch. Die Proben werden sorgfältig bearbeitet und haben dieselbe zylindrische Form mit konischem Übergang wie die bei Zugversuchen an Metallen üblichen Proben. Wir ziehen dieses Verfahren dem sogenannten brasilianischen Test an Scheiben vor, da bei letzteren die Spannungsverteilung hinsichtlich Größe und Mehrachsigkeit sehr ungleichmäßig ist.

Prof. Leussink: Ich stimme zu, daß man um das, was Herr Denkhaus hier am Schluß angesprochen hat, mit einiger Großzügigkeit herumkommen kann, nämlich um die ungleiche Verteilung der Normalspannung in der Prüfplatte. Das ist aber nicht das Ausschlaggebende, sondern die in der Endfläche hervorgerufenen horizontalen Spannungen. Dadurch, daß sich der Körper ausdehnen will, werden automatisch Horizontalkräfte geweckt. Diese können sowohl nach innen wie auch nach außen gerichtet sein; wenn man die Elastizitätstheorie gelten läßt, müssen sie zunächst sogar nach innen gerichtet sein. In Wirklichkeit sind sie meist nach außen gerichtet. Das kommt ganz auf das Spannungs-Dehnungs-Gesetz in dieser Richtung an, so daß zu der Ungleichmäßigkeit, die man überspielen kann, eben die überhaupt nicht in die theoretischen Betrachtungen eingehende zusätzliche Horizontalbeanspruchung mit hinzukommt. Diese ist es, die die Dinge so ungeheuer kompliziert macht. Es ist vorhin gesagt worden, man könne kaum von einer Mohrschen Bruchhypothese sprechen. Mohr hat in Wirklichkeit eine sehr vielseitig verwendbare graphische Darstellung eines Geschehens geliefert, in das man viel hineininterpretieren kann. So habe ich in der Hochschule gelernt, daß es ein Beweis für die sogenannte Mohrsche Bruchhypothese ist, daß die Bruchflächen unter 45^0 verlaufen bei den zig-tausend Betonwürfeln, die täglich in der Welt zerdrückt werden. Ich möchte das sehr stark bezweifeln. Wenn man nämlich wirklich einmal versucht, die Last so einzutragen, daß die zusätzliche Horizontalspannung in der Endfläche nicht entsteht, dann zeigen die meisten Betonwürfel parallele vertikale Trennflächen.

Ich wollte nur noch einmal klar machen, daß es mir bei einer wirklichkeitsnahen Betrachtung auf die horizontalen Kräfte, die zusätzlich eingeleitet werden, ankommt; die Vertikalkräfte – hier bin ich mit Herrn Denkhaus einer Meinung – kann man überspielen.

Prof. Sonntag: Zu den beobachteten Erscheinungen bei Bruchversuchen möchte ich auf eine Eigenschaft von Beton- oder Gesteinskörpern hinweisen, die Mehrstoffsysteme sind. Wenn ein Körper Einschlüsse großer Querdehnungszahl hat, dann wollen diese sich unter einer vertikalen Druckbelastung der Probe in horizontaler Richtung stärker ausdehnen als die umfassende Körpermasse geringerer Querdehnung. Die behinderte Querdehnung der Einschlüsse bewirkt in ihnen horizontalen Druck und in der umgebenden Masse horizontale Zugspannungen. Diese Zugspannung (als innere Spannung dieses Mehrstoffsystems) bewirkt, wie bei vielen Versuchen beobachtet, einen vertikalen Riß. Dieser Zugriß erfolgt also in einer Ebene, die für einen isotropen Körper unter idealem Vertikaldruck spannungsfrei wäre. Ich wollte damit zeigen, daß selbst bei idealen Belastungsbedingungen in einem quasiisotropen Mehrstoffsystem überraschende Spannungs- und Bruchzustände auftreten können.

Dr. Wolters: Herr Dr. Wagner gibt in einem schematischen Last-Verformungs-Diagramm eine Grenze an, unterhalb der die Verformung elastisch bzw. reversibel ist. Erst oberhalb dieser Grenze sollen erste Risse und Brüche der Minerale auftreten. Bei Lastwechseluntersuchungen an Sedimentgesteinen tritt aber bereits weit unterhalb dieser Linie und eindeutig im reversiblen Verformungsbereich ebenfalls der Bruch der Probe ein, wenn bei geringer Last nur die Zahl der Belastungsfälle ausreichend groß ist. Unterhalb der gezeigten Grenze im Last-Verformungs-Diagramm von Herrn Dr. Wagner müssen also auch schon bleibende Veränderungen im Gestein eintreten, die sich im Laufe der Zeit summieren und sogar zum Bruch führen können.

Literatur

Strasser, B., und R. Wolters: Über den Einfluß allseitigen Drucks, erhöhter Temperatur und schwellender Belastung auf das mechanische Verhalten von Sedimentgesteinen. Fortschr. Geol. Rheinl. u. Westf. *15*, S. 131–154, Krefeld 1968.

Dr. Wagner: Für die von Herrn Dr. Wolters festgestellte Abnahme der Gesteinsfestigkeit mit steigender Anzahl der Wiederbelastungen scheinen folgende zwei Erklärungen möglich. Zunächst möchte ich auf die Abbildungen 9, 10 und 11 meines Referates hinweisen. Sie lassen erkennen, daß die tatsächlichen Festigkeitswerte der Gesteine oberhalb des von Griffith angegebenen Bruchkriteriums, welches das Auftreten der ersten Mikrorisse im Gestein beschreibt, liegen. Von besonderer Bedeutung erscheint dabei die Feststellung, daß die Abweichungen der tatsächlichen Festigkeitswerte vom Griffithschen Bruchkriterium mit steigenden Umschlingungsdrücken zunehmen. Es ist demnach möglich, daß die Versuche von Herrn Dr. Wolters bereits in einem Belastungsbereich gelegen haben, in welchem das Auftreten der ersten Mikrorisse möglich war, die tatsächliche Bruchgrenze jedoch zufolge der herrschenden Umschlingungsdrücke noch nicht erreicht wurde. Durch die zahlreichen Wiederbelastungen wurden dann immer neue Mikrorisse aktiviert, bis es schließlich zum Versagen der gesamten Probe kam.

Eine zweite Erklärung scheint das bis jetzt noch recht wenig erforschte rheologische Verhalten der Gesteine zu bieten. Die bisherigen Untersuchungen lassen erkennen, daß das Festigkeitsverhalten der Gesteine zeitabhängig ist, wobei die Festigkeit mit zunehmender Belastungsdauer absinkt. Bei der großen Anzahl von Wiederbelastungen — Herr Dr. Wolters hat von mehreren Tausend gesprochen — scheint es demnach durchaus möglich, daß der Bereich des rheologischen Verhaltens der Gesteine erreicht wurde und die Gesteinsproben dadurch früher als beim Einzelversuch zu Bruch gekommen sind.

Dr. Höfer: Gestatten sie mir eine Bemerkung zu der Frage, ob bei den untersuchten Gesteinen unbedingt ein Bruch eintreten muß. Wir haben bei unseren Triaxialversuchen an verschiedenen Gesteinen festgestellt, daß wir vier Formen des

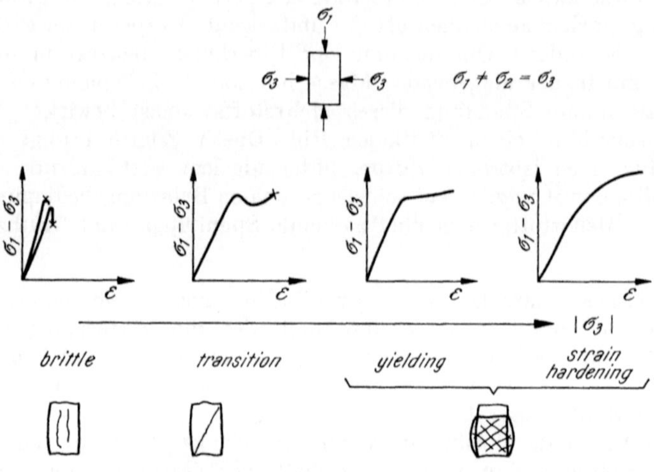

Abb. 9. Möglichkeit des Verformungsverhaltens bei mehrachsiger Druckbeanspruchung

Materialverhaltens in Abhängigkeit von der Größe des Manteldruckes feststellen können (Abb. 9).

Bei geringen Manteldrücken verhalten sich die meisten Gesteine sehr spröde und der Bruch tritt plötzlich ein, wobei die Verformungen relativ gering sind. Bei höheren Manteldrücken fällt die σ_1-σ_3-ε-Kurve nach Erreichen eines Spitzenwertes ab und der Bruch tritt nach einem leichten Anstieg der Kurve ein. In diesem Übergangsstadium erfolgt der Bruch längs einer Schubfläche. Bei noch höheren Manteldrücken ist ein deutliches Fließen des Materials zu bemerken und die Spannungsverformungskurve weist keinen Spitzenwert mehr auf, sondern zeigt einen deutlichen Knick. Die Verformungswerte können schon sehr große Beträge erreichen. Dieser Fall sei als Fließstadium gekennzeichnet. Bei noch größeren Manteldrücken verschwindet sogar der im dritten Stadium erwähnte Knick in der Spannungsverformungskurve und das Material hält bruchfrei sehr große Verformungswerte aus, obwohl es innerlich mit lauter sich kreuzenden Schubflächen durchzogen erscheint. Diese Feststellung dürfte für alle Materialien gelten, wobei die absolut notwendige Höhe des Manteldruckes von der einachsigen Festigkeit des Materials abhängt. Für Salzgesteine braucht man z. B. nur mäßig hohe Manteldrücke σ_3, um das vierte Stadium zu erreichen. Für Granit z. B. braucht man für denselben Effekt sehr hohe Manteldrücke, die in der Größenordnung von vielen tausend kp/cm^2 liegen.

Zum Vortrag Müller und Malina*

Dr. Wolters: Herr Malina unterscheidet zwischen Haft- und Bewegungsreibung und hält die Haftreibung für die größere. Bei den Versuchen über den Reibungswiderstand an Probekörpern, über die ich heute hier vortragen konnte, zeigte sich nun folgendes:

Bei Verschiebung der beiden Probenteile aneinander auf der Scherfuge wird der maximale Reibungswiderstand erst nach einer bestimmten Bewegungsstrecke erreicht, auf der er gleichmäßig zunimmt und danach gleich bleibt (siehe Abb. 10). Wenn immer eine größere Haftreibung vorhanden wäre, müßte aber doch das Diagramm wie Abb. 11 aussehen, wobei von einem größeren Widerstand im Ruhezustand sich ein Abfall zur geringeren Bewegungsreibung ergeben müßte. Wichtig aber dürfte für die Überlegungen von Herrn Malina noch folgende Beobachtung bei den Versuchen sein: Wenn im Versuch nach Erreichen eines bestimmten Reibungswiderstandes die Bewegung unterbrochen wird, bleibt keineswegs der erreichte Widerstand erhalten, sondern es ist ein deutlicher Abfall zu bemerken (siehe Abb. 12). Bei erneuter Verschiebung bedarf es zum Erreichen des früheren Reibungswiderstandes erst wiederum eines bestimmten Weges. Dies läßt sich mit großer Gleichmäßigkeit wiederholen. Es ist also möglich, — jedenfalls im Versuch — ohne auf den höchsten Wert der Bewegungsreibung zu kommen, dennoch den gleichen Verformungsweg zu erreichen. Diese Beobachtungen können nicht mit ungenügender Steifheit der Versuchseinrichtung erklärt werden, da mit den sehr genauen Gebern auf Dehnungsmeßstreifenbasis neben der Kraftmessung auch die Wegmessung direkt an der Probe erfolgt und mit dem Abfall des Reibungswiderstandes in keinem Fall eine rückläufige Bewegung einherging.

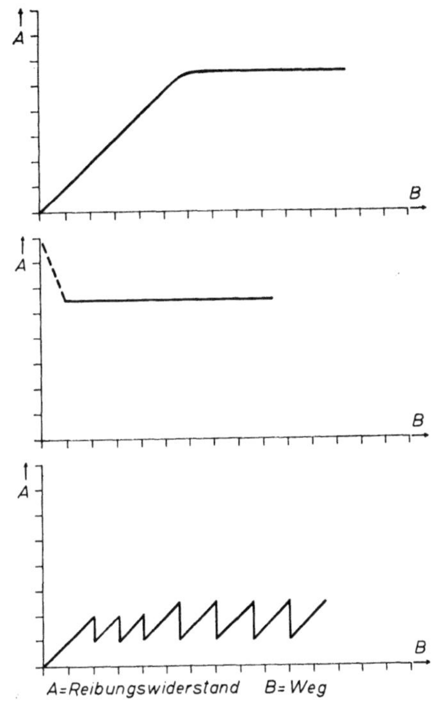

Abb. 10 bis 12

Dipl.-Ing. Malina: Die Eigenschaft mancher Gesteine, eine gegebene Scherspannung nur unter einer zeitlich zunehmenden Scherdeformation zu ertragen, ist rheologischer Natur und ist sicherlich die Ursache für das von Dr. Wolters beobachtete Abfallen der Scherspannung bei anhaltender Scherdeformation.

Solche Materialeigenschaften wurden jedoch in der von Müller und Malina dargestellten Untersuchung nicht berücksichtigt, wenngleich dies durchaus möglich gewesen wäre. Das der Untersuchung zugrunde gelegte Scherverhalten ist rein statischer Art und beschreibt in vereinfachter Form den Aufbau und das Abfallen des Scherwiderstandes bei zunehmendem Scherweg, wie dies z. B. von Krsmanović beobachtet wurde. Die Bezeichnung „Haftreibung" für den im Diagramm erkenn-

* Siehe Müller und Malina: Schubspannungsverteilung im Progressiven Bruch. Felsm. Ing. Geol., Vol. VI/4, 1968.

baren Größtwert des Scherwiderstandes ist dabei unzutreffend, da dieser Größtwert erst nach einer bestimmten Scherverformung erhalten wird, wobei diese Scherverformung durchaus im Fortschreiten begiffen sein kann. Die zusätzlichen Erscheinungen bei Anhalten und wieder in Gang kommen der Scherdeformation wurden in dem gezeigten Rechenansatz vernachlässigt.

Zum Vortrag Rengers und Müller

Dr. Lauffer: Bei den beschriebenen Versuchen werden ähnliche Geschwindigkeiten erreicht wie bei raschen Bergstürzen und Gleitungen, die um mehrere Dezimale größer als bei Scherversuchen sind. Von Naturbeobachtungen ist bekannt, daß bei großen Geschwindigkeiten die Reibung wesentlich kleiner ist als bei Kriechbewegungen (Heim). Vielleicht wäre es möglich, bei den geomechanischen Versuchen die wirkliche Größe der Reibung während der Bewegung festzustellen, beispielsweise durch eine Auswertung der Filmaufnahmen vor Erreichen des Knickes.

Der Zweck meiner Anregung ist die Überprüfung, ob die Reibung bei größerer Geschwindigkeit unverändert bleibt, was durch Auswertung des Bewegungsverlaufes vor Erreichen des Knickes möglich sein müßte.

Literatur

Heim, A.: Bergsturz und Menschenleben. Vierteljahresschr. d. Naturf. Ges., Jg. 77, Zürich 1932.

Dipl.-Geol. Rengers: Wir haben nicht wie Heim die Verbindungslinie zwischen dem Abriß und dem am weitesten talauswärts liegenden Punkt der Gleitmasse als charakteristische Linie gezogen, sondern die Verbindungslinie zwischen Massenschwerpunkt vor und nach dem Abgleiten, deren Winkel zur Waagrechten man als „Gleitwinkel“ bezeichnen könnte. Die Werte in Tab. 1 sind also nicht dazu geeignet, sie mit Heims Werten zu vergleichen. Weiter ist zu bemerken, daß bei der ersten Vesuchsserie die Anordnung so gewählt wurde, daß die Gleitmasse keine hohe Geschwindigkeit erreichen konnte. Es ist beabsichtigt, in den nächsten Versuchsreihen durch verschieden langes Gleiten über die geneigte Tafel die Geschwindigkeiten beim Eintreffen im Knick zu variieren, um den Einfluß der Geschwindigkeit auf den Winkeln von Massenschwerpunktsverlagerung zu bestimmen. In den durchgeführten Versuchen mit relativ niedriger Geschwindigkeit sind die Gleitwinkel, die aus den Massenschwerpunktsverlagerungen bestimmt wurden, immer größer als die Reibungswinkel zwischen Tischplatte und Modellmaterial.

Prof. Müller: Wenn ich Herrn Lauffer richtig verstanden habe, ist da zum Ausdruck gekommen, was auch uns klar geworden ist, nämlich, daß wir bei dem Versuch mehrere Faktoren überlagert haben.

Es ist bereits geplant, die Versuche auf ebener Gleitbahn, ohne Hindernis, ohne Knick usw. fortzusetzen, damit sie quantitativ ausgewertet werden können. Ich bin überzeugt, daß sich mit wachsender Geschwindigkeit ein Abnehmen der Reibung herausstellen wird. Daß die Versuche in dieser komplexen Form begonnen wurden, hat seinen Grund: Bei der Rutschung von Vajont hat man allgemein angenommen, daß beim Gleiten über einen Bahnknick ein Widerstand auftreten mußte, der sich in einer Bremswirkung auswirkt. Das haben nun diese Versuche ganz deutlich bestätigt. Die Bremswirkung liegt in der Größenordnung von einem Sechstel bis einem Fünftel der umgesetzten Energie, ist also von nennenswerter Größe. In der nächsten

Versuchsserie wird Schichtgleiten sowohl im trockenen Zustand wie auch unter Wasser untersucht werden, wobei dann statt des von Herrn Rengers erwähnten Luftpolsters eben ein Wasserkissen-Effekt auftreten wird.

Zum Vortrag Mošna

Dipl.-Ing. Weber: Herr Dr. Mošna hat die Bestimmung der Schwerpunkte unregelmäßiger Gebirgskörper sehr eingehend behandelt. Die praktische Anwendung der erläuterten Bestimmungsmethode konnte Dr. Mošna aus Zeitmangel nur streifen. Jedoch vor allem die Anwendung wäre von besonderem Interesse.

Bei der Schwerpunktbestimmung unregelmäßiger Lagerstättenkörper wird es auch zulässig sein, sich einfacher, mäßig exakter Methoden zu bedienen. Dies scheint gerechtfertigt, da in vielen Fällen die Grenzen derartiger Körper nur mit mäßiger Genauigkeit bestimmt werden können.

Als einfache und praktische Bestimmungsmethode soll ergänzend jene mit Hilfe von Glasplattenmodellen genannt werden. Der Vorteil eines Glasplattenmodells, mit dem Lagerstättenkörper schichtweise abgebildet werden, besteht darin, daß von den Aufschlüssen ausgehend die Gebirgsstrukturen sehr gut extrapoliert und in das Modell eingezeichnet werden können. Entsprechend dem Fortschritt der Aufschlußtätigkeit kann die Abbildung der Strukturen immer wieder korrigiert werden. Da die Glasplatten Schnitte durch den Lagerstättenkörper darstellen und man dessen lagenweise Abbildung in Regelkörper unterteilen kann, wird es nicht schwer fallen, den gemeinsamen Schwerpunkt zu ermitteln.

Die Raumstellung von flächigen Lagerstättenkörpern kann überdies mittels des Schmidtschen Netzes (Abbildung der Lagenkugel in Querlage) häufig mit genügender Genauigkeit ermittelt werden. Derartige Netze werden von den Geologen zur Dokumentation geologischer Gefügedaten verwendet. Abschließend soll die graphische Lösung räumlicher Aufgaben mit Hilfe netzförmiger Kugelprojektionen allen Felsmechanikern empfohlen werden.

Zum Vortrag Prinz

Dr. Dittrich: Mit den beschriebenen Einbruchschloten lassen sich Erscheinungen aus geologisch ähnlich gebauten Gebieten der DDR — der Vorderrhön — sehr gut vergleichen. Bei Frauensee trifft man auf zahlreiche auslaugungsbedingte Einbruchschlote im Unteren Buntsandstein. Diese sind z. T. in historischer Zeit eingebrochen und noch nicht mit nachgestürztem Material gefüllt. Letztere erreichen Durchmesser von 20 bis 30 m und bei senkrechten Wänden Tiefen bis 20 m. Das ausgelaugte Salz des Zechstein 1 ist in Tiefen von etwa 200 m anzunehmen. Es ist geomechanisch schwer vorstellbar, wie es zu diesen pipeartigen Bildungen kommen kann, jedoch ist in diesen Fällen der ursächliche Zusammenhang zwischen Salzauslaugung und Schlotbildung zweifelsfrei.

Anders zu beurteilen ist eine Schlotbreccie in der Nähe von Unterbreizbach. Der dort im Mittleren Buntsandstein aufgeschlossene Schlot enthält verstürztes Material von Muschelkalk und Sandsteinen und basaltische Tuffe. Der Schlot wird von einem Kaliwerk unterfahren; es ist dort ein Basaltstock aufgeschlossen. In diesem Fall liegt also mit Sicherheit keine Auslaugung vor. Der Schlot von Unterbreizbach wird allgemein als vulkanischer Durchbruchschlot (Pipe) gedeutet, in dem Material aus dem Hangenden hineingestürzt ist. Auch im Falle solcher vulkanischer Pipes fällt eine befriedigende geomechanische Erklärung schwer. Es gibt noch eine

Reihe ähnlicher Schlote. Teils fehlt in ihrer Nähe nachweislich Auslaugung, teils stehen sie mit Auslaugungsformen in Zusammenhang. Es herrscht die Ansicht vor, daß in diesen Fällen durch den vulkanisch durchgebrochenen Schlot erst die Möglichkeit des Zutritts von Tagwässern zum Salz geschaffen wurde und daß dadurch die Auslaugung in Gang kam.

Dr. Prinz: Die Literatur über die Einbruchschlote bei Frauensee ist mir bekannt. Ich habe auch kurz darauf hingewiesen. In der Tatsache, daß solche Einbruchschlote in größerer Tiefe von einem Kalibergwerk unterfahren werden, sehe ich keinen Widerspruch zu meinen Ausführungen. Auch in Hessen ist mir ein Fall bekannt, wo ein ausgeprägter Auslaugungstrichter in einer Tiefe von 400 bis 500 m von einem Kalibergwerk unterfahren wird. Offensichtlich genügt eine Auslaugung der oberen 50 bis 100 m eines 200 bis 300 m mächtigen Salzlagers, um solche Einbrüche hervorzurufen. Auch in dem vorgetragenem Fall ist die Frage nach dem Vorhandensein von Restsalzen noch nicht geklärt.

Die Frage, ob die von mir gezeigten Einbruchschlote vulkanischer Entstehung sein können, möchte ich verneinen. Ich kenne eine große Anzahl z. T. gut aufgeschlossener vulkanischer Durchbruchschlote mit Sinkschollen der Hangendschichten auf der Schwäbischen Alb aus eigener Anschauung. Ein Vergleich oder eine Verwechslung ist m. E. nicht möglich. In den Autobahnaufschlüssen wurde in den Schloten nie vulkanisches Material gefunden, obwohl die nächsten Basaltvorkommen nur 10 bis 20 km entfernt sind.

Ich glaube nicht, daß bei den von mir vorgetragenen Einbruchschloten im Buntsandstein das Wasser eine wesentliche Rolle gespielt hat. Die Diskussionsbemerkung betrifft Ausspülungen oder sogenannte Subrosion (= unterirdische Erosion) in Schluffböden, wie sie besonders vom Löß bekannt sind. Die schlanken Formen von Hohlräumen im Löß sind durch seine Struktur bedingt. Ein Vergleich mit den Einbruchschloten im Buntsandstein erscheint mir nicht möglich.

Literatur

Karrenberg und Quitzow: Über Hohlraumbildung und Einstürze in Lößböden als Folge unterirdischer Materialwegführung. Geol. Jb. *71,* S. 631–642, Hannover 1956.

Prof. Müller: Vielleicht können zwei kleine Vergleichsbeispiele aus dem Tunnelbau zu diesem Thema einiges zeigen. Ich hatte einmal zwei gesprengte Eisenbahntunnel von gleichem Profil zu reparieren. Bei einem war der Hohlraum erweitert, auch die Ulmen waren nachgerutscht und Schutt und zerstörtes Gebirge versperrten den ganzen Tunnelquerschnitt. Im anderen Tunnel waren die Ulmen heil geblieben (vielleicht waren die seitlichen Sprengkammern schlecht geladen oder gezündet). Eine Reparatur des ersten Tunnels war natürlich bedeutend schwieriger als eine solche des zweiten; der Ausbruch wuchs von Tag zu Tag nach oben weiter und die Reparaturarbeit wurde immer schwieriger, denn auch nach der Seite erweiterte sich der Hohlraum beständig. Es hat sich also in diesem Gebirge offenbar eine Glocke gebildet, die die Ulmen stark überlastete und hereinschob. Im zweiten Fall wuchs der Schlot immer nur nach oben, wodurch zwar die Fallhöhe des Steinschlages besonders groß wurde, der neue zu durchörternde Raum — man mußte wieder mit einem Sohlstollen, einem Firstschlitz und einem neuen Profilausbau hindurch fahren — war hier bedeutend leichter zu verbauen:

Der Unterschied zwischen diesen beiden Fällen lag nicht allein darin, daß der erste Ulmverbruch in einem Falle eine größere Spannweite mit sich brachte, sondern ungünstig (steil, aber nicht lotrecht) gestellte Klüfte haben dieses Hereinbrechen der Ulmen begünstigt. Eine schlanke Schlotbildung scheint also vorauszusetzen, daß der Nachfall vorwiegend von der Firste her eintritt, während, wie Herr Dr. Prinz gesagt hat, die Ulmen durch Ringspannungen des horizontalen Gebirgsdruckes standfest gehalten werden. Gerade im Buntsandstein haben wir vielfach vertikale Kluftscharen.

Zu den Vorträgen Feder, Detzlhofer und Hautum

Dr. Meyer: Herr Dr. Feder hat in seinem Vortrag einige sehr interessante Probleme der Lagerung und der Stabilität von dünnwandigen Rohren in Lockerböden behandelt und damit erheblich zur Wertung verschiedener Fragen beigetragen. Hinsichtlich der Kräfte, die vom Lockerboden auf das Rohr ausgeübt werden, ist meiner Meinung nach vielleicht eine Frage offengeblieben, und zwar wird üblicherweise bei der Beanspruchung von Rohren unterschieden zwischen Kranlagerung und Dammlagerung. Der Unterschied macht sich bei gewissen eingradigen Tiefen bzw. bei einem gewissen Schlankheitsverhältnis der Künetten bemerkbar. Kam diese Unterscheidung der Beanspruchung der Rohre durch das Bodenmaterial bei Ihrem Versuch zum Ausdruck Herr Dr. Feder bzw. haben Sie diesbezügliche Unterscheidungen getroffen? Insbesondere war ja der Großversuch eindeutig ein Versuch in Dammlagerung. Die Unterschiede stammen ja bekanntlich daher, daß sich bei einer Künettenlagerung das Füllmaterial an den Künettenwänden anhängt und durch Reibungskräfte abgestützt wird. Eine Erscheinung, die oft nicht ganz richtig als Gewölbewirkung bezeichnet wird.

Dr. Feder: Die nach außen gerichtete Halbwelle verursacht im Erdkörper eine Belastungsumordnung, die zwangsläufig zu dem für die Dammlagerung typischen Zustand führt. Dies tritt auch dann auf, wenn zunächst im Erdkörper der Spannungszustand der Grabenlagerung vorhanden war.

Dipl.-Geol. Spaun: Gestatten Sie mir, kurz auf Probleme, die sich aus einem voreilenden Sondierstollen auf den nachfolgenden Vollausbruch ergeben, hinzuweisen: Der gesamte Stollenbereich Landl wurde durch einen Sondierstollen von 2,5 bis 2,7 m Durchmesser erkundet. An einer Stelle waren Haselgebirge, Gosaumergel und Hauptdolomit durch tektonische Vorgänge zu einem Reibungsteppich, wie ihn O. Ampferer beschrieben hat, zusammengeknetet. Dieser Bereich zeigte schwachen Wasserzudrang. Beim Vortrieb des Vollausbruches kam es hier zu großen Verbrüchen, die durch die mangelhafte Absicherung des Sondierstollens verursacht wurden. Durch die Belastungen, die von der Brust des Vollausbruches in der Vortriebsrichtung auf die Auskleidung des Sondierstollens wirkten, kam es zu einem Nachgeben der Sondierstollenauskleidung und im Folgenden zu einem Hereinbrechen der Firste des Vollausbruches. Diese Nachbrüche reichten 3 bis 4 m über die planmäßige Firsthöhe hinaus. Bei einem derart unregelmäßigen Profil war eine Absicherung mit Stahlbögen unmöglich und wurde mit einer systematischen Perfo-Ankerung und einer starken Spritzbetonauskleidung mit Baustahlgitter durchgeführt. Bei den weiteren Ausbrucharbeiten wurde an kritischen Stellen der Ausbau des Sondierstollens voreilend verstärkt.

Meines Erachtens müßte bei der Auskleidung von Sondierstollen schon auf diese späteren Beanspruchungen durch den Vollausbruch Rücksicht genommen werden.

Darf ich auch noch ganz kurz auf eine Bemerkung von Herrn Dipl.-Ing. Detzlhofer eingehen, der darauf hingewiesen hat, daß in druckhaften Gebirgsarten, in denen der Hilfsausbau aus Stahlbögen mit Spritzbeton besteht, die Stollenauskleidung meist an der Grenze Spritzbeton-Stahlbogen aufreißt. Mir erscheint die Verbindung der Stahlbögen mit Glockenprofil zu dem Spritzbeton nicht ideal gelöst. Gitterbögen, wie sie manchmal verwendet werden, stellten eine wesentlich bessere Armierung des Spritzbetons dar. In stark nachbrüchigen Gebirgsarten bilden allerdings die kräftigeren Stahlbögen einen besseren Schutz der arbeitenden Mannschaft als die Gitterbögen. Ich möchte nun anregen oder anfragen, ob die Möglichkeit besteht, dieses Glockenprofil, das eine Schwächestelle zwischen dem Spritzbeton und dem Stahl des Bogens darstellt, durch das Aufbringen von Rippen zu verstärken und damit eine günstigere Verbindung von Stahl und Spritzbeton zu erreichen.

Literatur

Ampferer, O.: Geologischer Führer für die Gesäuseberge. Wien 1935.

Dr. Dvořák: Gestatten Sie mir eine Bemerkung zum Verhältnis zwischen der Nachgiebigkeit der Verkleidung und den Deformationen des Felsens. In einem Wasserdruckstollen von 2,6 m Durchmesser im Gneis wurden in drei verschiedenen Abschnitten Deformationen und Wasserverluste gemessen. Teil 1 hatte 10 cm Spritzbeton mit einfachem Drahtnetz als Verkleidung und wurde im gesunden Fels ausgebrochen. Teil 2 mit 15 cm Spritzbeton und doppeltem Drahtnetz war in zerklüftetem Fels. Teil 3 mit 20 bis 30 cm dicker Betonverkleidung befand sich in wenig verwittertem Fels. Die zugehörigen Verformungsmoduln waren 60, 45 und 30 Mp/cm^2. Man versuchte hier, die größere Zusammendrückbarkeit des Felsens durch höhere Steifigkeit der Verkleidung auszugleichen. Jedoch die Wasserverluste waren im Teil 2 um 70 %, im Teil 3 um 90 % größer als im Teil 1. Eine steifere Verkleidung hat also keinen günstigen Einfluß gezeigt.

Prof. Veder: Ich glaube, die Fachleute sind sich nun einig, daß die dünne Schale als Stollenauskleidung einer wirtschaftlichen und technisch einwandfreien Lösung dieses Problems am nächsten kommt — die dünne Schale, die sich aus fünf Phasen zusammensetzen kann: die Verankerung, das Netzen, das Einsetzen der Stahlbögen, das Aufbringen des Spritzbetons und eventuell Injektionen. Drei wesentliche Punkte gelten als Voraussetzung für die Wirksamkeit dieser Bauweise:

1. Verhinderung von Deformationen durch satten Anschluß an das umliegende Gebirge. 2. Einziehen eines Sohlgewölbes, um das Zusammenschieben des unteren Teiles der Auskleidung zu verhindern. 3. Der Verband des Ausbaues muß überall gesichert werden. Vor allem im Breich der Brust kann es vorkommen, daß der letzte Ausbaubogen gegen die Brust hin ausweichen kann und ausknickt, wie ich mit einigen Abbildungen zeigen will.

Sind alle drei Bedingungen erfüllt, kann es schlimmstenfalls zu einem Scherbruch in der Auskleidungsschale kommen. Da man solche Bruchstellen im Gewölbe ohne weiteres nachträglich durch Einbau eines Verstärkungsringes sanieren kann, ist das Auftreten dieses Scherbruches für den Bestand des Gesamtbauwerkes ungefährlich.

An Hand der Abb. 13 möchte ich Ihnen die Grundgedanken noch einmal vorführen. Ich stütze mich dabei auf die Ausführungen von Herrn Dr. Spaun über den Stollen Landl. Dort ist an Stellen ohne Sohlgewölbe der Alpine-Bogen im unteren Teil nach innen gedrückt worden. Die auftretenden Kräfte waren dabei so groß, daß die eingebrachten Perfo-Anker glatt abgerissen worden sind. An dieser Stelle zeigt der Spritzbeton Biegerisse, wogegen er weiter oben wieder den charakteristischen Scherbruch aufweist. Recht deutlich wurden diese Scherbrüche auch in der Veröffentlichung von Prof. Rabcewicz herausgestellt.

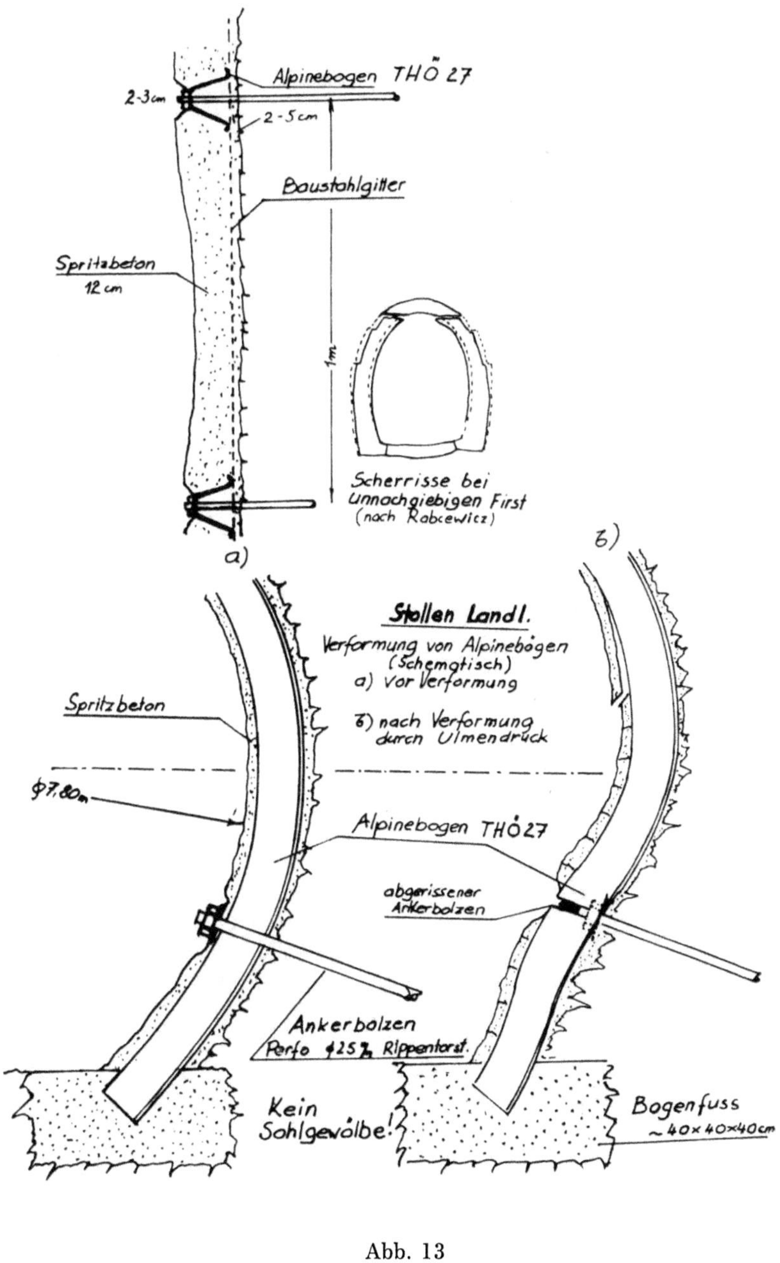

Abb. 13

Abb. 14 zeigt einen Bogen, der durch Ausweichen gegen die Brust hin ausgeknickt ist. Dagegen haben die Bögen dahinter dem Gebirgsdruck standgehalten, weil für sie keine Ausweichmöglichkeit bestanden hat. Wieder ein eindrucksvolles Beispiel dafür, daß ein Versagen nur eintritt, wenn ein Ausweichen möglich ist.

Abb. 14

Prof. Veder: Herrn Hautums Schilderung über Vorspannung durch Injektion war äußerst interessant und ich möchte von der Herstellung des Stollens von Cecita in Kalabrien etwas hinzufügen. Dieser Stollen führt durch einen sehr zerklüfteten, granitischen Porphyrit. Man hatte beschlossen, genauso wie Herr Hautum gesagt hat, den Stollen durch Injektionen vorzuspannen. Unter Vorsitz des Bauleiters Ingenieur Drioli wurden verschiedene Verfahren in Erwägung gezogen. Folgendes kam zur Anwendung: Zunächst hat man in etwa 2,5 bis 3 m Entfernung einen zylindrischen Dichtungsschleier um den Stollen gezogen. Nachdem so das umliegende Gebirge abgedichtet war, setzte man mit Hochdruckinjektionen in etwa 1 m Entfernung, den Stollen unter Druck. Um die Wirkung dieses Vorspanndruckes zu kontrollieren, hat man eine Anzahl von Deformationsmessungen durchgeführt. Daraus war sehr genau zu ersehen, daß infolge der Hochdruckinjektionen eine gleichmäße Zusammendrückung der Betonauskleidung des Stollens erzielt werden konnte. Man hat also hier ohne Verankerung, nur durch Injektionen, eine Vorspannung des Stollens erzielt.

Dipl.-Ing. Hautum: Örtliche Gebirgsbereiche mit allzugroßer Aufnahmefähigkeit, in denen auch kein Druckaufbau erzielt werden konnte, hat man in Reisach durch intermittierende Mörtelinjektionen vor der eigentlichen Vorspanninjektion abgeriegelt; man ist also ähnlich verfahren, wie es Herr Professor Veder vom Stollen in Cecita berichtet. Was dort offenbar über den ganzen Umfang des Stollens als eine Art Dichtungsschleier ausgeführt wurde, darf man wohl als eine bemerkenswerte Ergänzung des Injektionsvorspannverfahrens bezeichnen.

Dr. Natau: In Anschluß an die interessanten Ausführungen von Herrn Professor Veder sei mir die Mitteilung einiger Ergebnisse erlaubt, die wir im Zusammenhang mit einem äußerlich ganz anders gearteten Injektionsproblem erarbeitet haben, die jedoch von der Grundlage her auch für die Vorspannung z. B. eines Ausbaus mit Hilfe von Injektionen von Interesse sein dürften. Bei unseren Untersuchungen ging es darum, ein im Salzgestein hergestelltes Großbohrloch (d = 230 mm, l = 10 m) mit einem Spezial-Mörtel wieder so zu verfüllen und vor allem auch zu verspannen, daß der vor Herstellung des Großbohrloches herrschende Zustand im Gebirge annähernd wieder erreicht wird. In-situ-Versuche, dieses Ziel durch Abbindenlassen des Mörtels unter Druck zu verwirklichen, schlugen fehl.

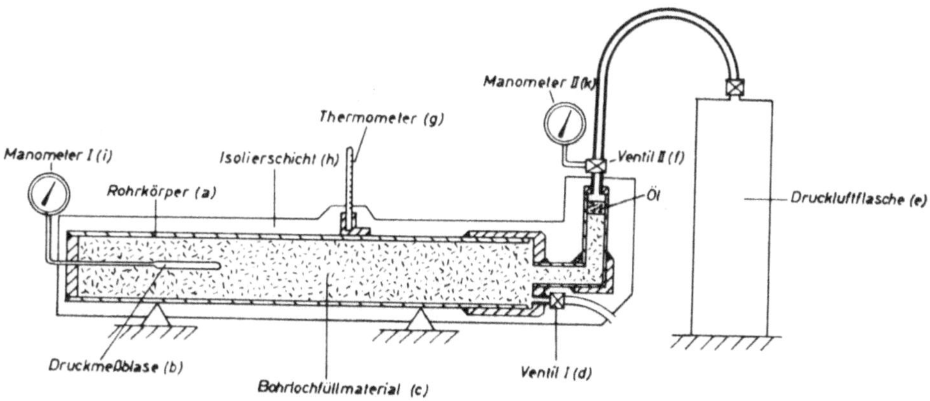

Abb. 15. Versuchsanlage zur Kontrolle des Abbindevorganges unter Druck

Equipment for testing the binding-process under pressure

a tube; *b* pressure-cell; *c* mortar; *d* valve I; *e* compressed air; *f* valve II; *g* thermometer; *h* insulating layer; *i* manometer

Installation d'essai pour le contrôle du procédé de la prise sous pression

a tube; *b* verin; *c* mortier; *d* valve I; *e* air comprimé; *f* valve II; *g* thermomètre; *h* couche isolante; *i* manomètre

Anschließend durchgeführte gleichartige Laborversuche in einem hermetisch abgeschlossenen Hochdruckrohr, mit dem das Großbohrloch im Modell nachgebildet wurde (Abb. 15), zeigten, daß trotz eines von außen konstant aufgebrachten Druckes von 100 kp/cm^2 die bleibende tatsächliche Vorspannung nach Beendigung des Abbindeprozesses nur noch 10 kp/cm^2 betrug. Als Ursache wurde die Volumenabnahme des Mörtels während des Abbindens erkannt.

Daraufhin haben wir einen weiteren, ähnlich aufgebauten Modellversuch durchgeführt mit der Abänderung, daß der Mörtel zunächst ohne Vorspannung vollständig abbindet und die gewünschte Vorspannung durch eine nachträglich vorgenommene Kunstharz-Injektion erreicht wird. Auf Grund des nunmehr wesentlich geringeren Injektions-Volumens und damit auch des wesentlich kleineren Volumenschwundes während des Aushärtens konnte bei einem maximalen Injektionsdruck von 270 kp/cm^2 eine bleibende Vorspannung von 140 kp/cm^2 erzielt werden.

Diese anschließend in einem Kaliwerk angewandte Methode, die man auch als Niederdruck-Injektion zum Verfüllen der Hohlräume mit nachfolgender Hochdruck-

Injektion zum Verspannen des Gebirges bezeichnen kann, bestätigte die Ergebnisse der Laborversuche: Bei einem Injektionsdruck von maximal 280 kp/cm² konnte eine bleibende Vorspannung von 182 bis 191 kp/cm² erreicht werden. Nur am Rande sei erwähnt, daß sich diese Injektion in zwei Stufen ebenso erfolgreich für den Abschluß des Großbohrloches im Gebirge geeignet hat. Das vollständige Versuchsprogramm ist mit allen interessierenden Daten bei Wöhlbier und Natau (1967) veröffentlicht worden.

Literatur

Wöhlbier, H., und O. Natau: Die Entwicklung einer neuartigen Einbautechnik für Bohrlochdruckgeber Sitzungsberichte des 1. Kongresses der Internationalen Gesellschaft für Felsmechanik, 1966. Lissabon 1967, Bd. II, S. 25–30.

Hautum: Zum Bericht des Herrn Natau über Laborinjektionsversuche, bei denen der Vorspanneffekt in Bohrlöchern großen Durchmessers wieder verloren ging, kann ich so aus dem Stegreif zunächst nur darauf hinweisen, daß die Vorspannung in Reisach heute noch nach vielen Jahren vorhanden ist. Es fehlt mithin zunächst die Vergleichsmöglichkeit zu den an sich gewiß interessanten Versuchen.

Dr. Seeber: Herr Ingenieur Hautum hat uns vorhin interessante Einzelheiten über die Druckstollen von Reisach-Rabenleite und Tanzmühle erzählt. Insbesondere über die Vorspannung durch Injektionen, speziell Bohrlochinjektionen nach einer besonderen Anordnung.

Der Erfolg von Injektionen wird im allgemeinen nach der Zementaufnahme beurteilt, obwohl vieleicht ein Urteil nach der Wirkung, also der Vorspannung bzw. nach der gemessenen Deformation besser wäre. Weiter ist zu beachten, daß die Zementaufnahme und die Injektionswirkung abhängig ist von der Art des Gebirges sowie vom Druck der Injektion. Zum Vergleich sind in zwei Tabellen die Ergebnisse von ausgeführten Spaltinjektionen zusammengestellt, über die 1968 berichtet wurde.

Tabelle A: Druckstollen im Gneis, also in ähnlichen Gesteinen wie in Reisach-Rabenleite. Es fällt auf, daß die spezifische Zementaufnahme, also das pro Quadratmeter Stollenfläche und je atü Einpreßdruck eingepreßte Zementgewicht mit etwa 1 kg/m² atü in allen Fällen sehr ähnlich ist. Lediglich der Druckstollen Enzingerboden fällt hier aus dem Rahmen.

Tabelle B zeigt Druckstollen in Schiefergesteinen. Der Phyllit ist wesentlich weicher – der Verformungsmodul liegt etwa bei 30 000 kg/cm² –, dafür aber auch wesentlich dichter als der Gneis. Trotz dieser Unterschiede im Gestein ist auch hier die spezifische Zementaufnahme im Mittel bei etwa 1 kg/m² atü, allerdings mit einem etwas größeren Streubereich. Der Maximalwert von 2,5 kg/m² atü muß etwas reduziert werden, weil in ihm die Zementmenge für die Verpressung eines größeren Verbruches enthalten ist.

Die große Gleichmäßigkeit der Zementaufnahmen ergibt sich wohl dadurch, daß bei den festeren Gesteinen mehr in die Klüfte, bei den weicheren und dichteren mehr in den hier infolge der größeren Deformation weiter geöffneten Spalt geht. Auch hier fällt wieder die geringe Zementaufnahme im Druckstollen Enzingerboden auf. Hiefür gibt es drei Gründe:

1. Das Gebirge war sehr dicht und die Auskleidung so dick (doppelte notwendige Wanddicke), daß ihre Verformung nur sehr gering und damit auch der Spalt sehr klein war.

2. Die Injektion wurde mit zu großer Arbeitsgeschwindigkeit ausgeführt, nämlich bis 200 m pro Tag. Infolge des dichten Gebirges und einer sehr dicken Auskleidung (geringe Deformation) wurde der Enddruck bei geringer Zementaufnahme

Beispiele für Vorspann-Spaltinjektionen
System TIWAG
A. in Gneisgesteinen

Anlage Bauherr, Jahr Bauteil	Durchmesser Abschn.-Länge max. Innendruck	Geologie Standfestigkeit Vorauskleidung	Trennschicht Auskleidung	Injektionsdruck Zementaufnahme Spez. Zementaufnahme
Kaunertal-KW TIWAG, 1963 Druckstollen Teilstrecke BL I	$\varnothing = 4{,}00$ m 132 m 14 atü	Augengneis standfest 20 cm Spritzbeton	Kalkmilch 20 cm Preßmörtel 5 mm Stahlblech 20 cm Pumpbeton	25 atü 25 kg Z/m² 1 kg Z/m² · atü
Kaunertal-KW TIWAG, 1964 Druckstollen Teilstrecke BL III	$\varnothing = 4{,}00$ m rd. 700 m 16 atü	mylonit. Gneis gebräch bis druckhaft 10—30 cm Spritzbeton	Kalkmilch 40 cm Pumpbeton	40 atü 41 kg Z/m² 1 kg Z/m² · atü
KW Enzingerboden ÖBB, 1967 Druckstollen	$\varnothing = 3{,}10$ m 160 m 6,4 atü	Granitgneis standfest örtl. Spritzbeton	Kalkmilch 37,5 cm Pumpbeton	20/35 atü 10 kg Z/m² 0,3 kg Z/m² · atü
KW Fragant KELAG, 1968 Druckschacht obere Flachstrecke	$\varnothing = 2{,}25$ m 260 m 29 atü	Granitgneis standfest örtl. Spritzbeton	Kalkmilch 23 cm Pumpbeton	40 atü 35 kg Z/m² 0,9 kg Z/m² · atü

Beispiele für Vorspann-Spaltinjektionen
System TIWAG
B. in Schiefergesteinen

Anlage Bauherr, Jahr Bauteil	Vorgespannter Druckstollenabschnitt			Bohrloch-Felsinjektion	Vorspann-Spaltinjektion	Gesamte Zementaufnahme
	Durchmesser Abschn.-Länge max. Innendr.	Geologie Standfestigkeit Vorauskleidung	Trennschicht Auskleidung	Injektionsdruck Zementaufn.	Injektionsdruck Zementaufn.	Spezifische Zementaufnahme
Kaunertal-KW TIWAG, 1964 Druckstollen Betonstrecke BL IV	Ø = 4,00 m 2700 m 15 atü	Kalkphyllit gebräch Spritzbeton	Kalkmilch 30 cm Pumpbeton	keine	40 atü 33 kg Z/m²	33 kg Z/m² 0,8 kg Z/m² · atü
Kaunertal-KW TIWAG, 1964 Druckstollen	Ø = 4,00 m 530 m 17 atü	Kalkphyllit gebräch Spritzbeton	Kalkmilch 5 mm Panzerung 20 cm Pumpbeton	keine	25 atü 39 kg Z/m²	39 kg Z/m² 1,55 kg Z/m² · atü
Dünnwandige Panzerstrecke BL IV	Ø = 4,00 m 290 m 17 atü			10/24 atü 15,4 kg Z/m²	25 atü 24 kg Z/m²	39,4 kg Z/m² 1,55 kg Z/m² · atü
Kaunertal-KW TIWAG, 1964 Wasserschloß Schrägschacht dünnw. Panzerung	Ø = 3,00 m 183 m 13,5 atü	Kalkphyllit gebräch Spritzbeton	Kalkmilch 5 mm Panzerung 15 cm Vakuumbeton	keine	20 atü 50 kg Z/m²*	50 kg Z/m²* 2,5 kg Z/m² · atü
KW Enzingerboden ÖBB, 1967 Druckstollen	∅ = 3,10 m 480 m 6,4 atü	Weißschiefer gebräch Spritzbeton	Kalkmilch 37,5 cm Pumpbeton	keine	20/35 atü 9 kg Z/m²	9 kg Z/m² 0,3 kg Z/m² . atü

* einschließlich Verpressung eines Verbruches

sehr rasch erreicht. Druckhalten mit Zementmilch ist schwierig. In der eingepreßten Zementmilch ist trotz Mischungsverhältnis 1 : 1 viel Überschußwasser, das erst nach Abschluß der Injektion entweicht, wobei ein Teil der Vorspannung verloren geht.

3. Die Injektion wurde nur in einer Schicht (Tagschicht) ausgeführt. Während der Nacht verlegte der fest werdende Zement den Spalt teilwesie in den Bereichen, in welchen die Injektion über die folgenden Injektionsschläuche hinausreicht.

Literatur

Lauffer, H: Vorspanninjektionen für Druckstollen. Der Bauingenieur, H. 7, 1968.

Hautum: Herr Dr. Seeber hat über den Zementbedarf beim Spaltinjektionsverfahren berichtet; das hat mit meiner Angabe über den Zementaufwand in Reisach unmittelbar nichts zu tun: ich habe mit der Angabe, daß man aus 425 l injizierten Zement unter gewissen Voraussetzungen auf eine von der Injektion berührte Wirkungsfläche von 100 000 cm^2 schließen könnte, lediglich den — zugegeben vagen — Versuch gemacht, mittels des bekannten Pumpendrucks von 40 atü die ungefähre Größenordnung der gesamten vorspannenden Kraft, d. i. im vorliegenden Fall mithin 4000 t, zu bestimmen und mit der gesamten Radialkraft aus dem Innendruck — hier 3000 bis 3500 t — in eine größenordnungsmäßige Relation zu bringen.

Zum Vortrag Rabcewicz

Dipl.-Ing. Hocke: Das Prinzip der semisteifen Schale, das der Neuen Österreichischen Bauweise zugrundeliegt, erscheint durchaus logisch und einleuchtend, doch gibt es Stimmen, welche gerade hierin das Verderben sehen. Ich erinnere an die kürzliche Veröffentlichung von Dr. Berger.

Ich darf voraussetzen, daß die in diesem Zusammenhang sehr bemerkenswerten Ausführungen allgemein bekannt sind. Bei grundsätzlich gleicher Zielsetzung — wenn ich den Verfasser richtig verstanden habe — verurteilt Berger die Neue Österreichische Bauweise, die er übrigens lieber Spritzbetonbauweise genannt wissen will, und die er eigentlich als belgische Unterfangungsbauweise ansieht, ausdrücklich gerade wegen ihrer Elastizität. Wenn man ihm folgt, beschränkt sich ihre Eignung auf nur wenige, sehr bestimmte geologische Verhältnisse, aber selbst in diesen Fällen sieht er schwerwiegende Nachteile gegenüber anderen neueren Bauweisen, z. B. der deutschen Kernbauweise. Angeführter Beweis u. a.: Firstsenkung beim Bau des Schwaikheimer Tunnels, 12 cm, nach eigener Angabe von Rabcewicz.

Nun behauptet doch die Neue Österreichische Bauweise von sich selbst, es läge gerade in ihrer Natur, besonders schonend im Hinblick auf solche Auswirkungen vorzugehen.

Es stehen sich also offenbar konträre Meinungen gegenüber, welche tiefer begründet sind. Sicher wird mancher Interessierte dadurch stutzig gemacht und es wäre daher wohl wünschenswert und von allgemeinem Interesse, auf diese Dinge noch näher einzugehen. Aber eine weitere Frage drängt sich uns aus immer wieder akutem Anlaß auf. Der Vorzug der neuen Bauweise — so wird gesagt — liegt in statischer Hinsicht darin, daß man das tatsächliche Kräftebild mit Hilfe von exakten Messungen während des Bauvorganges ungleich besser und richtiger zu erfassen vermag, als es aufgrund von hypothetischen Annahmen (sprich: statische Vorweg-Berechnung mit gewissen Annahmen) möglich wäre. Auch dies klingt eigentlich gut, doch gibt es bekanntlich Länder, in welchen projektierende Bauherren spezifizierte Spielregeln für die Bauwerksstatik vorschreiben und anwenden. Daran hat sich dann auch ein Bieter zu halten, und zwar häufig ohne Spielraum für andere Ideen, will er nicht schon aus rein formalen Gründen zurückgewiesen werden.

Damit kann sich also der sachlich zu begründende Vorzug der Neuen Österreichischen Bauweise unter Umständen zunächst als Schwäche des Systems herausstellen. Was könnte oder müßte geschehen — die Frage ist an beide Seiten zu richten — damit eventuell nützliche Gedanken nicht schon aus Mangel an äußerer Form, trotz vorhandenen Verständnisses, zum Scheitern verurteilt sind?

Literatur

Berger, H.: Das natürliche Gewölbe im Stollen- und Tunnelbau. Der Bauingenieur, April 1968.

Prof. Müller: Zu diesen Problemen könnte wohl am besten Prof. Rabcewicz Stellung nehmen. Zuvor aber sollte vielleicht noch einiges andere geklärt werden, was im Zuge dieser Diskussion nützlich sein könnte. Die Funktionstüchtigkeit der dünnen Tunnel-Schale hätte eigentlich schon längst erkannt werden können aus der Tatsache, daß zur gleichen Zeit, als Tunnel-Querschnitte von 80 m^2 mit Wandstärken von 60 bis 80 cm ausgekleidet wurden, auch Kavernenräume von 400 bis 1000 m^2 Querschnitt eine nicht dickere, eher dünnere Auskleidung erhielten. Bei Kavernen wurde also eine relativ dünne, d. h. halbsteife Schale angewendet.

Die von Herrn Dr. Berger empfohlene alte Kernbauweise konnte ich bei zwei Gelegenheiten an der Baustelle besichtigen. Ich habe gegen diese Bauweise mit ihren vielen Stollen — man machte manchmal fünf Stollen vor dem Vollausbruch — immer schon Bedenken gehabt, weil sich um jeden Stollen herum eine Schutzzone bildet und diese, so oft ein neuer Stollen daneben, darüber oder darunter vorgetrieben wird, durch Überschneiden der Schutzzonen zerstört, unterbrochen oder umgelagert wird. Wir müssen heute diese Dinge noch ernster sehen, da wir durch Deformationsmessungen wissen, wie ausgedehnt diese Schutzzonen und die Zone der Spannungsumlagerungen sind. Bei einem kleinen Versuchsstollen in Frankfurt z. B. hat die INTERFELS mittels Extensometern festgestellt, daß bei 2,5 m Stollendurchmesser und einer maximalen Deformation der Stollenröhre (von Anfang an gemessen) von nur 2,3 mm die Mächtigkeit der Spannungsumlagerungs-Zone größer als 5 m, gemessen vom Außenring der Röhre, sein kann. Diese Spannungsumlagerungen bedeuten — wie auch aus dem Vortrag von Herrn Detzlhofer hervorgegangen ist — noch lange keine gefährliche Auflockerung. Aber bei der Deutschen Tunnelweise überschneiden sich nicht nur die Schutzzonen, was unnötig hohe Gebirgsbeanspruchung bis zur wirklichen Gebirgszerstörung bedeutet, sondern man hat nach dem ersten Stollen den zweiten in dessen Schutzzone, in der Zone der Spannungsumlagerungen und hoher Beanspruchungen, zu arbeiten, wodurch die Arbeit erschwert und gefährdet wird. Wenn nun nach dieser Bauweise neuerlich mitunter 10 m hohe Ulmschlitze durch Verbindung der beiden Ulmstollen hergestellt werden und das Gebirge plastisch oder steil geklüftet ist, dann steht eine so hohe lotrechte Stollenwand nahezu ungeschützt und ihr Zustand scheint mir statisch sehr bedenklich. Ich würde nicht wagen, diese Kernbauweise in steil geklüftetem Gebirge anzuwenden, und in fast ungeklüftetem Gebirge ist diese Bauweise wegen ihrer Unwirtschaftlichkeit nicht zu vertreten.

Prof. Rabcewicz: Die Deutsche oder „Kernbauweise“ ist bekanntlich gekennzeichnet durch das voreilende Vortreiben von Seitenstollen, in denen die Widerlager errichtet werden, worauf die Kalotte entweder als Ganzes oder in Teilabschnitten ausgebrochen und das Gewölbe fertiggestellt wird.

Als Vorteile der Kernbauweise gegenüber der Belgischen wird angesehen, daß man die Verkleidung — wie bei der klassischen Österreichischen Bauweise — von unten nach oben ausführt. Es entfällt somit die vielfach kritisierte Unterfangung der Kalotte.

Als großer Nachteil wurde bereits von Rziha vor mehr als 100 Jahren die Nachgiebigkeit des Kerns als Stützkörper bezeichnet, die umso größer und kritischer wird, je schlechter das Gebirge, je schmäler der Kern und je größer seine Höhe im Verhältnis zur Breite wird.

Ein weiterer ganz großer Nachteil ist die Unwirtschaftlichkeit eines solchen Verfahrens. Um einen Querschnitt z. B. von 70 m^2 auszuführen, müßte man beispielsweise fünf Stollen vortreiben, rechnet man für jeden von diesen 7 m^2, so bleiben 35 m^2 für den „billigen" Kern. Damit werden die Ausbruchskosten völlig unnötig fast um die Hälfte vergrößert, ganz abgesehen von dem Zeitverlust, der Unübersichtlichkeit der Organisation, unnötigen Sicherungsmaßnahmen für Flächen der Zwischenbaustadien usw. — Beim Lesen des vor kurzer Zeit erschienenen Artikels Dr. Bergers und insbesondere beim Betrachten des Arbeitsschemas (siehe seine Abb. 8) fühlt man sich in die frühe Pionierzeit des Tunnelbaues versetzt; die darin empfohlene Arbeitsweise ist nahezu in jeder Hinsicht ein Schulbeispiel, wie man es heute nicht mehr machen soll. Ein derartig hoher, entsprechend aufgelockerter Kern — durch Überprofile entsprechend verschmälert — muß unweigerlich zu Setzungen führen; in derselben Tendenz wirken sich auch die lange offenstehenden Stollen, das Aufschlitzen und der späte Schluß des Gewölberinges aus.

Die Kritiker der ehrlichen Meßergebnisse, welche bei Tunnelbauten nach der „Neuen Österreichischen Bauweise" erhalten wurden, scheinen ganz vergessen zu haben, daß in Tunneln unter geologischen Bedingungen wie denen von Schwaikheim nach den alten Methoden First-Setzungen von 50 cm und mehr die Regel waren. Deformationen von Größenordnungen von 8 cm, oder in einem einzigen Profil von 12 cm — wie in Schwaikheim —, hat man ja früher gar nicht bemerkt, weil grundsätzlich so lange nicht gemessen wurde, als nicht grobe Risse und Zerstörungen auftraten.

Die Größe der Querschnittsfläche, bei welcher heute der Vortrieb im Vollprofil noch als wirtschaftlich und technisch vorteilhaft angesehen wird, liegt nicht bei 50 m^2, sondern bei 130 m^2 (Harrsele-Tailrace-Tunnel). Sie ist praktisch durch das Stehverhalten der Brust charakterisiert.

Unter welchen Umständen hat die Kernbauweise also heute noch Berechtigung? Einzig und allein bei kurzen Tunneln von großen Querschnitten in sehr schlechtem Gebirge, bei welchem größere Flächen als die der Teilstollen zu kostspieligem Brustverbau zwingen und auch zeitlich nicht beherrscht werden; ferner bei Untertagehallen und verschiedenen Kavernenbauten. Bei längeren Tunneln wählt man auch in solchem Gebirge den Vortrieb im Vollprofil, indem man einen Schild einsetzt.

Dr. Berger hat ganz recht, daß dort, wo das Gebirge aus festen geschichteten Gesteinen besteht, ein Spritzbetongewölbe nicht angebracht ist. In solchen Fällen pflegen wir dauerndes Gleichgewicht durch Ankerung und bloße Versiegelung der Kerbstellen, gegebenenfalls lokal verstärkt durch Tunnelbögen, zu erzielen; ein Spritzbetongewölbe wäre zu aufwendig. Keineswegs ist jedoch zur Aufnahme von Einzellasten eine kräftige Betonverkleidung erforderlich.

Was die Neuheit der Kernbauweise anlangt, so wurde bereits erwähnt, daß sie vorzugsweise im vorigen Jahrhundert Anwendung fand. Während des letzten Weltkrieges hat man noch mehrfach Großquerschnitte für unterirdische Fertigungsanlagen in ungünstigem rolligem Gebirge nach dem von Dr. Berger zum Patent angemeldeten Verfahren ausgeführt, indem man hintereinander von den Widerlagern beginnend

Stollen über Stollen ausbrach und jeweils betonierte. Ich habe dieses Verfahren in meinen Vorlesungen vorgetragen und auf Tagungen darüber berichtet.

Hinsichtlich der im Schrifttum mehrfach erhobenen Originalansprüche des sogenannten BBS-Verfahrens wurde inzwischen das ursprünglich in Österreich hiefür erteilte Paten für ungültig erklärt, in Deutschland wurde das entsprechende Ansuchen abgelehnt. Beide Entscheidungen sind endgültig.

Nun hat die „Neue Österreichische Bauweise" mit dem BBS-Verfahren grundsätzlich gar nichts zu tun, vor allem ist sie nicht an Spritzbeton gebunden. Das Grundprinzip dieser Bauweise wurde schon während des letzten Weltkrieges praktisch anzuwenden versucht, als es noch gar keinen Spritzbeton gab. Das Wesen dieser 1948 erstmalig publizierten Bauweise besteht in der meßtechnischen Beobachtung des Verhaltens einer möglichst dünnen halbsteifen Verkleidung während des Kräfteumlagerungsvorganges. Aus dem Ergebnis dieser Messung wird dann der erforderliche Ausbauwiderstand ermittelt. Damit ergibt sich erstmalig eine Dimensionierung auf empirisch wissenschaftlicher Grundlage.

Aus welchen Elementen die Verkleidung besteht, z. B. aus Ankerung oder Spritzbeton, Beton, Stahlbogen bzw. einer Kombination dieser Konsolidierungsmittel, ist von sekundärer Bedeutung. Ein entscheidendes Merkmal ist dagegen, daß die Konsolidierungsmaßnahmen so gewählt werden, daß eine geringe Nachgiebigkeit gewährleistet ist, durch welche die spannungsvermindernde Wirkung der Entlastungsdeformation gezielt und kontrolliert ausgenützt wird.

Daß eine Behörde in begreiflicher Unkenntnis des sehr umfangreichen, schwierigen modernen Fachschrifttums eine Mammutverkleidung einer ungewohnt dünnen Schale von ein Viertel der üblichen Stärke gefühlsmäßig vorzieht, ist an sich verständlich.

Immerhin solte man erwarten, daß zum mindesten die betreffenden Sachbearbeiter die zuständigen Kongresse besuchen.

Zusammenfassend ließe sich kurz sagen, daß Dr. Berger offenbar die Grundsätze der modernen Tunnelbautechnik in keiner Weise verstanden hat.

Literatur

Berger, H.: Das natürliche Gewölbe im Stollen- und Tunnelbau. Die Bautechnik, H. 4, 1968.

Prof. Veder: Zum Diskussionsbeitrag von Herrn Hocke: Ich habe vor kurzem die beiden jüngst gebauten, 1,2 und 1,7 km langen Autobahntunnel El Valle und El Pariso bei Caracas besucht. Nach langen Voruntersuchungen wurde dort schließlich das seinerzeit von Herrn Professor Rabcewicz vorgeschlagene System der Auskleidung mit Spritzbeton, Verankerung und eventueller Sicherung durch Stahlbögen angewendet. Es ist dies ein Beweis dafür, daß sich auch im Ausland die Österreichische Bauweise voll durchgesetzt hat.

Dr. Lauffer: Zur Anfrage von Herrn Hocke ist festzustellen, daß ein Stollenbau im Fels immer mit Setzungen verbunden ist, da bereits durch die Spannungsumlagerungen Deformationen verursacht werden, die nach Detzlhofer (1969) Firstsetzungen von Zentimeter- bis Metergröße ergeben, ohne die Auswirkung der Sprengauflockerung und der unvermeidlichen Unvollkommenheiten bei der Ausführung der Sicherung. Während die neuen Sicherungsmethoden — Spritzbeton und Ankerung — sofort einen kraftschlüssigen Kontakt mit dem Gebirge herbeiführen, ist dies beim althergebrachten Holz- und Stahleinbau besonders in gebrächen und druckhaften Strecken zumeist nicht der Fall. Da ein dichtes Ausfüllen der unvermeidlichen Überprofile mit den üblichen Holz- und Steinpackungen bzw. durch Ankeilen nie vollständig gelingt, sind zusätzliche Deformationen von Dezimetergröße unvermeidlich.

Bei der neuerdings für große Profile angepriesenen Kernbauweise (Berger, 1968) sind meines Erachtens eher größere Setzungen als bei der Österreichischen Bauweise (Rabcewicz, 1965) zu erwarten. Beim Ausbruch der beiden seitlichen Stollen für die Widerlager muß die Gebirgsbeanspruchung im zunächst stehenbleibenden Kernbereich auf das 2- bis 3fache des Ausgangswertes ansteigen, was größenordnungsmäßig die gleichen Setzungen infolge Spannungsumlagerung wie beim sofortigen Vollausbruch ergibt, die jedoch ohne spezielle Meßeinrichtungen gar nicht festgestellt werden können. Durch den nachfolgenden Ausbruch im Kalottenbereich, der in einem bereits gestörten Gebirge vor sich gehen muß, werden zwangsläufig zusätzliche Deformationen verursacht. Die Kernbauweise widerspricht somit dem Grundprinzip der modernen Stollenbautechnik, wonach zur Vermeidung unnötiger Deformationen der endgültige Zustand möglichst in einem Arbeitsgang herbeigeführt werden soll.

Die Anwendung der Österreichischen Bauweise im Ausland wird im angelsächsischen Einflußbereich dadurch erschwert, daß sie eine laufende Anpassung an die angetroffenen Gebirgsverhältnisse ermöglicht, die nicht vorher in starren Vorschreibungen festgelegt werden kann. Die Unterschiede in der Bauauffassung und die Vorteile unserer Baumethoden waren bei den Umlaufstollen des Keban-Staudammes in der Türkei deutlich erkennbar.

Zur Frage der Felsankerung großer Hohlräume (Rescher, 1968) habe ich den Eindruck, daß diese im gebrächen Gebirge in Kombination mit Spritzbeton als vorübergehende Sicherung ausgezeichnet geeignet ist, weil sie die zur Spannungsumlagerung notwendigen großen Deformationen ohne Wirkungsverlust mitmachen kann. Als dauernde Sicherung für Maschinenkavernen und dergleichen halte ich jedoch ein noch so dünnes Betongewölbe bei entsprechender Formgebung für technisch zweckmäßiger und vermutlich in den meisten Fällen auch für wirtschaftlicher. Während der Ausfall einzelner Anker, z. B. durch Felsmängel, in den Abstützpunkten nicht auszuschließen ist, kann bei einem Betongewölbe durch Injektionen eine Verbesserung des Gebirges herbeigeführt und bei Bedarf später wiederholt werden, womit andererseits die Voraussetzung für die statische Wirksamkeit dünnwandiger Gewölbeschalen gesichert wird, die einen durchlaufenden kraftschlüssigen Kontakt mit dem Gebirge erfordert (Sattler, 1965).

Die langjährigen Erfahrungen im Druckstollenbau, bei dem sich dünnwandige Betonauskleidungen in Verbindung mit sorgfältigen Injektionen bestens bewährt haben, sollten im Verkehrstunnelbau mehr Berücksichtigung finden.

Literatur

Detzlhofer, H.: Erfahrungen bei der Sicherung von Stollenausbrüchen in gebrächen und druckhaften Gebirgsstrecken. Rock Mechanics, Suppl. 1 (1970).

Berger, H.: Das natürliche Gewölbe im Stollen- und Tunnelbau. Die Bautechnik, H. 4, 1968.

Rabcewicz, L. v.: Die neue Österreichische Tunnelbauweise, I. Entstehung, Ausführungen und Erfahrungen. Der Bauingenieur, H. 8, 1965.

Rescher, O.: Erfahrungen beim Ausbau der Kavernenzentrale Veytaux mit Spritzbeton und Felsankern. Felsmechanik und Ingenieurgeologie, Suppl. IV (1968).

Sattler, K.: Die neue Österreichische Tunnelbauweise, II. Statische Wirkungsweise und Bemessung. Der Bauingenieur, H. 8, 1965.

Rabcewicz, L. v.: Die halbsteife Schale als Mittel zur empirisch-wissenschaftlichen Bemessung von Hohlraumbauten. Rock Mechanics, Suppl. 1 (1970).

Zur Überlagerungshöhe bei Druckstollen

H. Lauffer: Die großen Fortschritte und Erfolge bei der Ausführung von vorgespannten Betonauskleidungen, über die beim XVII. und XVIII. Kolloquium berichtet wurde, haben dazu geführt, daß einfache Betonauskleidungen auch für sehr oberflächennahe Druckstollen und Druckschächte in Erwägung gezogen werden. Besonders bei Pumpspeicheranlagen mit Kraftwerkslage nahe dem Unterbecken verläuft die Drucklinie der Triebwasserzuleitung meist hoch über dem Gelände, so daß die sogenannte Walchsche Grenze weit unterschritten wird. Nach Stini (1956) ist dies jene Stelle, ab welcher der Gebirgswasserdruck den Innendruck übersteigt, was voraussetzt, daß die Überlagerungshöhe mindestens gleich der Druckhöhe ist.

Die meisten in letzter Zeit aufgetretenen Stollenschäden sind direkt oder indirekt auf eine zu kleine Überlagerung zurückzuführen, wofür Zahlentafel 1 einige Beispiele zeigt. Bei diesen Schadensfällen betrug die kleinste Überlagerungshöhe

Zahlentafel 1. Beispiele für Druckstollenschäden bei kleiner Überlagerung

Anlage Bauherr Zeit des Schadens	Geologie	Lichtweite Auskleidung	Druckhöhe	kleinste Überlagerung (% d. Druckhöhe)	Literatur
KW Witznau Druckstollen Schluchseewerke AG 1952	Granit und Porphyr	∅ = 5,0 m 40 cm Beton 7 cm Torkret bewehrt	130 m	37 m (28 %)	Kieser Druckstollenbau 1960
KW Dobra-Krumau Genitzbachkreuzung NEWAG 1954	Gneis und Glimmerschiefer	∅ = 3,6 m 30 cm Beton 7 cm Torkret bewehrt	45 m	12 m (30 %)	Stini Geologie und Bauwesen 1956 Heft 3/4
Dobrasperre Umlaufstollen NEWAG 1954	Gneis	∅ = 3,0 m 20—30 cm Beton unbewehrt	40 m	14 m (35 %)	
Reisachwerk Druckstollen OBAG 1954	Gneis	∅ = 4,9 m 35—65 cm Beton m. Vorspannung System Jauch	180 m	40 m (22 %)	Hautum Das Pumpspeicherwerk Reisach — Rabenleite Festschrift der OBAG
Ranna KW Druckstollen OKA 1962	Granitgneis	∅ = 3,0 m 30 cm Beton bewehrt	38,5 m	11 m (29 %)	Nägerl Bulletin SEV 1962 Heft 24

22 bis 35 % der Druckhöhe, so daß die für 2,5 t/m^3 Raumgewicht berechneten Gewichtsspannungen im Gebirge nur 55 bis 85 % des Wasserdrucks erreichten.

Da bei Betonauskleidungen eine absolute Dichtheit in der Praxis kaum gewährleistet und somit ein Eindringen von Druckwasser in das Gebirge nicht sicher ausgeschlossen werden kann, müssen hinsichtlich der notwendigen Überlagerungshöhe schärfere Forderungen gestellt werden als bei Panzerungen und anderen vollkommen dichten Auskleidungen.

Es sind zwar in Norwegen seit einiger Zeit eine Reihe von hochbeanspruchten Druckschächten mit unausgekleideten Felsprofilen für Druckhöhen bis 300 m anstandslos in Betrieb und für 450 m Druckhöhe in Ausführung (Norwegian Hydro-Power Plants, 1968), bei welchen die Überlagerung kleiner als die Druckhöhe ist. Bei diesen Druckschächten, die meist in kompaktem und nahezu kluftfreiem Granit liegen, wird ein Überlagerungsgewicht von mindestens dem 1,6fachen Betriebsdruck eingehalten, was einer Überlagerungshöhe von mindestens zwei Drittel der Druckhöhe entspricht. Ähnliche Verhältnisse liegen bei den Druckschächten von Pumpspeicheranlagen in Großbritannien vor, wo sich einfache Betonauskleidungen für 200 bis 300 m Druckhöhe bewährt haben.

Hingegen sind bei alpinen Druckstollen trotz reichlicher Überlagerung und verhältnismäßig guter Felsqualität Schäden aufgetreten, wofür die Tab. 2 Beispiele zeigt. Sowohl beim Lünersee-Stollen als auch in Göschenenalp betrug die Überlagerung mindestens das 1,2fache der Druckhöhe und die Gebirgsauflast das 3fache des Wasserdruckes.

An dem verschiedenen Verhalten dürften die *horizontalen Gebirgsspannungen* entscheidend beteiligt sein. Es ist bekannt, daß in Skandinavien wie auch in England und Schottland verhältnismäßig große horizontale Druckspannungen vorhanden sind, die das Überlagerungsgewicht sehr oft beträchtlich übersteigen. Bei den in Zahlentafel 2 angeführten Schadensfällen können hingegen die horizontalen Gebirgsspannungen quer zur Stollenachse nur sehr klein gewesen sein, da beide Stollen ungefähr parallel zum Alpenhauptkamm nahe von tief eingeschnittenen Tälern verlaufen. Der Wasserdruck konnte daher vermutlich von unvermeidlichen Undichtheiten der Stollenauskleidung ausgehend durch Aufspalten von vorgezeichneten lotrechten Gebirgsfugen großflächig wirksam werden und infolgedessen trotz einer verhältnismäßig kleinen Gebirgsnachgiebigkeit die aufgetretenen weit klaffenden Firstrisse verursachen.

Zahlentafel 2. **Beispiele für Druckstollenschäden bei großer Überlagerung, die vermutlich auf zu kleine horizontale Gebirgsspannungen zurückzuführen sind**

Anlage Bauherr Zeit des Schadens	Geologie	Lichtweite Auskleidung	Druckhöhe	kleinste Überlagerung (% der Druckhöhe)	Literatur
Lünersee KW Druckstollen Salonien West VIW 1958	Muschelkalk	Ø = 3,05 m 20—30 cm Beton unbewehrt	93 m	110 m (120 %)	Ammann ÖWW 1961 Heft 8/9
KW Göschenenalp Druckstollen Kraftwerk Göschenen 1961	Aare-Granit	Ø = 3,00 m 20—30 cm Beton örtlich Torkret bewehrt	130 m	160 m (123 %)	Wininger Die Wirtschaft 1964 Heft 2

Bei ungepanzerten Druckstollen und Druckschächten wäre daher dem Vorhandensein von ausreichend großen natürlichen Gebirgsspannungen mehr als bisher

Beachtung zu schenken, die in jeder Richtung den Innendruck oder die angestrebte bleibende Vorspannung zuverlässig übersteigen sollten.

Zur Feststellung der natürlichen Gebirgsspannungen stehen verschiedene Untersuchungsmethoden zur Verfügung, worüber auch in Salzburg mehrmals berichtet wurde. Leider ist für die Alpenländer bisher nur wenig über einschlägige Erfahrungen und Ergebnisse bekannt geworden.

Literatur

Lauffer, H.: Vorspannungsinjektionen für Druckstollen. Der Bauingenieur, H. 7, 1968.

Hautum, F.: Über die Abstützung des Innendruckes von Betonstollen auf das Gebirge. Rock Mechanics, Suppl. 1 (1970).

Stini, J.: Felsgrundbrüche im Baugelände von Wasserkraftanlagen. Geologie und Bauwesen, H. 3-4, 1956.

Norwegian Hydro-Power Plants. Ingenirforlaget A. S., 1968.

GPSR Compliance

The European Union's (EU) General Product Safety Regulation (GPSR) is a set of rules that requires consumer products to be safe and our obligations to ensure this.

If you have any concerns about our products, you can contact us on ProductSafety@springernature.com

In case Publisher is established outside the EU, the EU authorized representative is:

Springer Nature Customer Service Center GmbH
Europaplatz 3
69115 Heidelberg, Germany

Batch number: 10584556

Printed by Printforce, the Netherlands